高职高专规划教材

建筑制图AutoCAD教程

王庆良 主编 张之光 王芳 副主编

化学工业出版社
·北京·

本书主要讲述 AutoCAD 2013 绘制建筑图形的基本思路和具体方法。共 12 章，前 9 章是绘图的基本操作，第 10～12 章是实例。其中基本操作包括二维绘图、二维图形编辑、图层、图块、文本、表格、尺寸标注等。全书由浅入深、循序渐进地讲解 AutoCAD 2013 的基本指令，并通过一套完整的建筑平面图、立面图、剖面图详细讲解如何绘制建筑图纸。通过本书学习能够快速有效地掌握 CAD 的绘图方法。

本书是高职高专土建类专业及相关专业学生学习 AutoCAD 的教材，可作为成人教育土建类及相关专业的教材，也非常适合具备工程基础知识的工程技术人员、对建筑 CAD 软件感兴趣的读者自学和参考。

图书在版编目（CIP）数据

建筑制图 AutoCAD 教程/王庆良主编. —北京：化学工业出版社，2014.7（2020.1重印）
高职高专规划教材
ISBN 978-7-122-20645-9

Ⅰ.①建… Ⅱ.①王… Ⅲ.①建筑制图-计算机辅助设计-AutoCAD 软件-教材 Ⅳ.①TU204

中国版本图书馆 CIP 数据核字（2014）第 096964 号

责任编辑：李仙华　　装帧设计：张　辉
责任校对：王　静

出版发行：化学工业出版社（北京市东城区青年湖南街 13 号　邮政编码 100011）
印　　装：三河市延风印装有限公司
787mm×1092mm　1/16　印张 14½　字数 367 千字　2020 年 1 月北京第 1 版第 2 次印刷

购书咨询：010-64518888　　售后服务：010-64518899
网　　址：http://www.cip.com.cn
凡购买本书，如有缺损质量问题，本社销售中心负责调换。

定　　价：30.00 元

前　言

AutoCAD是由美国 Autodesk欧特克公司于20世纪80年代初为微机上应用CAD技术而开发的绘图程序软件包，经过不断的完善，现已经成为国际上广为流行的绘图工具。

建筑CAD在我国建筑工程设计领域已经占据了主导地位，建筑CAD的影响力可以说无所不在。建筑CAD是建筑类学生的必修课，是为培养建筑工程专业学生的建筑CAD操作能力而开设的实践技能课。

使学生掌握建筑CAD实用基本技能，将大大提高其就业竞争力，在工作中充分利用建筑CAD图形技术，熟练地运用建筑CAD软件，提高建筑设计技能，提高设计效率，适应社会发展。

目前，国内众多院校都开设了建筑CAD教学课程，许多从事建筑行业的人员也想尽快掌握建筑CAD。编者根据多年从事建筑CAD教学的经验及实践，编写了这本教材，希望通过本书使读者能快速地掌握建筑CAD软件的使用。

本书附有小结及练习，小结是一章内容的概括归纳和实践经验总结，也是编者从事CAD教学20多年的总结和体会，尤其指出了初学者经常出现的问题，请认真仔细学习每章小结的内容，教学实践证明对读者学习有很大帮助。

本书在编写过程中参阅了有关文献资料，充分考虑读者的实际情况，由浅入深、循序渐进，便于初学者快速入门及提高。力求语言生动、比喻形象，以使读者在轻松活泼的气氛中学习、掌握建筑CAD。

对于初学者，首先是对自己要有充分的信心，由于本书在内容安排上是从简单的操作着手，手把手地引导读者一步一步进行绘图的各种操作，通过精心设计的实例，让读者在实际操作中真正掌握每一个命令，轻轻松松全面系统地学习建筑CAD。

本书由辽宁建筑职业学院王庆良任主编，辽宁建筑职业学院张之光、王芳任副主编，辽宁建筑职业学院王爽、湖南城建职业技术学院李文参与编写，辽宁建筑职业学院尚久明主审。各章编写分工如下：第1、2章由张之光编写，第3～8章由王庆良编写，第9章由王爽编写，第10～12章由王芳编写。

由于编者水平有限，难免有不足之处，敬请广大同行和读者给予批评和指正，在此表示感谢！

本书提供有电子教案，可发信到 cipedu@163.com 邮箱免费获取。

编者

2014年3月

目　录

第 1 章　AutoCAD 2013 概述

➢本章要点

AutoCAD 发展历史

AutoCAD 2013 主要功能概述

1.1　AutoCAD 发展历史

1.1.1　AutoCAD 概述

AutoCAD 是由美国 Autodesk 欧特克公司于 20 世纪 80 年代初为微机上应用 CAD 技术而开发的绘图程序 CAD2010 软件包，经过不断地完善，现已经成为国际上广为流行的绘图工具。

AutoCAD 具有良好的用户界面，通过交互菜单或命令行方式便可以进行各种操作。它的多文档设计环境，让非计算机专业人员也能很快地学会使用。在不断实践的过程中更好地掌握它的各种应用和开发技巧，从而不断提高工作效率。

AutoCAD 具有广泛的适应性，它可以在各种操作系统支持的微型计算机和工作站上运行，并支持分辨率由 320×200 到 2048×1024 的各种图形显示设备 40 多种，以及数字仪和鼠标器 30 多种，绘图仪和打印机数 10 种，这就为 AutoCAD 的普及创造了条件。

AutoCAD 软件具有如下特点：

① 具有完善的图形绘制功能。

② 有强大的图形编辑功能。

③ 可以采用多种方式进行二次开发或用户定制。

④ 可以进行多种图形格式的转换，具有较强的数据交换能力。

⑤ 支持多种硬件设备。

⑥ 支持多种操作平台。

⑦ 具有通用性、易用性，适用于各类用户。此外，从 AutoCAD 2000 开始，该系统又增添了许多强大的功能，如 AutoCAD 设计中心（ADC）、多文档设计环境（MDE）、Internet 驱动、新的对象捕捉功能、增强的标注功能以及局部打开和局部加载的功能，从而使 AutoCAD 系统更加完善。

1.1.2　CAD 的发展

CAD（computer aided drafting）诞生于 20 世纪 60 年代，自 20 世纪 60 年代美国诞生第一台计算机绘图系统，开始出现具有简单绘图输出功能的被动式计算机辅助设计技术，即 CAD 技术。

20 世纪 70 年代，小型计算机费用下降，美国工业界才开始广泛使用交互式绘图系统。

20 世纪 80 年代，由于 PC 机的应用，CAD 得以迅速发展，出现了专门从事 CAD 系统开发的公司。当时 VersaCAD 是专业的 CAD 制作公司，所开发的 CAD 软件功能强大，但由于其价格昂贵，故不能普遍应用。而当时的 Autodesk 公司是一个仅有员工数人的小公司，其开发的 CAD 系统虽然功能有限，但因其可免费拷贝，故在社会得以广泛应用。同时，由于该系统的开放性，使 CAD 软件升级迅速。

1.1.3 AutoCAD 的发展

（1）AutoCAD（version）1.0：1982.11 正式推出，容量为一张 360Kb 的软盘，无菜单，命令需要背，其执行方式类似 Dos 命令。

（2）AutoCAD V1.2：1983.4 推出，具备尺寸标注功能。

（3）AutoCAD V1.3：1983.8，具备文字对齐及颜色定义功能，图形输出功能。

（4）AutoCAD V1.4：1983.10，图形编辑功能加强。

（5）AutoCAD V2.0：1984.10，图形绘制及编辑功能增加，如：MSLIDE、VSLIDE、DXFIN、DXFOUT、VIEW、SCRIPT 等。至此，在美国许多工厂和学校都有 AutoCAD 拷贝。

（6）AutoCAD V 2.17-V2.18：1985 年推出，出现了 Screen Menu，命令不需要背，Autolisp 初具雏形，二张 360KB 软盘。

（7）AutoCAD V 2.5：1986.7，AutoLISP 有了系统化语法，使用者可改进和推广，出现了第三开发商的新兴行业，五张 360KB 软盘。

（8）AutoCAD V 2.6：1986.11，新增 3D 功能，AutoCAD 已成为美国高校的 inquired course。

（9）AutoCAD R 2.0：1984.11，尽管功能有所增强，但仅仅是一个用于二维绘图的软件。

（10）AutoCAD R 3.0：1987.6，增加了三维绘图功能，并第一次增加了 AutoLISP 汇编语言，提供了二次开发平台，用户可根据需要进行二次开发，扩充 CAD 的功能。

（11）AutoCAD R（Release）9.0：1988.2，出现了状态行下拉式菜单。至此，AutoCAD 开始在国外加密销售。

（12）AutoCAD R10.0：1988.10，进一步完善 R9.0，Autodesk 公司已成为千人企业。

（13）AutoCAD R11.0：1990.8，增加了 AME（Advanced Modeling Extension），但与 AutoCAD 分开销售 。

（14）AutoCAD R12.0：1992.8，采用 DOS 与 Windows 两种操作环境，出现了工具条。

（15）AutoCAD R13.0：1994.11，AME 纳入 AutoCAD 之中。

（16）AutoCAD R14.0：1997.4，适应 Pentium 机型及 Windows95/NT 操作环境，实现与 Internet 网络连接，操作更方便，运行更快捷，无所不到的工具条，实现中文操作。

（17）AutoCAD 2000（AutoCAD R15.0）：1999，提供了更开放的二次开发环境，出现了 Vlisp 独立编程环境。同时，3D 绘图及编辑更方便。

（18）AutoCAD 2005：2005.1，提供了更为有效的方式来创建和管理包含在最终文档当中的项目信息。其 2005 操作界面优势在于显著地节省时间，得到更为协调一致的文档并降低了风险。

（19）AutoCAD 2006：2006.3.19，推出最新功能——创建图形；动态图块的操作；选择多种图形的可见性；使用多个不同的插入点；贴齐到图中的图形；编辑图块几何图形；数据输入和对象选择。

（20）AutoCAD 2007：2006.3.23，拥有强大直观的界面，可以轻松而快速地进行外观图形的创作和修改，07 版致力于提高 3D 设计效率。

（21）AutoCAD 2008：2007.12.3，提供了创建、展示、记录和共享构想所需的所有功能。将惯用的 AutoCAD 命令和熟悉的用户界面与更新的设计环境结合起来，使之能够用以前所未有的方式实现并探索构想。

(22) AutoCAD 2009：2008.5，软件整合了制图和可视化，加快了任务的执行，能够满足了个人用户的需求和偏好，能够更快地执行常见的 CAD 任务，更容易找到那些不常见的命令。

(23) AutoCAD 2010：2009.3，新版本的 AutoCAD 中引入了全新功能，其中包括自由形式的设计工具，参数化绘图，并加强 PDF 格式的支持。

(24) AutoCAD 2011：2010.5，在 3D 功能、曲面造型、实体造型、3D 工具以及在 API 方面都进行了改进和提升。

(25) AutoCAD 2012：2012 版是 2011.6 发布的。

(26) AutoCAD 2013：2013 版是 2012.4 发布的。

AutoCAD 2013 除在图形处理等方面的功能有所增强外，一个最显著的特征是增加了参数化绘图功能。用户可以对图形对象建立几何约束，以保证图形对象之间有准确的位置关系，如平行、垂直、相切、同心、对称等关系；可以建立尺寸约束，通过该约束，既可以锁定对象，使其大小保持固定，也可以通过修改尺寸值来改变所约束对象的大小。

1.2 AutoCAD 2013 的主要功能

AutoCAD 2013 的主要功能有以下几方面。

1.2.1 平面绘图

能以多种方式创建直线、圆、椭圆、多边形、样条曲线等基本图形对象。

绘图辅助工具。AutoCAD 提供了正交、对象捕捉、极轴追踪、捕捉追踪等绘图辅助工具。正交功能使用户可以很方便地绘制水平、竖直直线，对象捕捉可帮助拾取几何对象上的特殊点，而追踪功能使画斜线及沿不同方向定位点变得更加容易。

1.2.2 编辑图形

AutoCAD 具有强大的编辑功能，可以移动、复制、旋转、阵列、拉伸、延长、修剪、缩放对象等。

① 标注尺寸。可以创建多种类型尺寸，标注外观可以自行设定。

② 书写文字。能轻易在图形的任何位置、沿任何方向书写文字，可设定文字字体、倾斜角度及宽度缩放比例等属性。

③ 图层管理功能。图形对象都位于某一图层上，可设定图层颜色、线型、线宽等特性。

1.2.3 三维绘图

可创建 3D 实体及表面模型，能对实体本身进行编辑。

① 网络功能。可将图形在网络上发布，或是通过网络访问 AutoCAD 资源。

② 数据交换。AutoCAD 提供了多种图形图像数据交换格式及相应命令。

③ 二次开发。AutoCAD 允许用户定制菜单和工具栏，并能利用内嵌语言 AutoLISP、Visual Lisp、VBA、ADS、ARX 等进行二次开发。

1.3 AutoCAD 的应用领域

AutoCAD 的应用领域很广泛，有以下几方面。

(1) 工程制图：建筑工程、装饰设计、环境艺术设计、水电工程、土木施工等。

(2) 工业制图：精密零件、模具、设备等。

(3) 服装加工：服装制版。

(4) 电子工业：印刷电路板设计。

广泛应用于土木建筑、装饰装潢、城市规划、园林设计、电子电路、机械设计、服装鞋帽、航空航天、轻工化工等诸多领域。

在不同的行业中。Autodesk 开发了行业专用的版本和插件。

在机械设计与制造行业中发行了 AutoCAD Mechanical 版本。在电子电路设计行业中发行了 AutoCAD Electrical 版本。在勘测、土方工程与道路设计发行了 Autodesk Civil 3D 版本。而学校里教学、培训中所用的一般都是 AutoCAD Simplified 版本。

一般没有特殊要求的服装、机械、电子、建筑行业的公司都是用的 AutoCAD Simplified 版本。所以 AutoCAD Simplified 基本上算是通用版本。

第 2 章　基本概念与基本操作

➢本章要点

安装、启动 AutoCAD 2013
AutoCAD 2013 经典工作界面
AutoCAD 命令及其执行方式
图形文件管理
确定点的位置
绘图基本设置与操作
AutoCAD 2013 帮助功能

2.1　安装、启动 AutoCAD 2013

2.1.1　安装 AutoCAD 2013

AutoCAD 2013 软件以光盘形式提供，光盘中有名为 setup. exe 的安装文件 setup 。执行 setup. exe 文件，根据弹出的窗口选择、操作即可。在弹出的 AutoCAD 2013 中文版安装界面中，点击【安装 在此计算机上安装】，如图 2-1 所示。

图 2-1　AutoCAD 2013 中文版安装界面

在弹出的 AutoCAD 2013 中文版窗口中选择 •我接受 按钮，单击 下一步 继续安装；如图 2-2 所示。

图 2-2　AutoCAD 2013 中文版安装窗口

输入购买的 AutoCAD 2013 中文版序列号和产品密钥；如果没购买 AutoCAD 2013 中文版序列号和产品密钥，可选择【我想要试用该产品 30 天】，单击 下一步 ，继续安装 AutoCAD 2013 中文版。

单击 安装 按钮开始安装 AutoCAD 2013 中文版；也可单击 浏览... 更改 AutoCAD 2013 安装目录。安装完成后按【确认】即可。

2.1.2　启动 AutoCAD 2013

如果在 AutoCAD 2013 中文版安装过程中，选择的是【我想要试用该产品 30 天】，那在首次启动 AutoCAD 2013 中文版时需要激活 AutoCAD 2013 中文版；如果想继续试用，可不用激活，免费使用 30 天 AutoCAD 2013 中文版。

2.2　AutoCAD 2013 经典工作界面

AutoCAD 2013 的经典工作界面由标题栏、菜单栏、各种工具栏、绘图窗口、光标、命令窗口、状态栏、坐标系图标、模型/布局选项卡和菜单浏览器等组成，如图 2-3 所示。

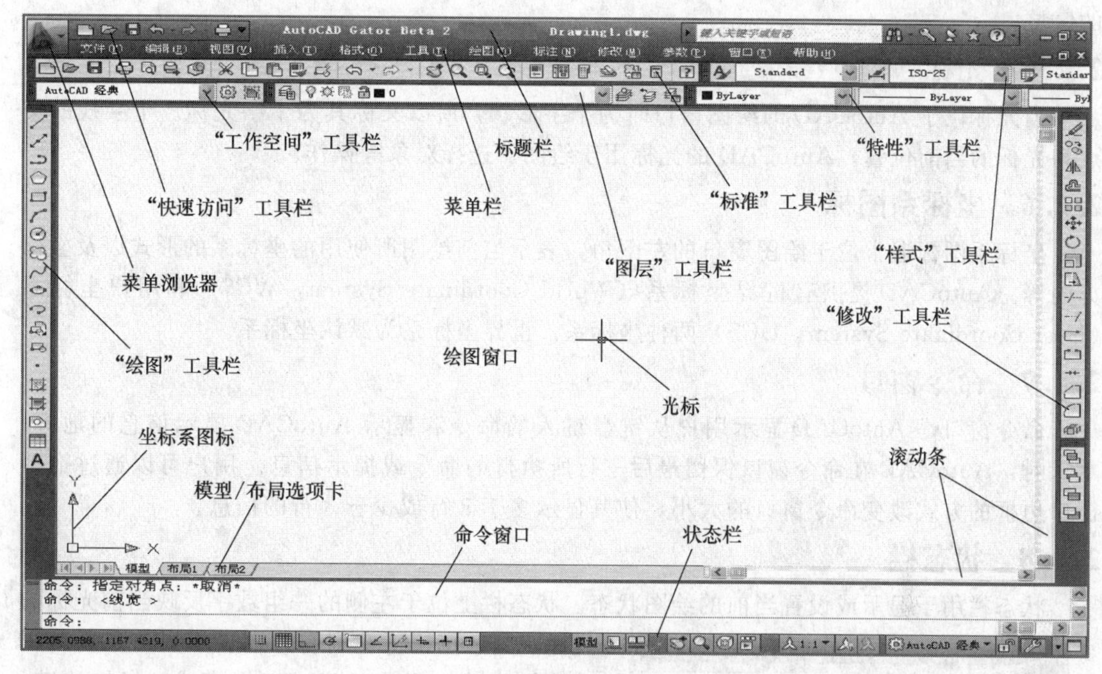

图 2-3 AutoCAD 2013 版工作界面图

2.2.1 标题栏

标题栏与其他 Windows 应用程序类似，用于显示 AutoCAD 2013 的程序图标以及当前所操作图形文件的名称。

2.2.2 菜单栏

菜单栏是主菜单，可利用其执行 AutoCAD 的大部分命令。

单击菜单栏中的某一项，会弹出相应的下拉菜单。图 2-4 为"视图"下拉菜单。下拉菜单中，右侧有小三角的菜单项，表示它还有子菜单。

右图显示出了"缩放"子菜单；右侧有三个小点的菜单项，表示单击该菜单项后要显示出一个对话框；右侧没有内容的菜单项，单击它后会执行对应的 AutoCAD 命令。

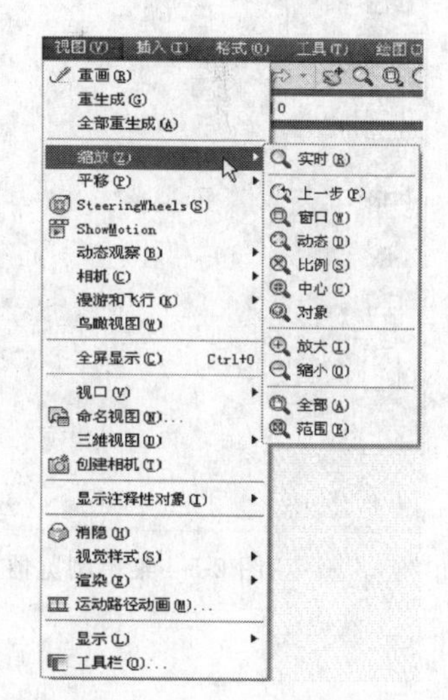

图 2-4 "视图"下拉菜单

2.2.3 工具栏

AutoCAD 2013 提供了 40 多个工具栏，每一个工具栏上均有一些形象化的按钮。单击某一按钮，可以启动 AutoCAD 的对应命令。

用户可以根据需要打开或关闭任一个工具栏。方法是：在已有工具栏上右击，AutoCAD 弹出工具栏快捷菜单，通过其可实现工具栏的打开与关闭。

此外，通过选择与下拉菜单【工具】→【工具栏】→【AutoCAD】对应的子菜单命令，也可以打开 AutoCAD 的各工具栏。

2.2.4 绘图窗口

绘图窗口类似于手工绘图时的图纸，是用户用 AutoCAD 2013 绘图并显示所绘图形的区域。

2.2.5　光标

当光标位于 AutoCAD 的绘图窗口时为十字形状，所以又称其为十字光标。十字线的交点为光标的当前位置。AutoCAD 的光标用于绘图、选择对象等操作。

2.2.6　坐标系图标

坐标系图标通常位于绘图窗口的左下角，表示当前绘图所使用的坐标系的形式以及坐标方向等。AutoCAD 提供有世界坐标系（World Coordinate System，WCS）和用户坐标系（User Coordinate System，UCS）两种坐标系。世界坐标系为默认坐标系。

2.2.7　命令窗口

命令窗口是 AutoCAD 显示用户从键盘键入的命令和显示 AutoCAD 提示信息的地方。默认时，AutoCAD 在命令窗口保留最后三行所执行的命令或提示信息。用户可以通过拖动窗口边框的方式改变命令窗口的大小，使其显示多于 3 行或少于 3 行的信息。

2.2.8　状态栏

状态栏用于显示或设置当前的绘图状态。状态栏上位于左侧的一组数字反映当前光标的坐标，其余按钮从左到右分别表示当前是否启用了捕捉模式、栅格显示、正交模式、极轴追踪、对象捕捉、对象捕捉追踪、动态 UCS（用鼠标左键双击，可打开或关闭）、动态输入、等功能以及是否显示线宽、当前的绘图空间等信息。

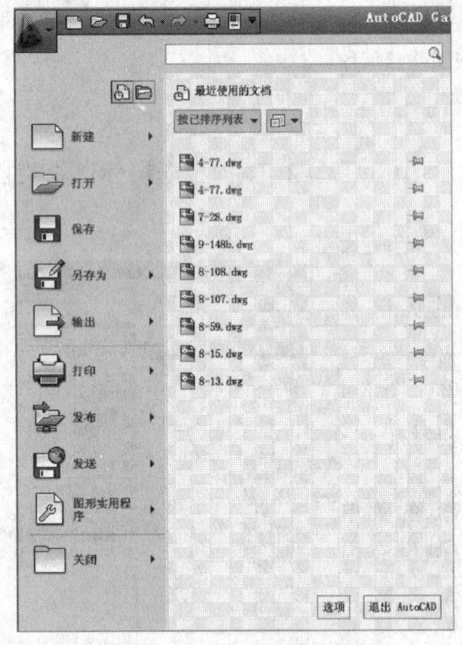

图 2-5　菜单浏览器

2.2.9　模型/布局选项卡

模型/布局选项卡用于实现模型空间与图纸空间的切换。

2.2.10　滚动条

利用水平和垂直滚动条，可以使图纸沿水平或垂直方向移动，即平移绘图窗口中显示的内容。

2.2.11　菜单浏览器

单击菜单浏览器，AutoCAD 会将浏览器展开，如图 2-5 所示。用户可通过菜单浏览器执行相应的操作。

2.3　AutoCAD 命令

2.3.1　执行 AutoCAD 命令的方式

通过键盘输入命令；通过菜单执行命令；通过工具栏执行命令；重复执行命令。具体方法如下：

（1）按键盘上的【Enter】键或按【Space】键；

（2）使光标位于绘图窗口，右击，AutoCAD 弹出快捷菜单，并在菜单的第一行显示出重复执行上一次所执行的命令，选择此命令即可重复执行对应的命令 。

在命令的执行过程中，用户可以通过按【Esc】键；或右击，从弹出的快捷菜单中选择“取消”命令的方式终止 AutoCAD 命令的执行。

2.3.2　透明命令

透明命令是指当执行 AutoCAD 的命令过程中可以执行的某些命令。

当在绘图过程中需要透明执行某一命令时，可直接选择对应的菜单命令或单击工具栏上的对应按钮，而后根据提示执行对应的操作。透明命令执行完毕后，AutoCAD 会返回到执行透明命令之前的提示，即继续执行对应的操作。

通过键盘执行透明命令的方法为：在当前提示信息后输入“'”符号，再输入对应的透明命令后按【Enter】键或【Space】键，就可以根据提示执行该命令的对应操作，执行后 AutoCAD 会返回到透明执行此命令之前的提示。

2.4　图形文件管理

2.4.1　创建新图形

单击【标准】工具栏上的 （新建）按钮，快捷键【Ctrl】+【N】；或选择【文件】→【新建】命令，即执行 NEW 命令，AutoCAD 弹出“选择样板”对话框，如图 2-6 所示。通过此对话框选择对应的样板后（初学者一般选择样板文件 acadiso.dwt 即可），单击【打开】按钮，就会以对应的样板为模板建立一新图形。

图 2-6　新建图形对话框

2.4.2　打开图形

单击【标准】工具栏上的 （打开）按钮，或选择【文件】→【打开】命令，即执行 OPEN 命令，AutoCAD 弹出与前面的图类似的“选择文件”对话框，可通过此对话框确定要打开的文件并打开它。

通过此对话框选择对应的样板后（初学者一般选择样板文件 acadiso.dwt 即可），单击【打开】按钮，就会以对应的样板为模板建立一新图形。

2.4.3 保存图形

2.4.3.1 用 QSAVE 命令保存图形

单击“标准”工具栏上的（保存）按钮，或选择【文件】→【保存】命令，即执行 QSAVE 命令，如果当前图形没有命名保存过，AutoCAD 会弹出“图形另存为”对话框。通过该对话框指定文件的保存位置及名称后，单击【保存】按钮，即可实现保存。

如果执行 QSAVE 命令前已对当前绘制的图形命名保存过，那么执行 QSAVE 后，AutoCAD 直接以原文件名保存图形，不再要求用户指定文件的保存位置和文件名。

2.4.3.2 换名存盘

换名存盘指将当前绘制的图形以新文件名存盘。执行 SAVEAS 命令，AutoCAD 弹出“图形另存为”对话框，要求用户确定文件的保存位置及文件名，用户响应即可。

2.5 确定点的方法

2.5.1 绝对坐标

2.5.1.1 直角坐标

直角坐标用点的 *X*、*Y*、*Z* 坐标值表示该点，且各坐标值之间用逗号隔开。例如：136，148，316 可表示一个点的直角坐标。

2.5.1.2 极坐标

极坐标用于表示二维点，其表示方法为：距离＜角度。其中，AutoCAD 2013 距离表示该点与坐标系原点之间的距离；角度表示坐标系原点与该点的连线相对于 X 轴正方向的夹角。例如：185＜39 可表示一个点的极坐标。

极坐标用于表示二维点，其表示方法为：距离＜角度 。

2.5.1.3 球坐标

球坐标用 3 个参数表示一个空间点：点与坐标系原点的距离 L，坐标系原点与空间点的连线在 XY 面上的投影与 X 轴正方向的夹角（简称在 XY 面内与 X 轴的夹角）A，以及坐标系原点与空间点的连线相对于 XY 面的夹角（简称与 XY 面的夹角）β（Beta 大写 B，小写 β），各参数之间用符号＜隔开，即 $L<A<\beta$。例如：150＜45＜35 表示一个点的球坐标，各参数的含义如图 2-7 所示。

2.5.1.4 柱坐标

AutoCAD 2013 柱坐标也是通过 3 个参数描述一点：该点在 XY 面上的投影与当前坐标系原点的距离 p，坐标系原点与该点的连线在 XY 面上的投影相对于 X 轴正方向的夹角 A，以及该点的 Z 坐标值 Z。距离与角度之间要用符号“＜”隔开，而角度与 Z 之间要用逗号隔开，即 $p<A$，Z。例如：100＜45，85 表示一个点的柱坐标，各参数的含义如图 2-8 所示。

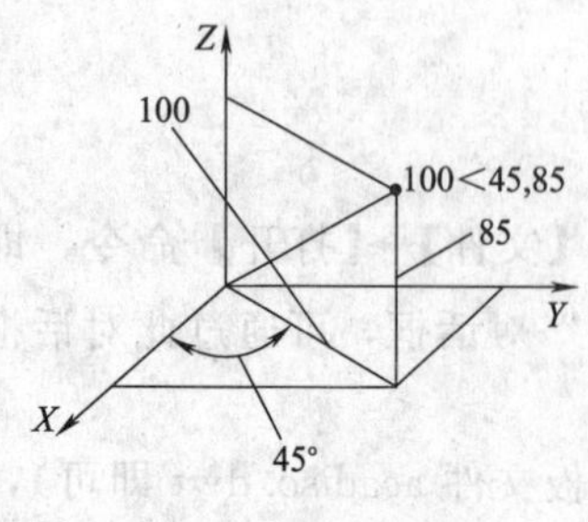

图 2-7 球坐标输入

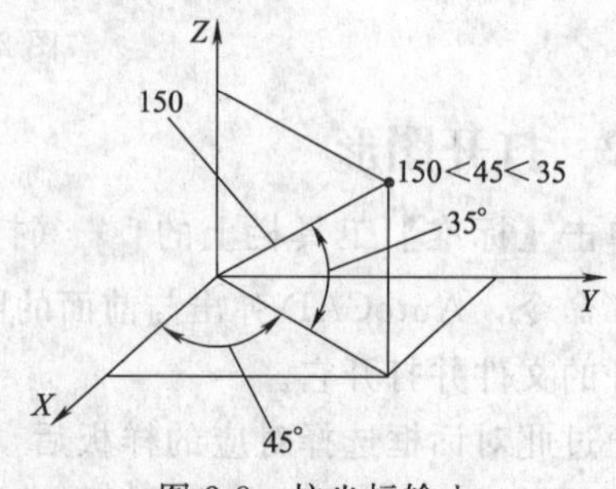

图 2-8 柱坐标输入

2.5.2　相对坐标

AutoCAD 2013 相对坐标是指相对于前一坐标点的坐标。相对坐标也有直角坐标、极坐标、球坐标和柱坐标 4 种形式，其输入格式与绝对坐标相似，但要在输入的坐标前加上前缀@。例如：已知当前点的直角坐标为（200，100），如果在指定点的提示后输入：@－80，125 则相当于新确定的点的绝对坐标为（120，25）。

2.6　绘图基本设置与操作

2.6.1　设置图形界限

在 AutoCAD 2013 中绘图，一般按 1∶1 的比例绘图。绘图界限可以控制绘图的范围，相当于手工绘图时选择绘图图纸的大小。设置图形界限还可以控制栅格点的显示范围，栅格点在设置的图形界限范围内显示。

下面以 A3 图纸为例，假设绘图比例按 1∶100，设置绘图界限的操作如下。

选择【格式】→【图形界限】命令，即执行 LIMITS 命令，AutoCAD 提示：

➢命令：LIMITS

➢重新设置模型空间界限：

➢指定左下角点或 [开(ON)/关(OFF)] <0.0000,0.0000>：　　//回车，设置左下角点为系统默认的原点位置

➢指定右上角点 <420.0000,297.0000>：42000,29700　　//输入右上角点坐标

➢命令：Z　　//输入缩放命令

ZOOM

➢指定窗口的角点，输入比例因子 (nX 或 nXP)，或者

[全部(A)/中心(C)/动态(D)/范围(E)/上一个(P)/比例(S)/窗口(W)/对象(O)] <实时>：A

正在重生成模型。　　//全图缩放

注意：提示中的“[开（ON)/关（OFF)]”选项的功能是控制是否打开图形界限检查。选择“ON”时，系统打开图形界限的检查功能，只能在设定的图形界限内画图，系统拒绝输入图形界限外部的点。系统默认设置为“OFF”，此时关闭图形界限的检查功能，允许输入图形界限外部的点。

2.6.2　设置绘图单位格式

在设计图纸之前，首先应设置图形的单位。例如，将绘图比例设置为 1∶1，那么所有图形都将以真实的大小来绘制。图形单位的设置主要包括设置长度和角度的类型、精度以及角度的起始方向。

单击选择 AutoCAD 2013 中文版 →【图形实用工具】→【单位】。或输入并执行命令 UNITS 选择【格式】→【单位】命令，即执行 UNITS 命令，AutoCAD 弹出“图形单位”对话框，如图 2-9 所示。

（1）设置长度　在“图形单位”对话框中的“长度”选项区中，可以设置图形的长度单位类型和精度。在“类型”下拉列表框中，主要有“小数”、“分数”、“工程”、“建筑”和“科学”五个长度单位选项；在“精度”下拉列表框中，可以选择长度的单位精度，即小数的位数，最大可以精确到小数点后 8 位，默认值为小数点后 4 位。

注：我国的 AutoCAD 2013 机械制图中，长度尺寸一般采用“小数”格式。

(2) 设置角度　在“图形单位”对话框中的“角度”选项区中，可以设置图形的角度类型和精度。在“类型”下拉列表框中，主要有“十进制度数”、“百分度”、“弧度”、“勘测单位”和“度/分/秒”五个角度单位选项；(十进制度用十进制数表示，百分度以字母 g 为后缀，度/分/秒格式用字母 d 表示度、用符号“′”表示分、用符号“″”表示秒，弧度则以字母 r 为后缀。

注：我国的 AutoCAD 2013 机械制图中，角度尺寸一般采用“度/分/秒”格式。

在“精度”下拉列表框中，可以选择角度单位的精度；“顺时针”复选框用来指定角度的正方向，如果选中顺时针，则以顺时针方向为正方向，在默认情况下，以逆时针方向为正方向。

单击“图形单位”对话框中的【方向】按钮，弹出“方向控制”对话框，在该对话框中，可以设置角度的基准方向。如图 2-10 方向对话框。其中，可以选择东、北、西或南方向为零度的方向；也可以选择“其他”单选按钮，才是“角度”文本框被激活，可在该文本框中输入零度方向与 X 轴正方向的夹角数值。也可以单击对应的【角度】按钮，从绘图屏幕上直接指定。

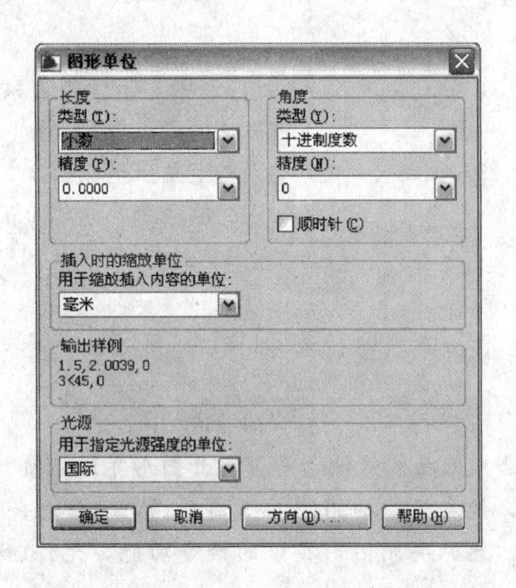

图 2-9　“图形单位”对话框

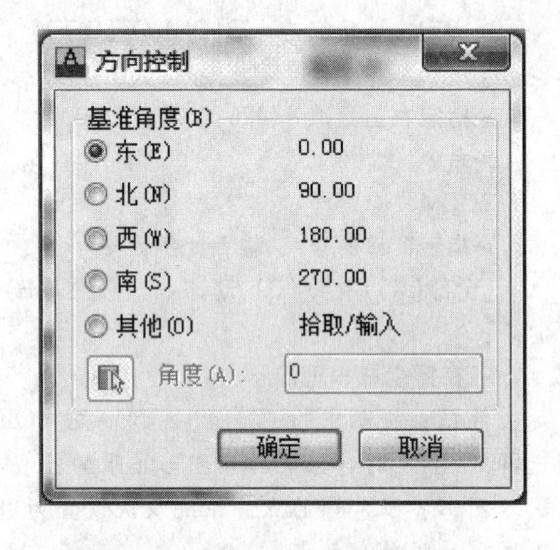

图 2-10　“方向控制”对话框

(3) 设置插入比例　在“图形单位”对话框中的“插入时的缩放单位”选项区中，用户可在“用于缩放插入内容的单位”下拉列表框中选择用于缩放插入内容的单位。

注：设置绘图单位后，AutoCAD 2013 中文版在状态栏上以对应的格式和精度显示光标的坐标。18.6594, 3.5095, 0.0000

2.6.3　系统变量

可以通过 AutoCAD 的系统变量控制 AutoCAD 的某些功能和工作环境。AutoCAD 的每一个系统变量有其对应的数据类型，例如整数、实数、字符串和开关类型等 [开关类型变量有 On (开) 或 Off (关) 两个值，这两个值也可以分别用 1、0 表示]。用户可以根据需要浏览、更改系统变量的值 (如果允许更改的话)。浏览、更改系统变量值的方法通常是：在命令窗口中，在“命令：”提示后输入系统变量的名称后按 Enter 键或 Space 键，AutoCAD 显示出系统变量的当前值，此时用户可根据需要输入新值 (如果允许设置新值的话)。

2.6.4　视图的显示控制

在绘图时，为了能够更好地观看局部或全部图形，需要经常使用视图的缩放和平移等操作工具。

2.6.4.1　视图的缩放

有三种输入命令的方式：

在命令行中输入"ZOOM"或"Z"，命令行提示如下：

➢命令：ZOOM

➢指定窗口的角点，输入比例因子 (nX 或 nXP)，或者

[全部(A)/中心(C)/动态(D)/范围(E)/上一个(P)/比例(S)/窗口(W)/对象(O)] <实时>：

各选项的功能如下。

全部（A）：选择该选项后，显示窗口将在屏幕中间缩放显示整个图形界限的范围。如果当前图形的范围尺寸大于图形界限，将最大范围地显示全部图形。

中心（C）：此项选择将按照输入的显示中心坐标，来确定显示窗口在整个图形范围中的位置，而显示区范围的大小，则由指定窗口高度来确定。

动态（D）：该选项为动态缩放，通过构造一个视图框支持平移视图和缩放视图。

范围（E）：选择该选项可以将所有已编辑的图形尽可能大地显示在窗口内。

上一个（P）：选择该选项将返回前一视图。当编辑图形时，经常需要对某一小区域进行放大，以便精确设计，完成后返回原来的视图，不一定是全图。

比例（S）：该选项按比例缩放视图。比如：在"输入比例因子（nX 或 nXP）："提示下，如果输入 0.5x，表示将屏幕上的图形缩小为当前尺寸的一半；如果输入 2x，表示使图形放大为当前尺寸的二倍。

窗口（W）：该选项用于尽可能大的显示由两个角点所定义的矩形窗口区域内的图像。此选项为系统默认的选项，可以在输入"ZOOM"命令后，不选择"W"选项，而直接用鼠标在绘图区内进行窗口选择。

2.6.4.2　视图的平移

有三种输入命令的方式：

① 在命令行中键入"PAN"或"P"，此时，光标变成手形光标，按住鼠标左键在绘图区内上下左右的移动鼠标，即可实现图形的平移。

② 单击标准工具栏中的按钮，也可输入平移命令。

③ 单击菜单中的【视图】→【平移】→【实时】命令，也可输入平移命令。

注意：各种视图的缩放和平移命令在执行过程中均可以按 ESC 键提前结束命令。

2.6.5　选择对象

2.6.5.1　执行编辑命令有两种方法：

① 先输入编辑命令，在"选择对象"提示下，再选择合适的对象。

② 先选择对象，所有选择的对象以夹点状态显示，再输入编辑命令。

2.6.5.2　构造选择集的操作

在选择对象过程中，选中的对象呈虚线亮显状态，选择对象的方法如下所示。

① 使用拾取框选择对象。例如：要选择圆形，在圆形的边线上单击鼠标左键即可。

② 指定矩形选择区域。

在"选择对象"提示下，单击鼠标左键拾取两点作为矩形的两个对角点，如果第二个角

点位于第一个角点的右边，窗口以实线显示，叫做“W 窗口”，此时，完全包含在窗口之内的对象被选中；如果第二个角点位于第一个角点的左边，窗口以虚线显示，叫做“C 窗口”，此时完全包含于窗口之内的对象以及与窗口边界相交的所有对象均被选中。

③ F（Fence）：栏选方式，即可以画多条直线，直线之间可以与自身相交，凡与直线相交的对象均被选中。

④ P（Previous）：前次选择集方式，可以选择上一次选择集。

⑤ R（Remove）：删除方式，用于把选择集由加入方式转换为删除方式，可以删除误选到选择集中的对象。

⑥ A（Add）：添加方式，把选择集由删除方式转换为加入方式。

⑦ U（Undo）：放弃前一次选择操作。

2.7 帮 助

AutoCAD 2013 提供了强大的帮助功能，用户在绘图或开发过程中可以随时通过该功能得到相应的帮助。图 2-11 为 AutoCAD 2013 的“帮助”菜单。选择“帮助”菜单中的“帮助”命令，AutoCAD 弹出“帮助”窗口，用户可以通过此窗口得到相关的帮助信息，或浏览 AutoCAD 2013 的全部命令与系统变量等。选择“帮助”菜单中的“新功能专题研习”命令，

AutoCAD 会打开“新功能专题研习”窗口。通过该窗口用户可以详细了解 AutoCAD 2013 的新增功能。

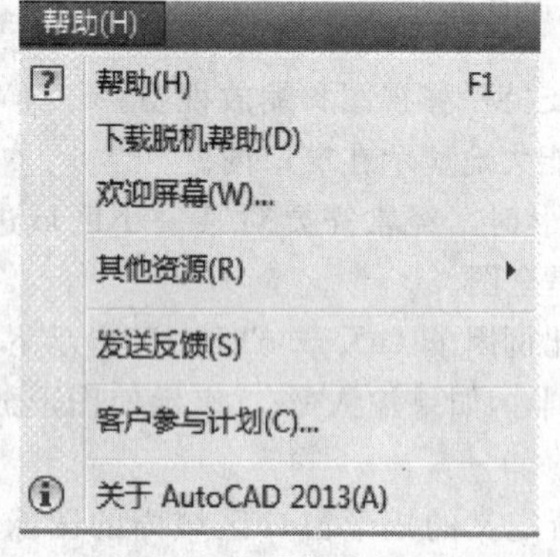

图 2-11 帮助菜单对话框

小 结

本章介绍了与 AutoCAD 2013 相关的一些基本概念和基本操作，其中包括如何安装、启动 AutoCAD 2013；AutoCAD 2013 工作界面的组成及其功能；AutoCAD 命令及其执行方式；图形文件管理，包括新建图形文件、打开已有图形文件、保存图形；用 AutoCAD 2013 绘图时确定点的位置的方法；用 AutoCAD 2013 绘图时的基本设置，如设置图形界限、绘图单位以及系统变量等。最后，介绍了 AutoCAD 2013 的帮助功能。本章介绍的概念和操作非常重要，其中的某些功能在绘图过程中要经常使用（如图形文件管理、确定点的位置以及设置系统变量等），希望读者能够很好地掌握。

思考与练习题

1. 如何启动和退出 AutoCAD 2013?
2. AutoCAD 2013 的界面由哪几部分组成?
3. 绘图界限有什么用? 如何设置绘图界限?
4. 绘图单位如何设置?

第 3 章　绘制基本二维图形

➢本章要点

设置点的样式并绘制点对象，如绘制点、绘制定数等分点、绘制定距等分点

绘制直线对象，如绘制线段、射线、构造线

绘制矩形和等边多边形

绘制曲线对象，如绘制圆、圆环、圆弧、椭圆及椭圆弧

3.1 点的绘制

3.1.1 设置点的样式及大小

可以通过此对话框选择所需要的点样式。AutoCAD 2013 的默认点样式如对话框中位于左上角的图标所示，即一个小点，见图 3-1。还可以利用对话框中的“点大小”文本框确定点的大小。设置了点的样式和大小后，单击【确定】按钮关闭对话框，已绘出的点会自动进行对应的更新，且在此之后绘制的点均会采用新设置的样式。

菜单：【格式】→【点样式】

命令：DDPTYPE

改变点样式和大小后，对所有已经存在的点，要执行重生成（REGEN）命令后才会更改为设置的值。

3.1.2 绘制一个点（单点）

菜单：【绘图】→【点】→【单点】

命令：POINT

执行绘制点命令后，系统显示系统变量 PDMODE 和 PDSIZE 的值，即当前点的样式和大小。然后提示用户指定要绘制点的位置，可以使用键盘输入点坐标，也可用鼠标直接在屏幕上拾取点。

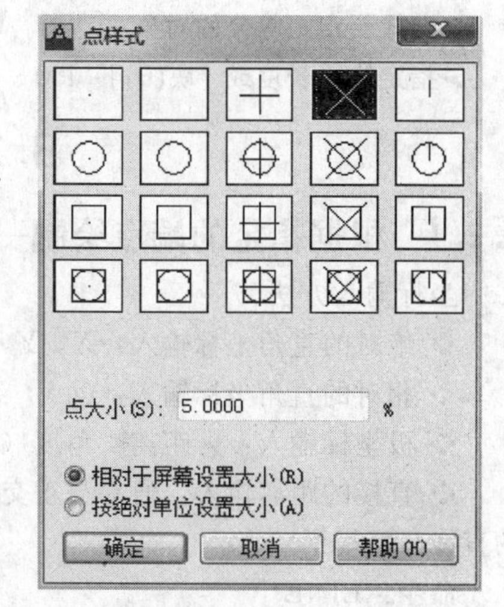

图 3-1 “点样式”对话框

3.1.3 绘制多个点（多点）

菜单：【绘图】→【点】→【多点】

执行绘制多点命令后，系统的提示与绘制单个点的提示基本相同。绘制完一个点后，系统会继续提示用户绘制其他的点，直到用户按【Esc】键结束该命令为止。

3.1.4 定数画点

如图 3-2 所示。

菜单：【绘图】→【点】→【定数等分】

命令：DIVIDE

❖“定数等分的对象”可以是直线、圆、圆弧、多段线和样条曲线等，但不能是块、尺寸标注、文本及剖面线。

❖DIVIDE 命令一次只能等分一个对象。

❖DIVIDE 命令最多只能将一个对象分为 32767 份。

命令：DIVIDE

➢选择要定数等分的对象：

➢输入线段数目或 [块 (B)]：5

3.1.5 定距等分点

如图 3-3 所示。

菜单：【绘图】→【点】→【定距等分】

命令：MEASURE

❖“定距等分的对象”可以是直线、圆、圆弧、多段线和样条曲线等，但不能是块、尺寸标注、文本及剖面线。

❖ 放置点或块的起点位置是离选择对象点较近的端点。

❖ 若对象总长不能被指定间距整除，则选定对象的最后一段小于指定间距数值。

❖ MEASURE 命令一次只能测量一个对象。

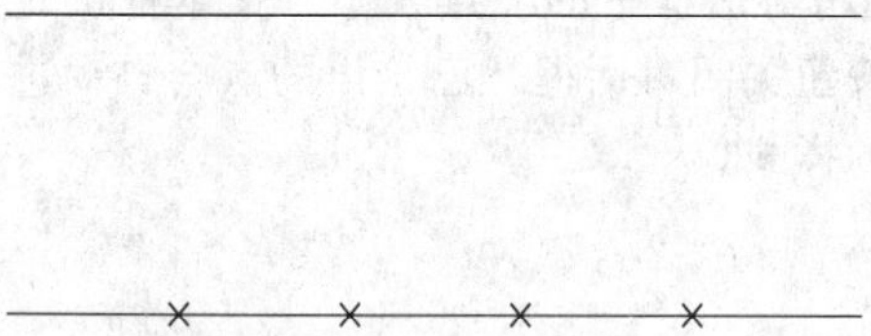

图 3-2 点的定数等分

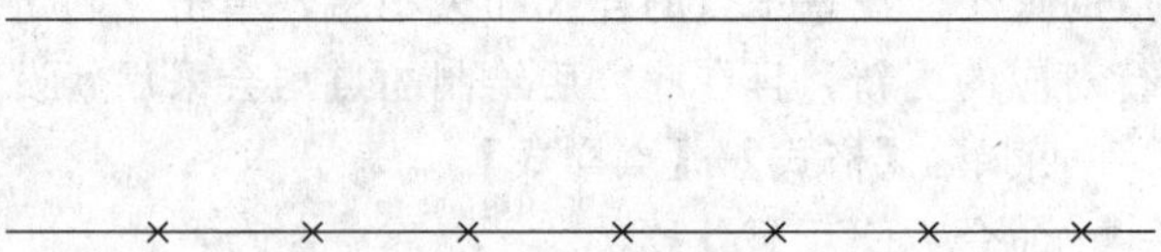

图 3-3 点的定距等分

命令：MEASURE

➢选择要定距等分的对象：

➢指定线段长度或 [块(B)]：150

3.2 线的绘制

3.2.1 根据指定的端点绘制一系列直线段

坐标输入方法

❖ 绝对的直角坐标输入：X，Y

❖ 相对的直角坐标输入：@X，Y（最后一点相对于前一点在 X、Y 方向上的增量）

❖ 极坐标输入：@距离<角度（角度值以逆时针为正）

❖ 直接的距离输入：通常与正交配合使用。正交模式快捷键是【F8】。作用：让画出来的直线只能横平竖直。

命令：LINE

单击“绘图”工具栏上的（直线）按钮，或选择【绘图】→【直线】命令，即执行 LINE 命令，AutoCAD 提示：

➢第一点：(确定直线段的起始点)

➢指定下一点或 [放弃(U)]：[确定直线段的另一端点位置，或执行“放弃(U)”选项重新确定起始点]

➢指定下一点或 [放弃(U)]：[可直接按 Enter 键或 Space 键结束命令，或确定直线段的另一端点位置，或执行“放弃(U)”选项取消前一次操作]

➢指定下一点或［闭合(C)/放弃(U)]:[可直接按Enter键或Space键结束命令,或确定直线段的另一端点位置,或执行“放弃(U)”选项取消前一次操作,或执行“闭合(C)”选项创建封闭多边形]

➢指定下一点或［闭合(C)/放弃(U)]:↙[也可以继续确定端点位置、执行“放弃(U)”选项、执行“闭合(C)”选项]

【例 3-1】 利用直线命令画边长为100的正六边形，如图3-4所示。

启动直线命令，命令提示及操作如下：

➢命令：_LINE

➢指定第一个点：200,200

➢指定下一点或［放弃(U)]：@100<0

➢指定下一点或［放弃(U)]：@100<－60

➢指定下一点或［闭合(C)/放弃(U)]：@100<－120

➢指定下一点或［闭合(C)/放弃(U)]：@100<180

➢指定下一点或［闭合(C)/放弃(U)]：@100<120

➢指定下一点或［闭合(C)/放弃(U)]：@100<60

➢指定下一点或［闭合(C)/放弃(U)]：C

3.2.2　绘制构造线

构造线是一种没有始点和终点的无限长直线。它通常被用作辅助绘图线，并单独地放在一层中。可以绘制水平、垂直、与X轴成一定角度、或任意的构造线。还可以绘制平分一已知角的构造线 、平行构造线。如图3-5所示。

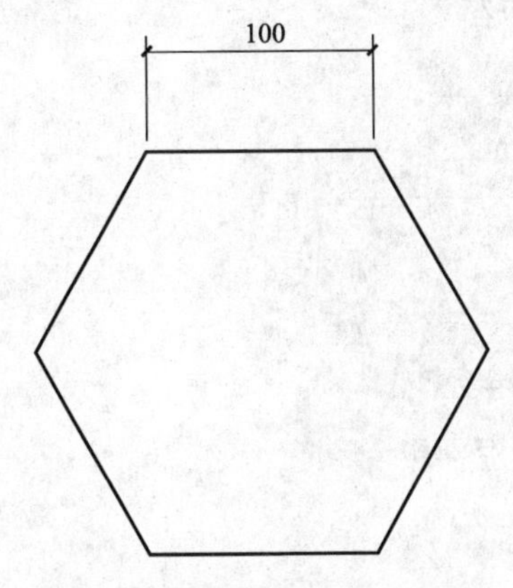

图3-4　应用直线绘制多边形

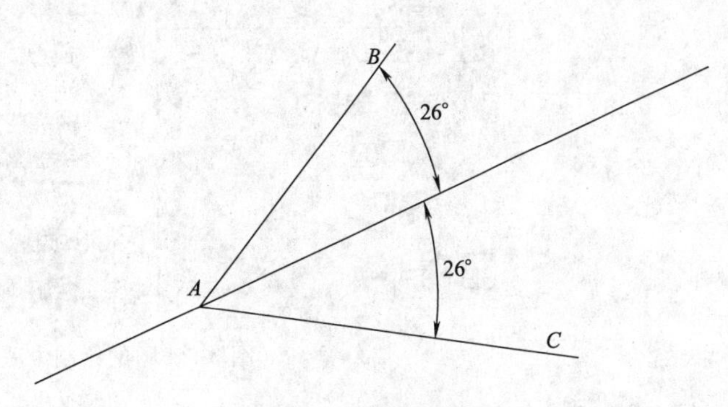

图3-5　绘制构造线

“绘图”工具栏→“构造线”

菜单：【绘图】→【构造线】

命令：XLINE

单击“绘图”工具栏上的（构造线）按钮，或选择【绘图】→【构造线】命令，即执行XLINE命令，AutoCAD提示：

➢指定点或［水平(H)/垂直(V)/角度(A)/二等分(B)/偏移(O)]:

其中，“指定点”选项用于绘制通过指定两点的构造线；“水平”选项用于绘制通过指定点的水平构造线；“垂直”选项用于绘制通过指定点的绘制垂直构造线；“角度”选项用于绘制沿指定方向或与指定直线之间的夹角为指定角度的构造线；“二等分”选项用于绘制平分由指定3点所确定的角的构造线；“偏移”选项用于绘制与指定直线平行的构造线。

3.2.3 绘制射线

菜单：【绘图】→【射线】

命令：RAY

❖ 射线是只有一个起始点并延伸到无穷远的直线。

❖ 射线和构造线并不能作为图形的一部分，通常作图时仅将它们作为辅助线使用。

❖ 射线是辅助作图线，可放于单独一层并赋予一种颜色，便于独立处理以及与其他图线区分。

选择【绘图】→【射线】命令，即执行 RAY 命令，AutoCAD 提示：

➤指定起点：(确定射线的起始点位置)

➤指定通过点：(确定射线通过的任一点。确定后 AutoCAD 绘制出过起点与该点的射线)

➤指定通过点：↙(也可以继续指定通过点，绘制过同一起始点的一系列射线)

3.3 曲线的绘制

3.3.1 圆的绘制

单击“绘图”工具栏上的（圆）按钮，即执行 CIRCLE 命令，AutoCAD 提示：

➤指定圆的圆心或［三点(3P)/两点(2P)/相切、相切、半径(T)］

其中，“指定圆的圆心”选项用于根据指定的圆心以及半径或直径绘制圆弧。“三点”选项根据指定的三点绘制圆。“两点”选项根据指定两点绘制圆。“相切、相切、半径”选项用于绘制与已有两对象相切，且半径为给定值的圆。如图 3-6 所示。

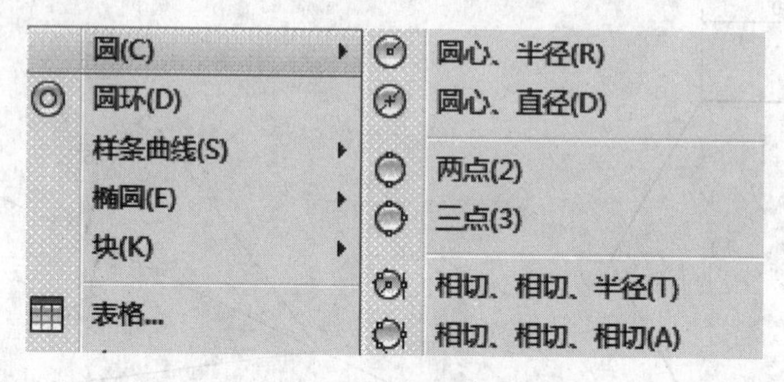

图 3-6 圆的绘制方法

【例 3-2】 绘制花坛平面图

➤命令：CIRCLE

➤指定圆的圆心或［三点(3P)/两点(2P)/切点、切点、半径(T)］：

➤指定圆的半径或［直径(D)］＜100.0000＞：500

➤命令：CIRCLE

➤指定圆的圆心或［三点(3P)/两点(2P)/切点、切点、半径(T)］：

➤指定圆的半径或［直径(D)］＜500.0000＞：300

➤命令：CIRCLE

➤指定圆的圆心或［三点(3P)/两点(2P)/切点、切点、半径(T)］：2P

➤指定圆直径的第一个端点：

➤指定圆直径的第二个端点：

➤命令：CIRCLE

➢指定圆的圆心或［三点(3P)/两点(2P)/切点、切点、半径(T)]：2P 指定圆直径的第一个端点：

➢指定圆直径的第二个端点：

➢命令：CIRCLE

➢指定圆的圆心或［三点(3P)/两点(2P)/切点、切点、半径(T)]：2P

➢指定圆直径的第一个端点：

➢指定圆直径的第二个端点：

➢命令：CIRCLE

➢指定圆的圆心或［三点(3P)/两点(2P)/切点、切点、半径(T)]：2P

➢指定圆直径的第一个端点：

➢指定圆直径的第二个端点：

如图 3-7 所示。

3.3.2 圆环的绘制

菜单：【绘图】→【圆环】

命令：DONUT

❖ 要创建圆环，应指定它的内外直径和圆心。

❖ 如果圆环内径值为 0，将绘制一个半径为圆环外径的填充圆。

❖ 系统变量 FILLMODE 不同，圆环状态也不同。

选择【绘图】→【圆环】命令，即执行 DONUT 命令，AutoCAD 提示：

➢指定圆环的内径：(输入圆环的内径)

➢指定圆环的外径：(输入圆环的外径)

➢指定圆环的中心点或<退出>：(确定圆环的中心点位置，或按 Enter 键或 Space 键结束命令的执行)

如图 3-8 所示。

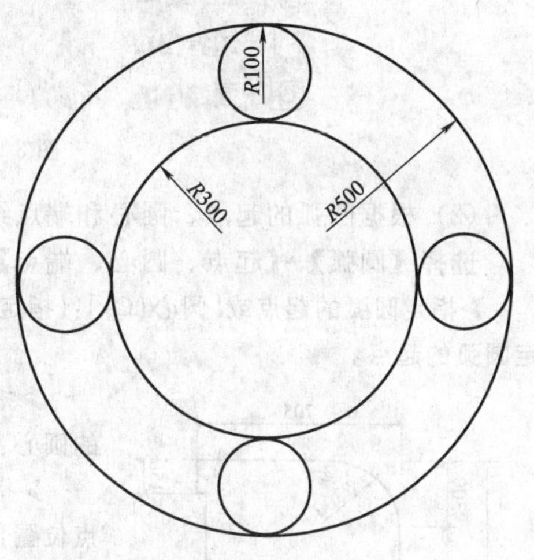

图 3-7　花坛平面图

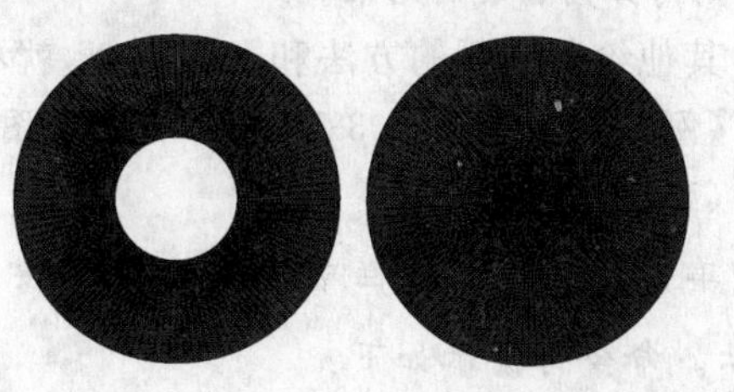

图 3-8　圆环平面图

3.3.3 圆弧的绘制

AutoCAD 提供了多种绘制圆弧的方法，可通过图 3-9 所示的“圆弧”子菜单执行绘制圆弧操作。

(1) 选择【绘图】→【圆弧】→【三点】命令，AutoCAD 提示：

➢指定圆弧的起点或［圆心(C)]：(确定 圆弧的起始点位置)

➢指定圆弧的第二个点或［圆心(C)/端点(E)]：(确定圆弧上的任一点)

➢指定圆弧的端点：(确定圆弧的终止点位置) 执行结果：AutoCAD 绘制出由指定三点确定的圆弧。

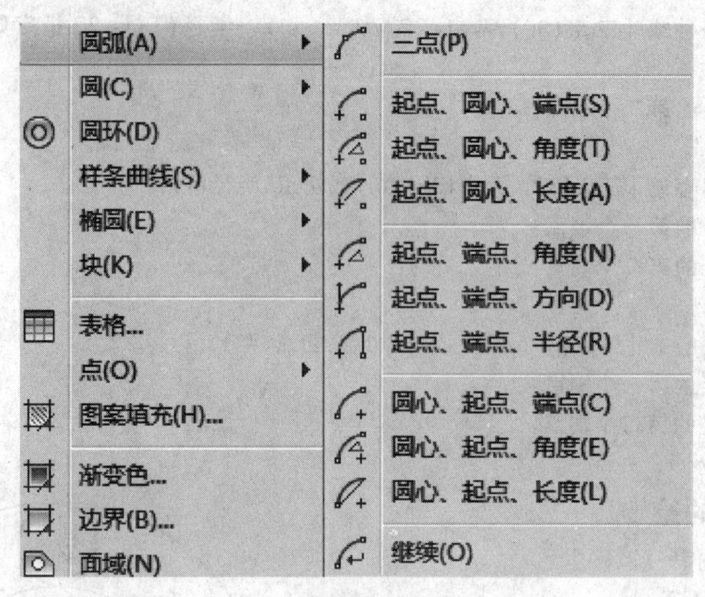

图 3-9 圆弧的几种画法

(2) 根据圆弧的起点、圆心和端点绘制圆弧。

选择【圆弧】→【起点、圆心、端点】命令，AutoCAD 2013 提示：

➤指定圆弧的起点或[圆心(C)]：(指定圆弧的起点位置)用鼠标在绘图窗口中点击任意位置确定圆弧的起点。

➤指定圆弧的第二个点或[圆心(C)/端点(E)]：C 指定圆弧的圆心：(指定圆弧的圆心位置)

➤指定圆弧的端点或[角度(A)/弦长(L)]：(指定圆弧的端点位置)

提示：根据起点、圆心和包含角绘制圆弧时，AutoCAD2013 总是从起点开始，绕圆心沿逆时针方向绘制圆弧。因此，对于如图 3-10 所示，如果圆心不变，而将起点、端点交换位置，绘出的圆弧则为方向相反的结果。

其他绘制圆弧的方法和上面类似，就不再赘述。

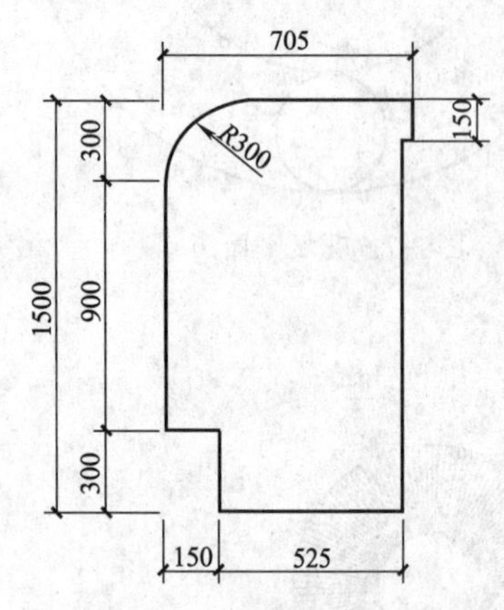

图 3-10 装饰柜平面图

【例 3-3】 绘制图 3-10 装饰柜平面图

(1) 绘制直线

单击“绘图”工具栏中的直线命令按钮，按照 *ABCDEFGHI* 的顺序画线，如图 3-11 所示。命令行提示如下：

➤命令：LINE 指定第一点： //在绘图区之内任意位置单击

➤指定下一点或 [放弃(U)]：405 //沿水平向右方向，绘制 *AB* 直线段

➤指定下一点或 [放弃(U)]：150 //沿垂直向下方向，绘制 *BC* 直线段

➤指定下一点或 [闭合(C)/放弃(U)]：30 //沿水平向左方向，绘制 *CD* 直线段

➤指定下一点或 [闭合(C)/放弃(U)]：1350 //沿垂直向下方向，绘制 *DE* 直线段

➤指定下一点或 [闭合(C)/放弃(U)]：525 //沿水平向左方向，绘制 *EF* 直线段

➤指定下一点或 [闭合(C)/放弃(U)]：300 //沿垂直向上方向，绘制 *FG* 直线段

➤指定下一点或 [闭合(C)/放弃(U)]：150 //沿水平向左方向，绘制 *GH* 直线段

➢指定下一点或［闭合(C)/放弃(U)］：900　　//沿垂直向上方向，绘制 *HI* 直线段

➢指定下一点或［闭合(C)/放弃(U)］：　　　　//回车，结束命令

注意：绘制直线时应打开极轴工具。

(2) 绘制圆弧

单击下拉菜单栏中的【绘图】→【圆弧】→【起点、端点、半径】命令，如图 3-12 所示，命令行提示如下：

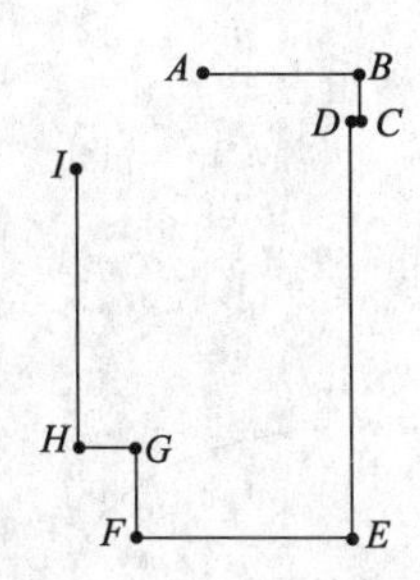

图 3-11　直线绘制结果

三点(P)
起点、圆心、端点(S)
起点、圆心、角度(T)
起点、圆心、长度(A)
起点、端点、角度(N)
起点、端点、方向(D)
起点、端点、半径(R)
圆心、起点、端点(C)
圆心、起点、角度(E)
圆心、起点、长度(L)
继续(O)

图 3-12　圆弧下拉菜单

➢命令：ARC 指定圆弧的起点或［圆心(C)］：　　//捕捉 *A* 点作为圆弧的起点

➢指定圆弧的第二个点或［圆心(C)/端点(E)］：E

➢指定圆弧的端点：　　//捕捉 *I* 点作为圆弧的端点

➢指定圆弧的圆心或［角度(A)/方向(D)/半径(R)］：R

➢指定圆弧的半径：300　　//输入圆弧的半径 300

绘图结果如图 3-13 所示。

注意：圆弧的绘制也可以通过“修改”菜单中的【圆角】命令修改而成。

实例小结　本实例主要应用了直线命令和圆弧命令，圆弧命令的 11 种绘制方法如图 3-12 所示；单击“绘图”工具栏中的命令按钮，或者键盘输入圆弧命令 ARC 或 A，也可以输入圆弧命令。如图 3-13 所示。

3.3.4　椭圆的绘制

“绘图”工具栏→“椭圆”按钮

菜单：【绘图】→【椭圆】→【椭圆选项】

命令：ELLIPSE

◆ 根据椭圆某一轴上的两个端点及另一轴的半长轴值绘椭圆。

◆ 根据椭圆一轴的两端点以及旋转角绘椭圆。

◆ 根据椭圆中心、一轴上的一个端点和另一轴的半长绘椭圆。

◆ 根据椭圆中心、一轴的一个端点和旋转角绘制椭圆。

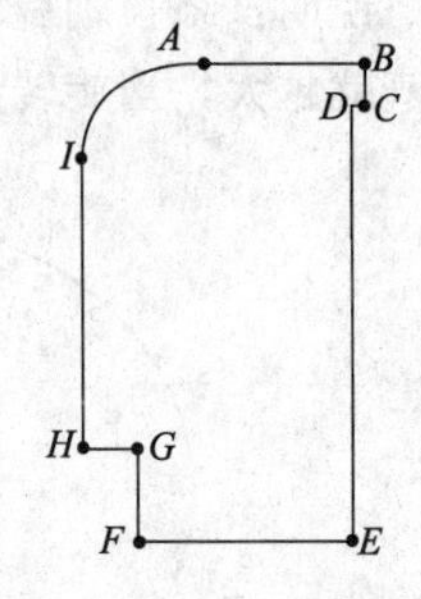

图 3-13　圆弧绘制结果

单击“绘图”工具栏上的（椭圆）按钮，即执行 ELLIPSE 命令，AutoCAD 提示：

➢指定椭圆的轴端点或［圆弧(A)/中心点(C)］：

其中，“指定椭圆的轴端点”选项用于根据一轴上的两个端点位置等绘制椭圆。“中心

点”选项用于根据指定的椭圆中心点等绘制椭圆。“圆弧”选项用于绘制椭圆弧。

➢命令:ELLIPSE

➢指定椭圆的轴端点或 [圆弧(A)/中心点(C)]:给出第 1 点

(1) 缺省项。轴端点方式画椭圆，如图 3-14 所示。

该方式指定一个轴的两个端点及另一个轴的半轴长度画椭圆。

➢指定轴的另一个端点：200　　　　　　//给出第 2 点

指定另一条半轴长度或 [旋转(R)]：50　　　　//给出第 3 点

(2) 椭圆中心点方式。椭圆中心方式画椭圆（图 3-15）。

该方式是指定中心点和两轴的端点（即两半轴长）画椭圆。

➢命令：ELLIPSE

➢指定椭圆的轴端点或 [圆弧(A)/中心点(C)]：C

➢指定椭圆的中心点：　　　　　　//给出 0 点

➢指定轴的端点：100　　　　　　//给出第 1 点

➢指定另一条半轴长度或 [旋转(R)]：50　　//给出第 2 点

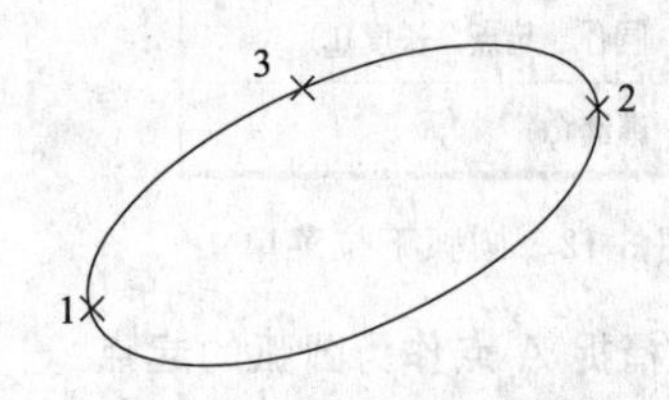

图 3-14　轴端点方式画椭圆

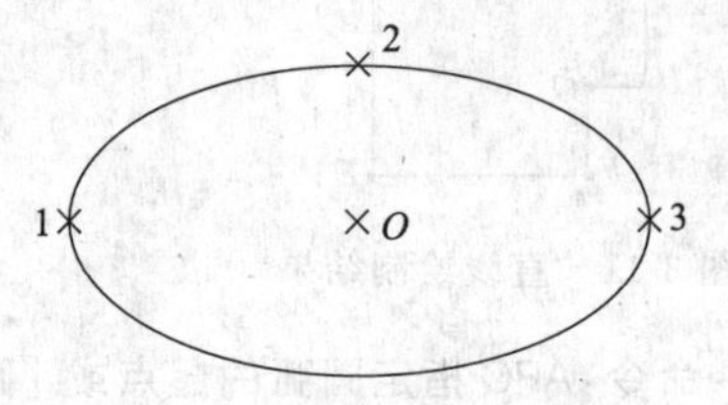

图 3-15　椭圆中心方式画椭圆

(3) 旋转方式画椭圆。

该方式先定义轴的两个端点，然后指定一个旋转角度来画椭圆。如图 3-16，图 3-17 所示。

执行画椭圆命令，系统提示：

➢命令：ELLIPSE

➢指定椭圆的轴端点或 [圆弧(A)/中心点(C)]：　　//给出第 1 点

➢指定轴的另一个端点：　　　　　　　　//给出轴上第 2 点

➢指定另一条半轴长度或 [旋转(R)]：R　　　　//选旋转角度

➢指定绕长轴旋转的角度：30

说明：绕长轴旋转角度确定的是椭圆长轴和短轴的比例。旋转角度越大，长轴和短轴的比值就越大，当旋转角度为 0°时，该命令绘制的图形为圆。

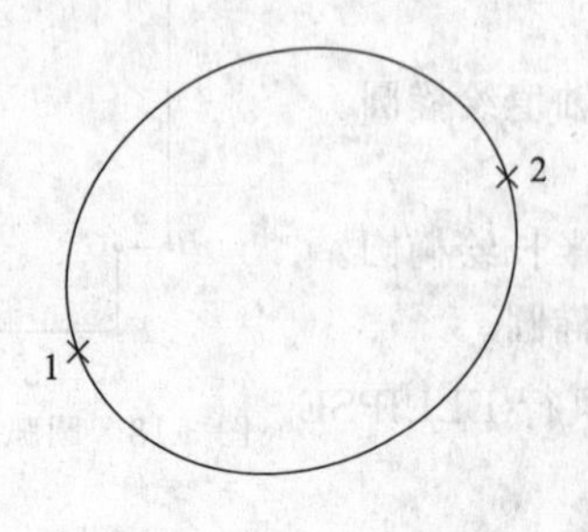

图 3-16　旋转角为 30°

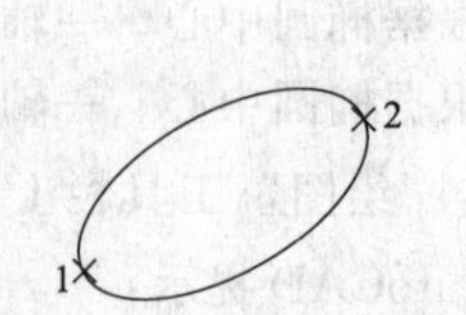

图 3-17　旋转角度为 60°

3.4　绘制矩形和等边多边形

3.4.1　绘制矩形

根据指定的尺寸或条件绘制矩形。

命令：RECTANG

单击“绘图”工具栏上的(矩形）按钮，或选择【绘图】→【矩形】命令，即执行RECTANG命令，AutoCAD提示：

➢指定第一个角点或[倒角(C)/标高(E)/圆角(F)/厚度(T)/宽度(W)]：

(1) 矩形的绘制

快捷键：REC

矩形如何判定长和宽：默认情况下较长的一条边称为长，另外一条为宽。

测量工具的介绍如下。

快捷键：DI 测量物体的长度、宽度等尺寸。

AA 测量物体的面积、周长等尺寸。

(2) 倒角命令

快捷键：CHA

第一个倒角的距离，是初始点 X 的方向。

第二个倒角的距离，是初始点 Y 的方向。

绘制矩形操作步骤：

① 输入CHA。

② 输入D。

③ 确定第一个倒角的距离（X 方向）。

④ 确定第二个倒角的矩形（Y 方向）。

⑤ 选择需要倒角的两条线段。

(3) 圆角矩形

① 输入REC 回车。

② 输入圆角（F）。

③ 输入圆角的半径值 回车。

④ 在操作区域点击确定一个点的位置。

⑤ 输入尺寸（D）。

⑥ 输入矩形的长度和宽度数值。

【例3-4】　绘制一个500mm×300mm，切角 X，Y 为50mm、线宽为20mm的倒角矩形。

➢命令：RECTANG

➢指定第一个角点或[倒角(C)/标高(E)/圆角(F)/厚度(T)/宽度(W)]：W　　//设定矩形的线宽20

➢指定矩形的线宽＜0.0000＞：20

➢指定第一个角点或[倒角(C)/标高(E)/圆角(F)/厚度(T)/宽度(W)]：C

➢指定矩形的第一个倒角距离＜00.0000＞:50

➢指定矩形的第二个倒角距离＜00.0000＞：50

➢指定第一个角点或[倒角(C)/标高(E)/圆角(F)/厚度(T)/宽度(W)]：

➢指定另一个角点或 [面积(A)/尺寸(D)/旋转(R)]：@500,300

结果如图 3-18 所示。

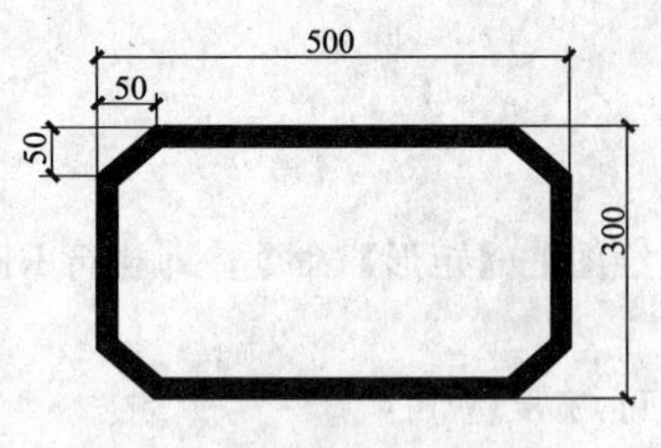

图 3-18　倒角矩形

3.4.2　绘制正多边形

多边形（POLYGON）：用于画正多边形，最少边数是 3，最大边数是 1024。

❖ 从“绘图”工具栏中选择“多边形”；

❖ 从“绘图”下拉菜单中选择“多边形”；

❖ 在命令行：POLYGON↙

单击“绘图”工具栏上的 （正多边形）按钮，或选择【绘图】→【正多边形】命令，即执行 POLYGON 命令，AutoCAD 提示：

➢指定正多边形的中心点或 [边(E)]：

3.4.2.1　指定正多边形的中心点

此默认选项要求用户确定正多边形的中心点，指定后将利用多边形的假想外接圆或内切圆绘制等边多边形。执行该选项，即确定多边形的中心点后，AutoCAD 提示：

➢输入选项 [内接于圆(I)/外切于圆(C)]：

其中，“内接于圆”选项表示所绘制多边形将内接于假想的圆。“外切于圆”选项表示所绘制多边形将外切于假想的圆。

3.4.2.2　边

根据多边形某一条边的两个端点绘制多边形。

【例 3-5】　绘制内外半径是 100mm 的正八边形，绘制结果如图 3-19 所示。

具体步骤如下。

(1) 绘制圆

单击“绘图”工具栏中的圆命令按钮 ，命令行提示如下：

➢命令：CIRCLE

➢指定圆的圆心或 [三点(3P)/两点(2P)/相切、相切、半径(T)]：　//单击绘图区之内的任意一点来指定圆的圆心

➢指定圆的半径或 [直径(D)] <10.0000>：100　//输入圆的半径 100

(2) 绘制外接圆半径为 100 的正八边形

单击下拉菜单栏中的【绘图】→【正多边形】命令，命令行提示如下：

➢命令：POLYGON

➢输入边的数目 <0>：8

➢指定正多边形的中心点或 [边(E)]：　//捕捉圆的圆心

➢输入选项 [内接于圆(I)/外切于圆(C)] <I>：　//回车，取默认的“外接于圆(I)”选项

➢指定圆的半径：100　//输入外接圆的半径 100

(3) 绘制内切圆半径为 100 的正六边形

单击“绘图”工具栏中的正多边形命令按钮 ，命令行提示如下：

➢命令：POLYGON

➢输入边的数目 <8>：　//回车，取默认值

➢指定正多边形的中心点或［边(E)］：　　　　　　　　//捕捉圆的圆心

➢输入选项［内接于圆(I)/外切于圆(C)］＜C＞：　　　//选择“内切于圆(C)”选项

➢指定圆的半径：100　　　　　　　　　　　　　　　　//输入内切圆的半径 100

绘图结果如图 3-19 所示。

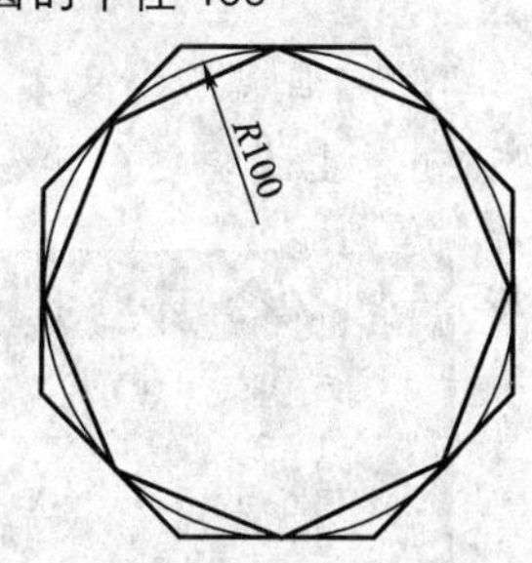

图 3-19　正八边形

【例 3-6】 利用“边（E）”方式画正多边形，绘图结果如图 3-20所示。

具体步骤如下。

（1）绘制正方形

单击“绘图”工具栏中的矩形命令按钮，命令行提示如下：

➢命令：RECTANG

➢指定第一个角点或［倒角(C)/标高(E)/圆角(F)/厚度(T)/宽度(W)］：//在绘图区之内任意单击一点作为矩形的第一个角点

➢指定另一个角点或［面积(A)/尺寸(D)/旋转(R)］：D　　　//选择“尺寸”选项

➢指定矩形的长度＜10.0000＞：50　　　　　　　　　　//输入矩形的长度 50

➢指定矩形的宽度＜10.0000＞：50　　　　　　　　　　//输入矩形的宽度 50

➢指定另一个角点或［面积(A)/尺寸(D)/旋转(R)］：　　　//确定矩形的方向

（2）绘制正五边形

单击“绘图”工具栏中的正多边形命令按钮，命令行提示如下：

➢命令：_polygon 输入边的数目＜6＞：5　　　　　　　　//输入 5

➢指定正多边形的中心点或［边(E)］：E　　　　　　　　//选取“边(E)”方式

➢指定边的第一个端点：指定边的第二个端点：　　　　　//捕捉 *A* 点作为第一个端点，捕捉 *B* 点作为第二个端点

绘制结果如图 3-21 所示。

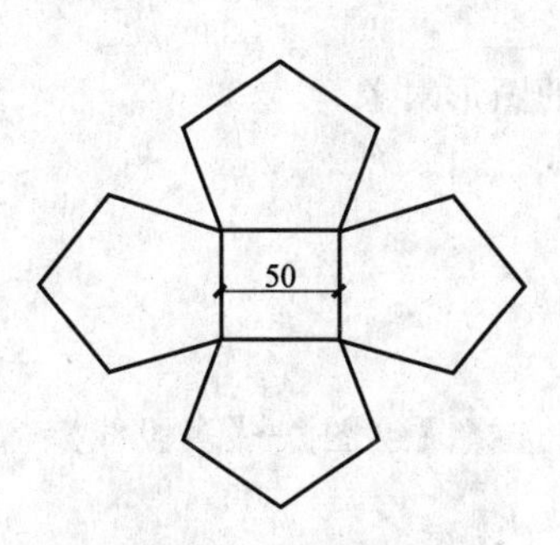

图 3-20　绘制结果

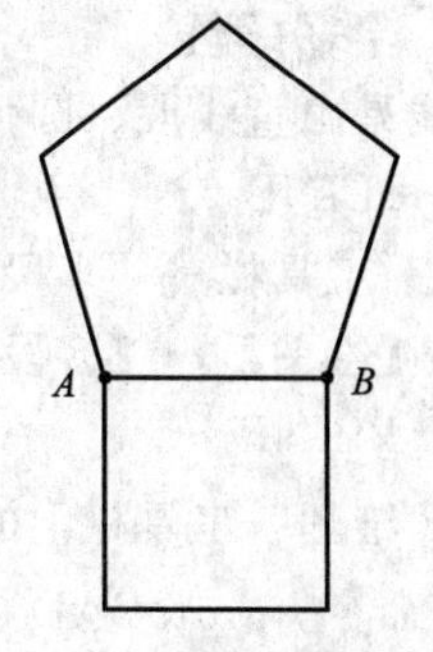

图 3-21　正五边形绘制结果

（3）阵列五边形

单击“修改”工具栏中的阵列命令按钮，弹出“阵列”对话框，如图 3-22 所示，进行如下设置。

① 选择“环形阵列”单选按钮。

② 单击选择对象按钮，到绘图区选择正五边形，确定后“阵列”对话框提示“已选

择 1 个对象”。

③ 单击中心点按钮，利用中点捕捉和对象追踪选择正方形的中心点作为阵列的中心点。

④“项目总数”文本框输入“4”，“填充角度”文本框输入“360”。

⑤ 单击【确定】按钮，阵列结果如图 3-20 所示。

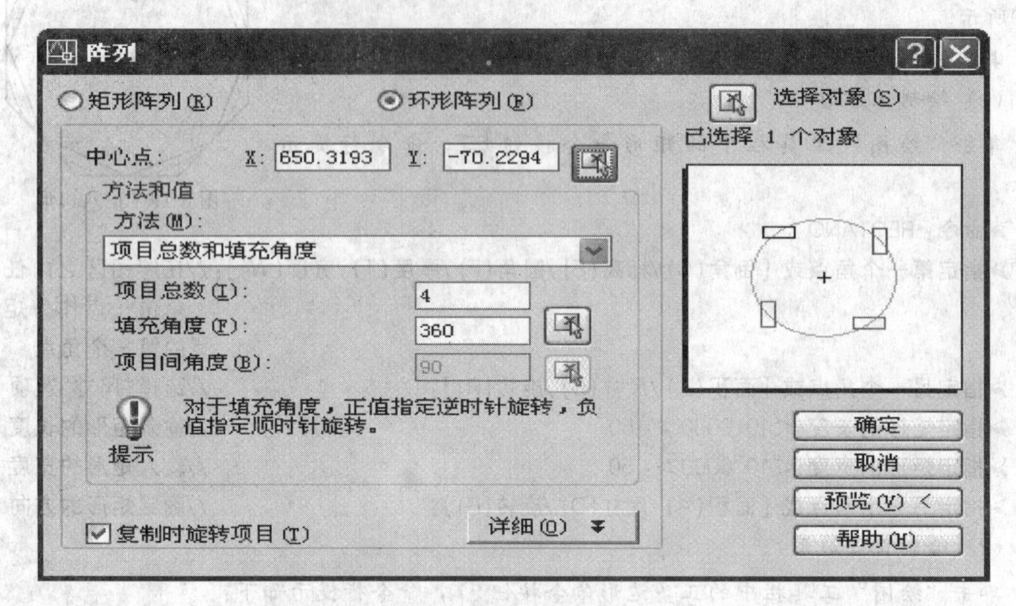

图 3-22 “阵列”对话框

实例小结 本实例主要讲解绘制正多边形的两种方法，在实际绘图时应根据已知条件进行选择。阵列命令分为矩形阵列和环形阵列两种方式，本实例采用环形阵列。

3.5 绘制多段线和样条曲线

3.5.1 绘制多段线

3.5.1.1 绘多段线

多段线是由直线段、圆弧段构成，且可以有宽度的图形对象。

命令：PLINE

“绘图”工具栏→“多段线”按钮

菜单：【绘图】→【多段线】

命令：PLINE

单击“绘图”工具栏上的（多段线）按钮，或选择【绘图】→【多段线】命令，即执行 PLINE 命令，AutoCAD 提示：

➢指定起点：(确定多段线的起始点)

当前线宽为 0.0000（说明当前的绘图线宽）

➢指定下一个点或 [圆弧(A) /半宽(H) /长度(L) /放弃(U) /宽度(W)]：

其中，“圆弧”选项用于绘制圆弧；“半宽”选项用于多段线的半宽；“长度”选项用于指定所绘多段线的长度；“宽度”选项用于确定多段线的宽度。

3.5.1.2 编辑多段线

命令：PEDIT

单击“修改 II”工具栏上的 多段线(P)（编辑多段线）按钮，或选择【绘图】→【对象】→【多段线】命令，即执行 PEDIT 命令，AutoCAD 提示：

➢选择多段线或［多条(M)］：

在此提示下选择要编辑的多段线，即执行“选择多段线”默认项，AutoCAD 提示：

➢输入选项［闭合(C)/合并(J)/宽度(W)/编辑顶点(E)/拟合(F)/样条曲线(S)/非曲线化(D)/线型生成(L) /反转(R) /放弃(U)］：

其中，“闭合”选项用于将多段线封闭；“合并”选项用于将多条多段线（及直线、圆弧）；“宽度”选项用于更改多段先的宽度；“编辑顶点”选项用于编辑多段线的顶点；“拟合”选项用于创建圆弧拟合多段线；“样条曲线”选项用于创建样条曲线拟合多段线；“非曲线化”选项用于反拟合；“线型生成”选项用来规定非连续型多段线在各顶点处的绘线方式；“反转”选项用于改变多段线上的顶点顺序。

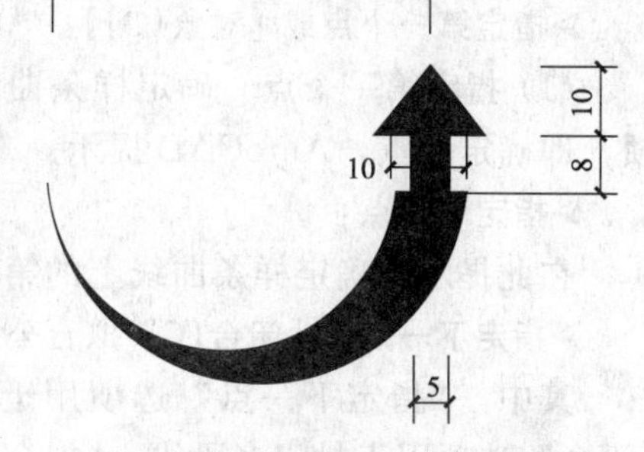

图 3-23　多段线平面图

【例 3-7】　用多段线绘制图 3-23。

命令：PLINE

➢指定起点：

当前线宽为 0.0000

➢指定下一个点或［圆弧(A)/半宽(H)/长度(L)/放弃(U)/宽度(W)］：A

➢指定圆弧的端点或［角度(A)/圆心(CE)/方向(D)/半宽(H)/ 直线(L)/半径(R)/第二个点(S)/放弃(U)/宽度(W)］：W

➢指定起点宽度 <0.0000>：0

➢指定端点宽度 <0.0000>：10

➢指定圆弧的端点或

［角度(A)/圆心(CE)/方向(D)/半宽(H)/直线(L)/半径(R)/第二个点(S)/放弃(U)/宽度(W)］：A

➢指定包含角：180

➢指定圆弧的端点或［圆心(CE)/半径(R)］：50

➢指定圆弧的端点或

［角度(A)/圆心(CE)/闭合(CL)/方向(D)/半宽(H)/直线(L)/半径(R)/第二个点(S)/放弃(U)/宽度(W)］：L

➢指定下一点或［圆弧(A)/闭合(C)/半宽(H)/长度(L)/放弃(U)/宽度(W)］：W

➢指定起点宽度 <10.0000>：5

➢指定端点宽度 <5.0000>：5

➢指定下一点或［圆弧(A)/闭合(C)/半宽(H)/长度(L)/放弃(U)/宽度(W)］：8

➢指定下一点或［圆弧(A)/闭合(C)/半宽(H)/长度(L)/放弃(U)/宽度(W)］：W

➢指定起点宽度 <5.0000>：15

➢指定端点宽度 <15.0000>：0

➢指定下一点或［圆弧(A)/闭合(C)/半宽(H)/长度(L)/放弃(U)/宽度(W)］：10

3.5.2　绘制样条曲线

3.5.2.1　绘样条曲线

样条曲线是一种经过一系列给定点的光滑曲线，适用于形状不规则曲线，在工程图中可用于画波浪线。

命令：SPLINE

❖“绘图”工具栏→“样条曲线”按钮

❖ 菜单：【绘图】→【样条曲线】

❖ 命令：SPLINE

单击“绘图”工具栏上的（样条曲线）按钮，或选择【绘图】→【样条曲线】命令，即执行 SPLINE 命令，AutoCAD 提示：

➢指定第一个点或［对象(O)］：

(1) 指定第一个点　确定样条曲线上的第一点（即第一拟合点），为默认项。执行此选项，即确定一点，AutoCAD 提示：

➢指定下一点：

在此提示下确定样条曲线上的第二拟合点后，AutoCAD 提示：

➢指定下一点或［闭合(C)/拟合公差(F)］<起点切向>：

其中，“指定下一点”选项用于指定样条曲线上的下一点，绘制结果如图 3-24 所示；“闭合”选项用于封闭多段线；“拟合公差”选项用于根据给定的拟合公差绘样条曲线，如图 3-25 所示。

(2) 对象（O）　将样条拟合多段线［由 PEDIT 命令的“样条曲线（S）”选项实现］转换成等价的样条曲线并删除多段线。执行此选项，AutoCAD 提示：

➢选择要转换为样条曲线的对象：　　　//选择要转换的对象

➢选择对象：

在该提示下选择对应的图形对象，即可实现转换。

3.5.2.2　编辑样条曲线

命令：SPLINEDIT

单击“修改”工具栏上的（编辑样条曲线）按钮，或选择【修改】→【对象】→【样条曲线】命令，即执行 SPLINEDIT 命令，AutoCAD 提示：

➢选择样条曲线：

在该提示下选择样条曲线，AutoCAD 会在样条曲线的各控制点处显示出夹点，并提示：

➢输入选项［拟合数据(F)/闭合(C)/移动顶点(M)/精度(R)/反转(E)/转换为多段线(P)/放弃(U)］：

其中，“拟合数据”选项用于修改样条曲线的拟合点；“闭合”选项用于封闭样条曲线；“移动顶点”选项用于样条曲线上的当前点；“精度”选项用于对样条曲线的控制点进行细化操作；“反转”选项用于反转样条曲线的方向；“转换为多段线”选项用于将样条曲线转化为多段线。

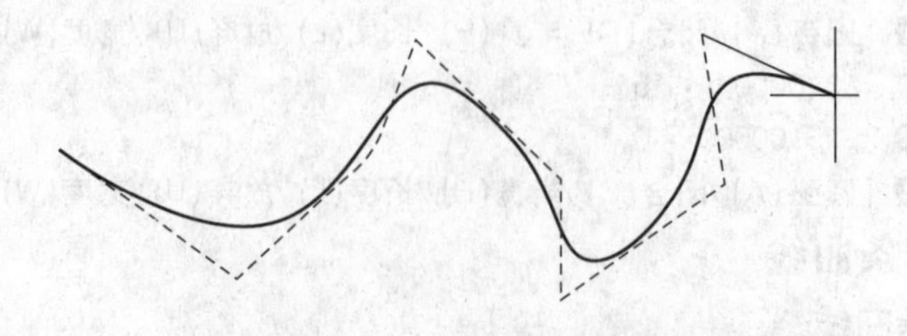

图 3-24　方式＝控制点　阶数＝3

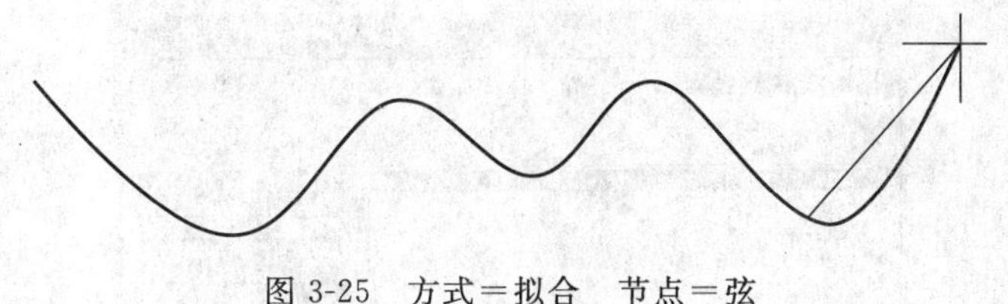

图 3-25　方式＝拟合　节点＝弦

3.6 绘制多线

3.6.1 绘制多线

绘多条平行线，即由两条或两条以上直线构成的相互平行的直线，其组合范围为 1～16 条平行线，且这些直线可以分别具有不同的线型和颜色。

❖ 命令：MLINE

❖ 菜单：【绘图】→【多线】

❖ 快捷键：ML

选择【绘图】→【多线】命令，即执行 MLINE 命令，AutoCAD 提示：

➢当前设置：对正 = 上，比例 = 20.00，样式 = STANDARD

➢指定起点或 [对正(J)/比例(S)/样式(ST)]：

提示中的第一行说明当前的绘图模式。本提示示例说明当前的对正方式为“上”方式，比例为 20.00，多线样式为 STANDARD；第二行为绘多线时的选择项。其中，“指定起点”选项用于确定多线的起始点；“对正”选项用于控制如何在指定的点之间绘制多线，即控制多线上的哪条线要随光标移动；“比例”选项用于确定所绘多线的宽度相对于多线定义宽度的比例；“样式”选项用于确定绘多线时采用的多线样式。

(1) 对正　对正是指绘制多线时光标出现的位置，包括“上”、“无”、“下”三项。

选择“上”时，位于最上端的线段将随光标移动；

选择“无”时，多线的中心点将随光标移动；

选择“下”时，位于最下端的线段将随光标移动。

(2) 比例　此项主要用于设置比例因子，它可以控制多线的全部宽度。

(3) 样式　此项主要用于设置多线的样式，选择此项时，命令行提示如下：

➢输入多线样式名或[?]

3.6.2 定义多线样式

(1) 调用多线样式对话框从“格式”下拉菜单选取“多线样式”；或在命令行输入“Mlstyle”。“多线样式”对话框如图 3-26 所示。

(2) 点击“多线样式对话框”中的 新建(N)... 按钮，打开“创建新的多线样式”对话框，如图 3-27 所示，在新建样式文本框中输入新建样式的名称如 370，单击 继续 按钮，打开“新建多线样式”对话框。

(3) 设置多线样式。在打开的新建多线样式对话框中“说明”中可以输入说明文字如“370 墙体”，在偏移中输入 370 墙体多线的尺寸。如图 3-28 所示。

另外在此对话框中还可以设置平行线的数量、偏移距离、所用线型及颜色等。系统默认多线为两条平行线，颜色为白色，线型为实线。如果设置多线样式时将定位轴线一并考虑，需要单击【添加】按钮，在元素栏内添加一条线作为轴线，“偏移”距离为 0 时，“线型”为

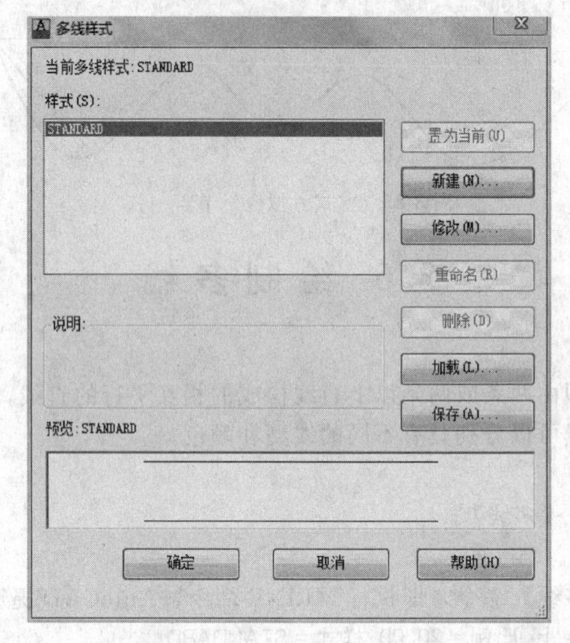

图 3-26 “多线样式”对话框

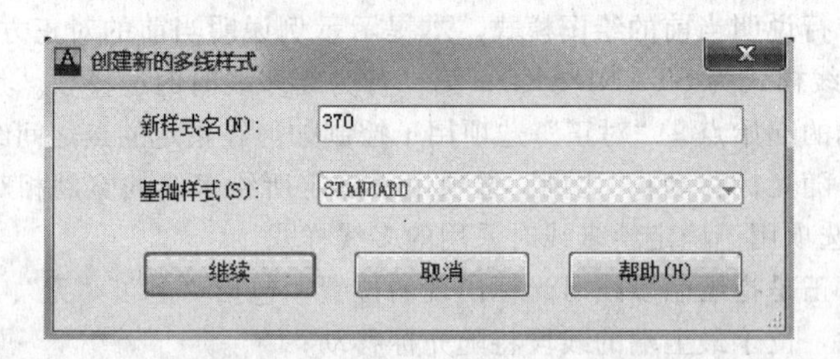

图 3-27 “创建新的多线样式”对话框

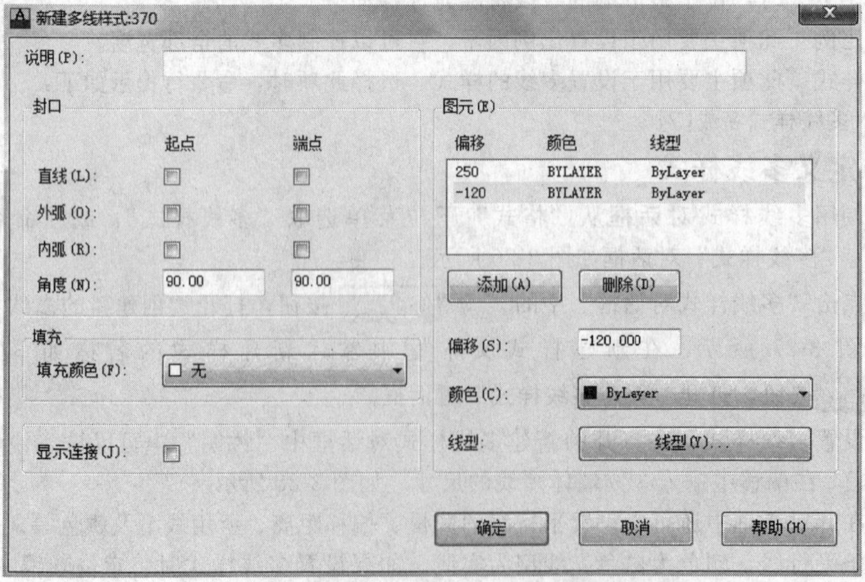

图 3-28 “新建多线样式”对话框

点画线，“颜色”为红色等，以便于在打印图形时将不同颜色不同线宽打印出来。

(4) 返回到了“多线样式”对话框，单击 置为当前(U) 后再确定，完成对多线的样式设置。

【例 3-8】 利用多线命令绘制一长为 2400mm，宽为 1000mm 的围墙，见图 3-29。

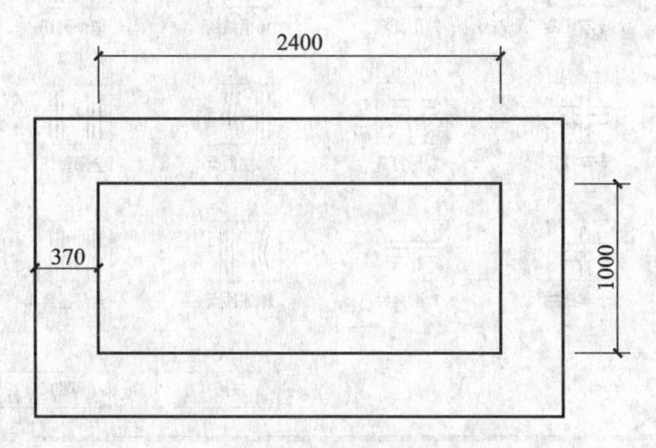

图 3-29　围墙平面图

➢命令：MLINE

➢当前设置：对正 = 上，比例 = 20，样式 = standard

➢指定起点或 [对正(J)/比例(S)/样式(ST)]：J

➢输入对正类型 [上(T)/无(Z)/下(B)] ＜上＞：T

➢当前设置：对正 = 上，比例 = 20，样式 = standard

➢指定起点或 [对正(J)/比例(S)/样式(ST)]：S

➢输入多线比例 ＜1.00＞：1

➢当前设置：对正 = 上，比例 = 1.00，样式 = standard

➢指定起点或 [对正(J)/比例(S)/样式(ST)]：ST

➢输入多线样式名或 [?]：370

➢当前设置：对正 = 上，比例 = 1.00，样式 = 370

➢指定起点或 [对正(J)/比例(S)/样式(ST)]：

➢指定下一点：2400

➢指定下一点或 [放弃(U)]：1000

➢指定下一点或 [闭合(C)/放弃(U)]：2400

➢指定下一点或 [闭合(C)/放弃(U)]：1000

➢指定下一点或 [闭合(C)/放弃(U)]：C

3.6.3 编辑多线

命令：MLEDIT

MLEDIT 命令是一个专用于多线对象的编辑命令，选择【修改】→【对象】→【多线】命令，可打开“多线编辑工具”对话框如图 3-30 所示。该对话框将多线编辑工具分成四列，第一列控制交叉的多线，第二列控制 T 形相交的多线，第三列控制角点结合的多线，第四列控制多线的打断。该对话框各个图像按钮形象地说明了编辑多线的方法。

【例 3-9】 利用多线编辑命令绘制如图 3-31 所示的建筑平面图。

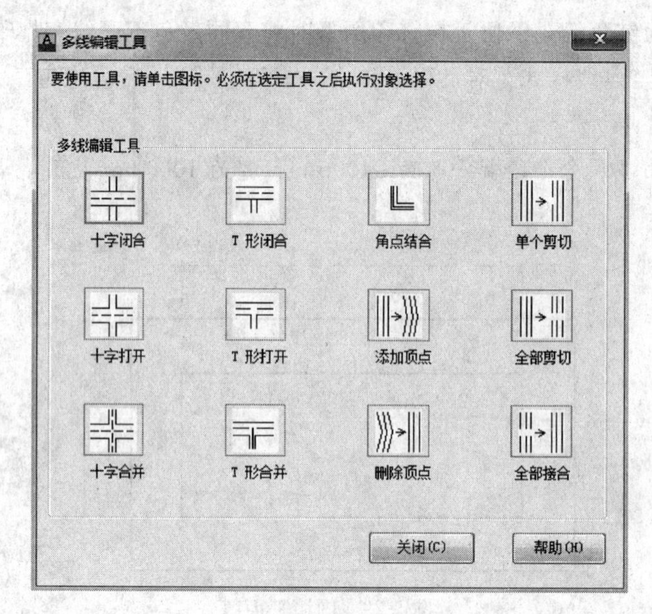

图 3-30 “多线编辑工具”对话框

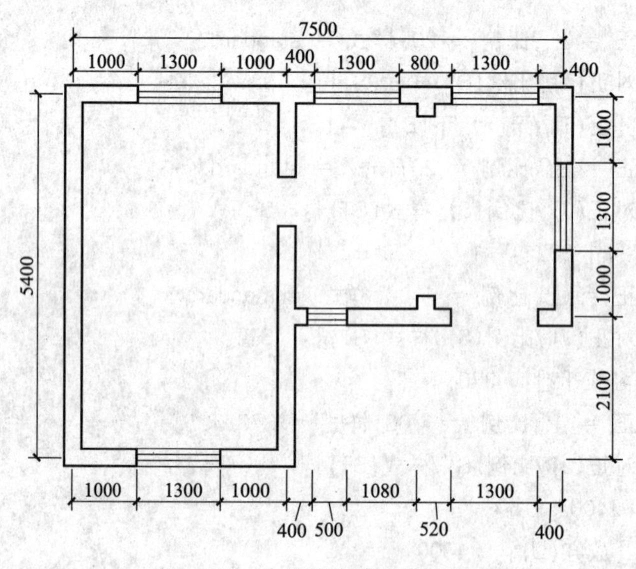

图 3-31 多线编辑建筑平面图

小 结

本章介绍了 AutoCAD 2013 提供的绘制基本二维图形的功能。用户可以通过工具栏、菜单或在命令窗口输入命令的方式执行 AutoCAD 的绘图命令，具体采用哪种方式取决于用户的绘图习惯。但需要说明的是，只有结合 AutoCAD 的图形编辑等功能，才能够高效、准确地绘制各种工程图。

思考与练习题

1. 画圆有几种方法？如何绘制？
2. 矩形命令与多边形命令有何区别？

3. 多段线命令是否可由直线和圆弧替代？为什么？

4. 如何绘制多线？

5. 绘制下列图形

(1) 绘制图 3-32 茶几平面图。

(2) 绘制图 3-33 电视机立面图。

(3) 绘制图 3-34 双人床平面图。

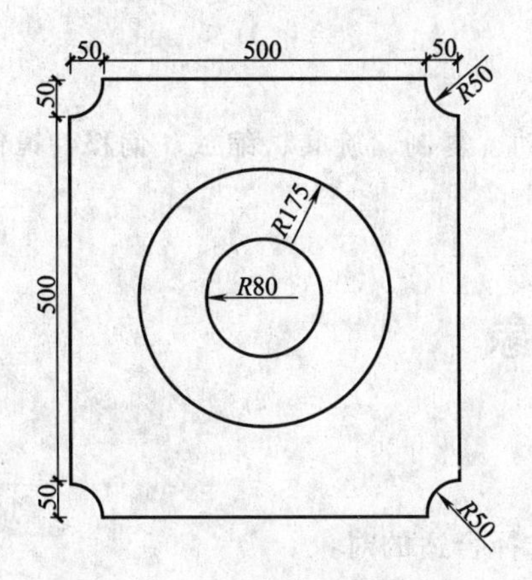

图 3-32　茶几平面图

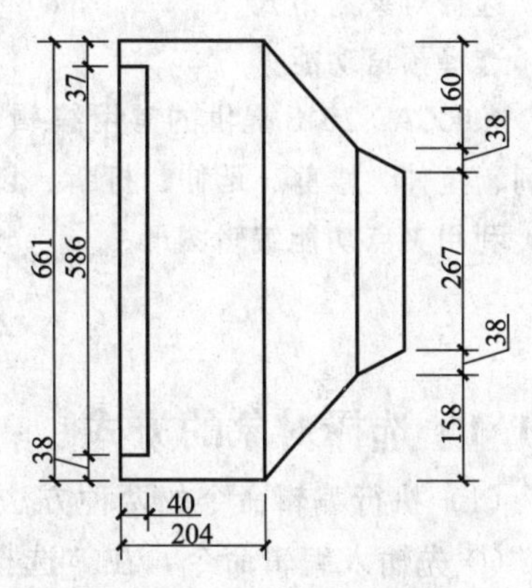

图 3-33　电视机立面图

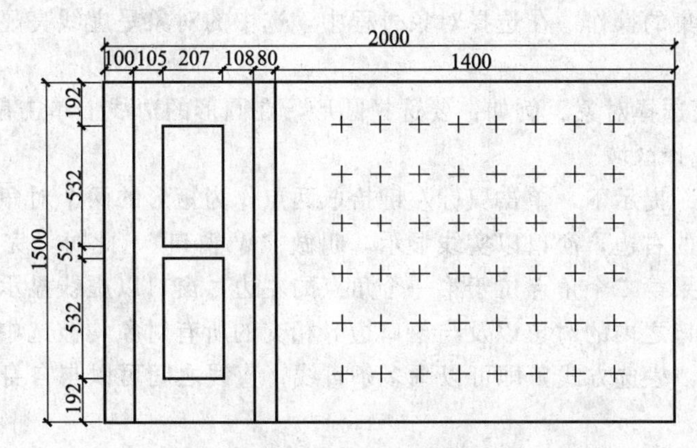

图 3-34　双人床平面图

第4章 编辑图形

➢本章要点

选择对象的方式

选择预览功能

AutoCAD 2013 提供的常用编辑功能，包括删除、移动、复制、旋转、缩放、偏移、镜像、阵列、拉伸、修剪、延伸、打断、创建倒角和圆角等。

利用夹点功能编辑图形

4.1 选择对象

4.1.1 选择对象的方式

(1) 执行编辑命令的两种方法

① 先输入编辑命令，在“选择对象”提示下，再选择合适的对象。

② 先选择对象，所有选择的对象以夹点状态显示，再输入编辑命令。

(2) 构造选择集的操作　在选择对象过程中，选中的对象呈虚线亮显状态，选择对象的方法如下所示。

① 使用拾取框选择对象。例如：要选择圆形，在圆形的边线上单击鼠标左键即可。

② 指定矩形选择区域。

在“选择对象”提示下，单击鼠标左键拾取两点作为矩形的两个对角点，如果第二个角点位于第一个角点的右边，窗口以实线显示，叫做“W 窗口”，此时，完全包含在窗口之内的对象被选中；如果第二个角点位于第一个角点的左边，窗口以虚线显示，叫做“C 窗口”，此时完全包含于窗口之内的对象以及与窗口边界相交的所有对象均被选中。

③ F (Fence)：栏选方式，即可以画多条直线，直线之间可以与自身相交，凡与直线相交的对象均被选中。

④ P (Previous)：前次选择集方式，可以选择上一次选择集。

⑤ R (Remove)：删除方式，用于把选择集由加入方式转换为删除方式，可以删除误选到选择集中的对象。

⑥ A (Add)：添加方式，把选择集由删除方式转换为加入方式。

⑦ U (Undo)：放弃前一次选择操作。

4.1.2 选择集中选项卡的设置

用户可以在“工具”下拉菜单中启动“选项”对话框，在该选项卡中对选择集模式、拾取框大小进行设置。如图 4-1 所示。该对话框也可以在命令行输入“OP”命令回车，或鼠标在绘图区单击右键，在弹出的快捷菜单中选择“选项”命令调出。

4.1.2.1 拾取框大小的设置

可以通过鼠标的滑动滑块的方法设置用于选择对象拾取框的大小。

4.1.2.2 选择模式的设置

(1) 先选择后执行　该选项用来确定编辑顺序。选择该复选框，则允许先选择编辑对象，后进行编辑。未选择该复选框，则编辑对象时应先选择编辑命令再选择编辑对象。系统默认状态为选择此选项。

(2) 用【Shift】键添加到选择集　选择该复选框，当需要添加新的编辑对象时，应先按住【Shift】键，再选择编辑对象，否则，新选择的对象将替代原来选择对象。不选择该复选框，新选择的对象自动添加到原来的选集中。系统默认的状态为不选。

(3) 按住并拖动　选择该选项，用户使用窗口的方式选择对象时，在第一点按下鼠标左键不放，拖动鼠标到第二点时释放左键，形成一个选择编辑对象的窗口。求未选择该复选框，需要用鼠标左键分别输入两点才能建立一个选择编辑对象的窗口。系统默认状态为不选。

(4) 隐含窗口　选择该复选框，当鼠标在绘图区单击，未选中任何对象时，则该点被作为选择窗口的一个角点，移动光标在下一点单击，将形成一个选择窗口。系统默认状态为选择此项。

(5) 对象编组　选择该复选框时，只要选中编组后的对象中的一个成员就选择了整个组中所有对象。系统默认状态为选择此项。

(6) 关联填充　选择该复选框，在选择填充图案进行编辑时，也同时选择了该填充图案的边界。系统默认状态为不选。

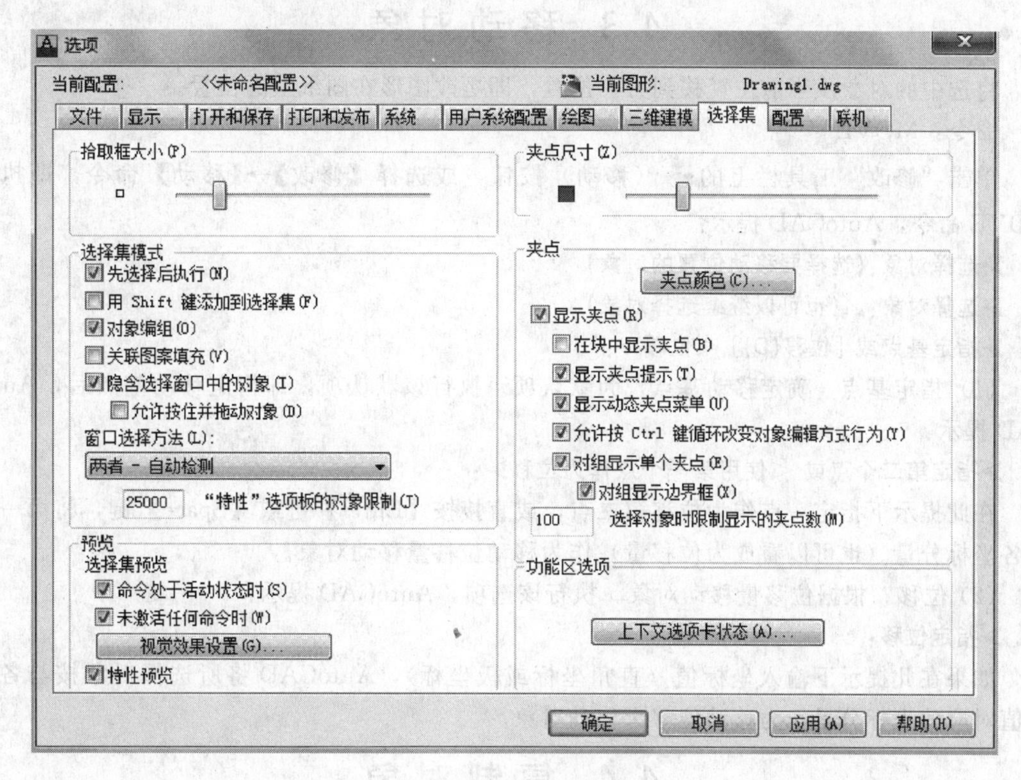

图 4-1　选择集中的选项卡

4.2　删除和恢复对象

(1) 删除指定的对象，就像是用橡皮擦除图纸上不需要的内容。

命令：ERASE

从“修改”工具条中选择“删除”；

【修改】→【删除】

命令：ERASE↙

单击“修改”工具栏上的（删除）按钮，或选择【修改】→【删除】命令，即执行 ERASE 命令，AutoCAD 提示：

➤选择对象：(选择要删除的对象，可以用 4.1 节介绍的各种方法进行选择)

➤选择对象：↙(也可以继续选择对象)

说明：在删除对象时可以先选择对象再执行删除命令，也可以先执行删除命令再根据提示选择要删除的对象。另外，按【Delete】键也可以删除选择的对象，但该方法只能在选择对象后使用。

(2) 恢复图形（先绘制一个圆）

修改→删除→选择圆→右击即把图形删了→在命令栏输入“OOPS”回车即可把刚才的圆恢复。

注：“OOPS”只能恢复最近一次删除的命令，若要连续恢复前几次删除的实体只能用“UNDO”命令。除此之外，单击“标准”工具栏中的（放弃）按钮，可以恢复上一步取消的操作，连续单击可以连续重做前面取消的操作。

4.3 移动对象

将选中的对象从当前位置移到另一位置，即更改图形在图纸上的位置。

命令：MOVE

单击“修改”工具栏上的（移动）按钮，或选择【修改】→【移动】命令，即执行 MOVE 命令，AutoCAD 提示：

➤选择对象：(选择要移动位置的对象)

➤选择对象：↙(也可以继续选择对象)

➤指定基点或 [位移(D)] <位移>：

(1) 指定基点　确定移动基点，为默认项。执行该默认项，即指定移动基点后，AutoCAD 提示：

➤指定第二个点或 <使用第一个点作为位移>：

在此提示下指定一点作为位移第二点，或直接按【Enter】键或【Space】键，将第一点的各坐标分量（也可以看成为位移量）作为移动位移量移动对象。

(2) 位移　根据位移量移动对象。执行该选项，AutoCAD 提示：

➤指定位移：

如果在此提示下输入坐标值（直角坐标或极坐标），AutoCAD 将所选择对象按与各坐标值对应的坐标分量作为移动位移量移动对象。

4.4 复制对象

复制对象指将选定的对象复制到指定位置。

命令：COPY

从“修改”工具条中选择“复制对象”；

【修改】→【复制】；

命令：COPY↙

单击“修改”工具栏上的（复制）按钮，或选择【修改】→【复制】命令，即执行COPY命令，AutoCAD提示：

➢选择对象：(选择要复制的对象)

➢选择对象：↙(也可以继续选择对象)

➢指定基点或［位移(D)/模式(O)］＜位移＞：

(1) 指定基点　确定复制基点，为默认项。执行该默认项，即指定复制基点后，AutoCAD提示：

➢指定第二个点或＜使用第一个点作为位移＞：

在此提示下再确定一点，AutoCAD将所选择对象按由两点确定的位移矢量复制到指定位置；如果在该提示下直接按【Enter】键或【Space】键，AutoCAD将第一点的各坐标分量作为位移量复制对象。

(2) 位移　根据位移量复制对象。执行该选项，AutoCAD提示：

➢指定位移：

如果在此提示下输入坐标值（直角坐标或极坐标），AutoCAD将所选择对象按与各坐标值对应的坐标分量作为位移量复制对象。

(3) 模式（O）　确定复制模式。执行该选项，AutoCAD提示：

➢输入复制模式选项［单个(S)/多个(M)］＜多个＞：

其中，“单个（S）”选项表示执行“COPY”命令后只能对选择的对象执行一次复制，而“多个（M）”选项表示可以多次复制，AutoCAD默认为“多个（M）”。

【例4-1】 绘制如图4-2所示的钢管截面图。

➢命令：CIRCLE

➢指定圆的圆心或［三点(3P)/两点(2P)/切点、切点、半径(T)］：

➢指定圆的半径或［直径(D)］＜50.0000＞：50

➢命令：COPY

➢选择对象：指定对角点：找到1个

➢选择对象：　//结束选择对象

➢当前设置：　复制模式 = 多个

➢指定基点或［位移(D)/模式(O)］＜位移＞：

➢指定第二个点或［阵列(A)］＜使用第一个点作为位移＞：

➢指定第二个点或［阵列(A)/退出(E)/放弃(U)］＜退出＞：

➢指定第二个点或［阵列(A)/退出(E)/放弃(U)］＜退 出＞：

➢指定第二个点或［阵列(A)/退出(E)/放弃(U)］＜退出＞：

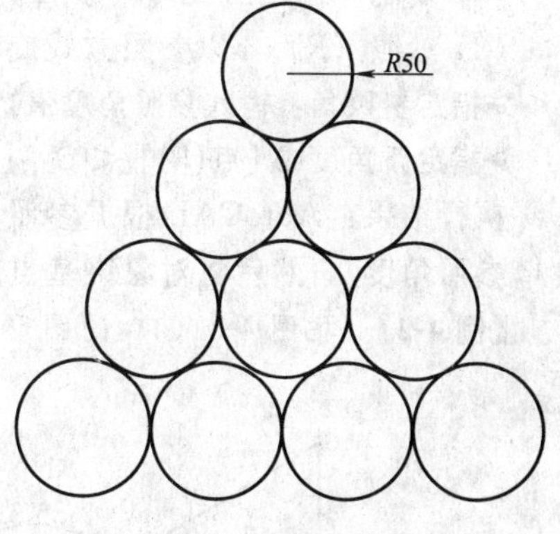

图4-2　钢管截面图

➢命令：CIRCLE

➢指定圆的圆心或［三点(3P)/两点(2P)/切点、切点、半径(T)］：ttr

➢指定对象与圆的第一个切点：

➢指定对象与圆的第二个切点：

➢指定圆的半径＜50.0000＞：50

➢命令：COPY

➢选择对象：找到 1 个

➢选择对象：

➢当前设置： 复制模式 = 多个

➢指定基点或 [位移(D) /模式(O)] <位移>：

➢指定第二个点或 [阵列(A)] <使用第一个点作为位移>：

➢指定第二个点或 [阵列(A) /退出(E) /放弃(U)] <退出>：

➢指定第二个点或 [阵列(A) /退出(E) /放弃(U)] <退出>：

4.5 旋 转

旋转对象指将指定的对象绕指定点（称其为基点）旋转指定的角度。

❖ 下拉菜单：【修改】→【旋转】

❖ 命令：ROTATE↙

单击“修改”工具栏上的（旋转）按钮，或选择【修改】→【旋转】命令，即执行 ROTATE 命令，AutoCAD 提示：

➢选择对象：(选择要旋转的对象)

➢选择对象：↙(也可以继续选择对象)

➢指定基点：(确定旋转基点)

➢指定旋转角度，或[复制(C) /参照(R)]：

（1）指定旋转角度　输入角度值，AutoCAD 会将对象绕基点转动该角度。在默认设置下，角度为正时沿逆时针方向旋转，反之沿顺时针方向旋转。

（2）复制　创建出旋转对象后仍保留原对象。

（3）参照（R）　以参照方式旋转对象。执行该选项，AutoCAD 提示：

➢指定参照角：(输入参照角度值)

➢指定新角度或 [点(P)] <0>：[输入新角度值，或通过“点(P)”选项指定两点来确定新角度]

执行结果：AutoCAD 根据参照角度与新角度的值自动计算旋转角度（旋转角度＝新角度－参照角度），然后将对象绕基点旋转该角度。

【例 4-2】 把图 4-3（a）的图形旋转到图 4-3（b）指定位置。

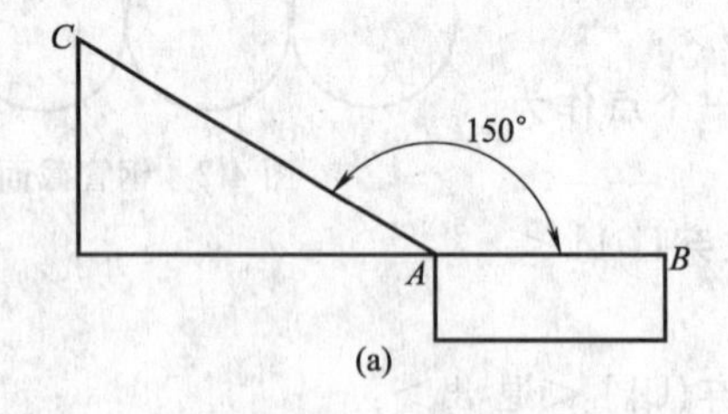

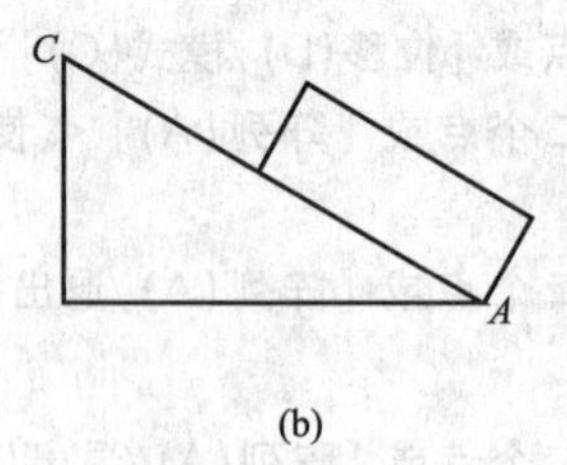

图 4-3　图形的旋转

➢命令：ROTATE

UCS 当前的正角方向： ANGDIR = 逆时针　ANGBASE = 0

➢选择对象：找到 1 个　　//选中矩形

➢选择对象：

➢指定基点：　　//选择 A 点

➢指定旋转角度，或 [复制(C) /参照(R)] <150>： 150

4.6　缩放对象

缩放对象指放大或缩小指定的对象。

命令：SCALE

单击“修改”工具栏上的（缩放）按钮，或选择【修改】→【缩放】命令，即执行SCALE命令，AutoCAD提示：

➤选择对象：(选择要缩放的对象)

➤选择对象：↙(也可以继续选择对象)

➤指定基点：(确定基点位置)

➤指定比例因子或［复制(C)/参照(R)］：

(1) 指定比例因子　确定缩放比例因子，为默认项。执行该默认项，即输入比例因子后按【Enter】键或【Space】键，AutoCAD将所选择对象根据该比例因子相对于基点缩放，且0<比例因子<1时缩小对象，比例因子>1时放大对象。

(2) 复制（C）　创建出缩小或放大的对象后仍保留原对象。执行该选项后，根据提示指定缩放比例因子即可。

(3) 参照（R）　将对象按参照方式缩放。执行该选项，AutoCAD提示：

➤指定参照长度：(输入参照长度的值)

➤指定新的长度或［点(P)］：［输入新的长度值或通过“点(P)”选项通过指定两点来确定长度值］

执行结果：AutoCAD根据参照长度与新长度的值自动计算比例因子（比例因子 = 新长度值 ÷ 参照长度值），并进行对应的缩放。

【例4-3】 利用比例缩放，把图4-4圆外正五边形缩放到圆内。

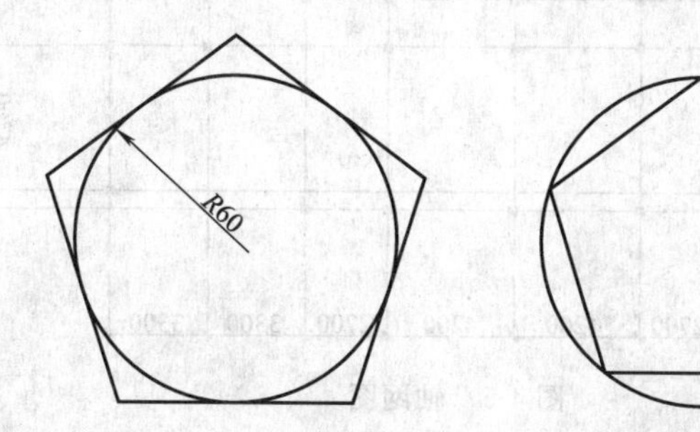

图4-4　圆外正五边形缩放到圆内

➤命令：SCALE

➤选择对象：找到1个　　//选中对象

➤选择对象：

➤指定基点：　　//以圆的圆心作为基点

➤指定比例因子或［复制(C)/参照(R)］：R

➤指定参照长度 <74.1641>：

➤指定第二点：　　//配合对象捕捉，鼠标点取正五边形的端点

➤指定新的长度或［点(P)］<60.0000>：

4.7　偏移对象

创建同心圆、平行线或等距曲线。偏移操作又称为偏移复制。

命令：OFFSET

❖ 工具条：修改→偏移

❖ 下拉菜单：【修改】→【偏移】

❖ 命令：OFFSET↙

单击“修改”工具栏上的 （偏移）按钮，或选择【修改】→【偏移】命令，即执行 OFFSET 命令，AutoCAD 提示：

➢指定偏移距离或［通过(T)/删除(E)/图层(L)］＜通过＞：

(1) 指定偏移距离　根据偏移距离偏移复制对象。在“指定偏移距离或［通过（T)/删除（E)/图层（L)］：”提示下直接输入距离值，AutoCAD 提示：

➢选择要偏移的对象，或［退出(E)/放弃(U)］＜退出＞：(选择偏移对象)

➢指定要偏移的那一侧上的点，或［退出(E)/多个(M)/放弃(U)］＜退出＞：［在要复制到的一侧任意确定一点。“多个(M)”选项用于实现多次偏移复制］

➢选择要偏移的对象，或［退出(E)/放弃(U)］＜退出＞：↙(也可以继续选择对象进行偏移复制)

(2) 通过　使偏移复制后得到的对象通过指定的点。

(3) 删除　实现偏移源对象后删除源对象。

(4) 图层　确定将偏移对象创建在当前图层上还是源对象所在的图层上。

【例 4-4】 利用偏移命令绘画图 4-5 的轴网图。

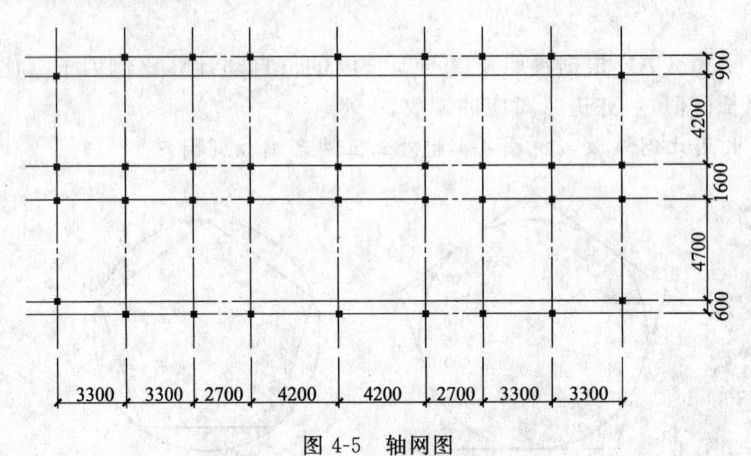

图 4-5　轴网图

➢命令：LINE

➢指定第一个点：　　//在绘图区任选一点

➢指定下一点或［放弃(U)］：30000　　//沿水平画长 30000 长度的水平线

➢指定下一点或［放弃(U)］：　　//回车结束命令

➢命令：OFFSET

➢当前设置：删除源＝否　图层＝源　OFFSETGAPTYPE＝0

➢指定偏移距离或［通过(T)/删除(E)/图层(L)］＜400.0000＞：600　　//确定偏移的距离

➢选择要偏移的对象，或［退出(E)/放弃(U)］＜退出＞：

➢指定要偏移的那一侧上的点，或［退出(E)/多个(M)/放弃(U)］＜退出＞：　　//确定偏移的方向

➢命令：OFFSET

➢当前设置：删除源＝否 图层＝源 OFFSETGAPTYPE＝0
➢指定偏移距离或［通过(T)/删除(E)/图层(L)］<600.0000>：4700
➢选择要偏移的对象，或［退出(E)/放弃(U)］<退出>：
➢指定要偏移的那一侧上的点，或［退出(E)/多个(M)/放弃(U)］<退出>：
➢选择要偏移的对象，或［退出(E)/放弃(U)］<退出>：
➢命令：OFFSET
➢当前设置：删除源＝否 图层＝源 OFFSETGAPTYPE＝0
➢指定偏移距离或［通过(T)/删除(E)/图层(L)］<4700.0000>：1600
➢选择要偏移的对象，或［退出(E)/放弃(U)］<退出>：
➢指定要偏移的那一侧上的点，或［退出(E)/多个(M)/放弃(U)］<退出>：
➢选择要偏移的对象，或［退出(E)/放弃(U)］<退出>：
➢命令：OFFSET
➢当前设置：删除源＝否 图层＝源 OFFSETGAPTYPE＝0
➢指定偏移距离或［通过(T)/删除(E)/图层(L)］<1600.0000>：4200
➢选择要偏移的对象，或［退出(E)/放弃(U)］<退出>：
➢指定要偏移的那一侧上的点，或［退出(E)/多个(M)/放弃(U)］<退出>：
➢选择要偏移的对象，或［退出(E)/放弃(U)］<退出>：
➢命令：OFFSET
➢当前设置：删除源＝否 图层＝源 OFFSETGAPTYPE＝0
➢指定偏移距离或［通过(T)/删除(E)/图层(L)］<4200.0000>：900
➢选择要偏移的对象，或［退出(E)/放弃(U)］<退出>：
➢指定要偏移的那一侧上的点，或［退出(E)/多个(M)/放弃(U)］<退出>：
➢选择要偏移的对象，或［退出(E)/放弃(U)］<退出>：

最后绘出图 4-6 的水平轴。

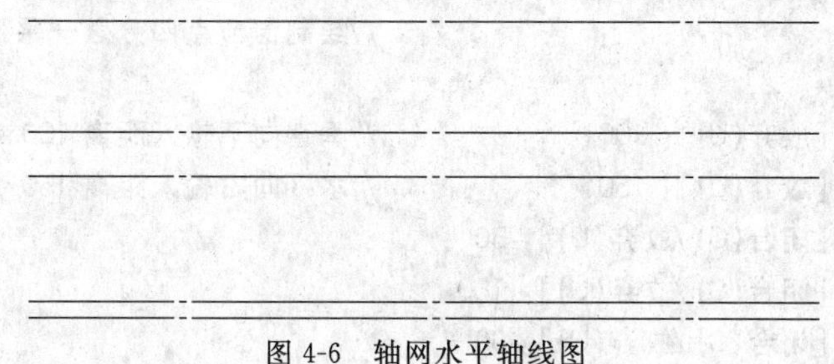

图 4-6 轴网水平轴线图

同理绘出竖轴如图 4-7 所示。

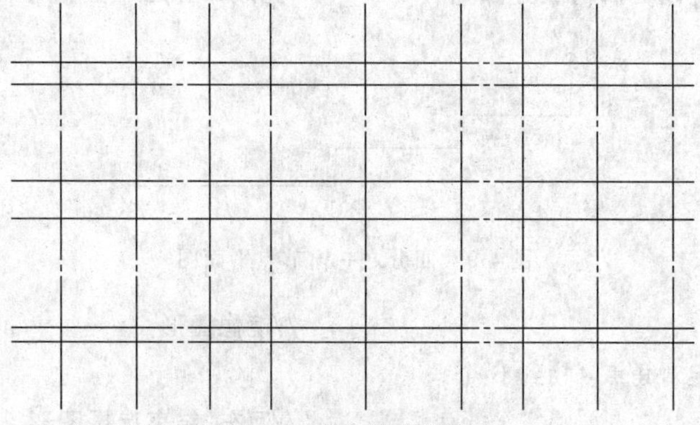

图 4-7 轴网竖轴线图

4.8 镜像对象

将选中的对象相对于指定的镜像线进行镜像。

命令：MIRROR

❖ 从“修改”工具条中选择“镜像”；

❖【修改】→【镜像】；

❖ 命令：MIRROR↙

单击“修改”工具栏上的 （镜像）按钮，或选择【修改】→【镜像】命令，即执行 MIRROR 命令，AutoCAD 提示：

➤选择对象：(选择要镜像的对象)

➤选择对象：↙(也可以继续选择对象)

➤指定镜像线的第一点：(确定镜像线上的一点)

➤指定镜像线的第二点：(确定镜像线上的另一点)

➤是否删除源对象？[是(Y)/否(N)] <N>：(根据需要响应即可)

【例 4-5】 利用镜像命令绘制图 4-8 的平面图。

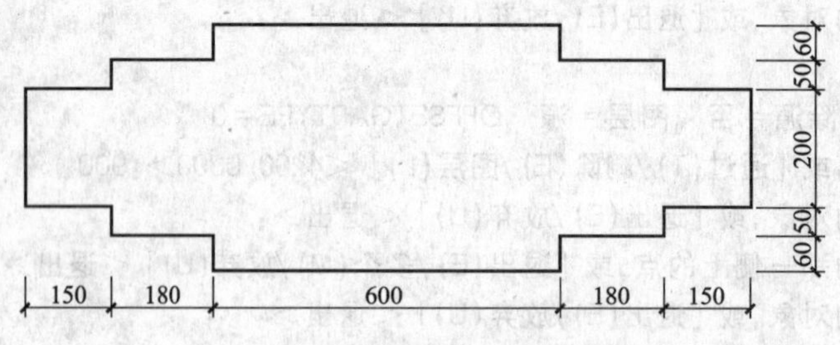

图 4-8 窗间墙节点平面图

➤命令：LINE　　//绘制窗节点四分之一平面图

➤指定第一个点：

➤指定下一点或［放弃(U)］：100　　//垂直向下输入距离 100

➤指定下一点或［放弃(U)］：150　　//水平向右输入距离 150

➤指定下一点或［闭合(C)/放弃(U)］：50

➤指定下一点或［闭合(C)/放弃(U)］：180

➤指定下一点或［闭合(C)/放弃(U)］：60

➤指定下一点或［闭合(C)/放弃(U)］：300

➤指定下一点或［闭合(C)/放弃(U)］：　　//完成四分之一窗节点平面图如图 4-9 所示

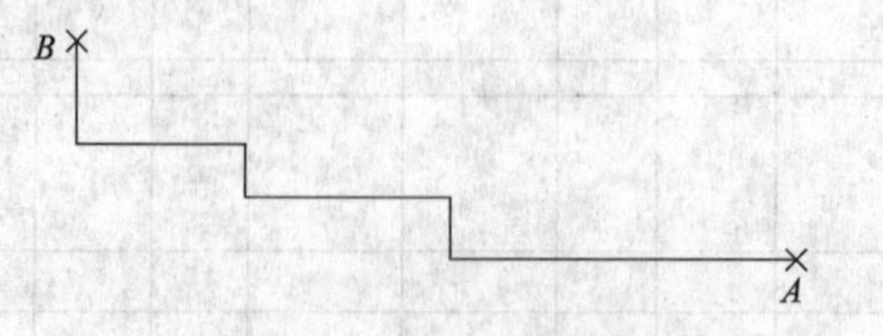

图 4-9 四分之一窗节点平面图

➤命令：MIRROR　　//镜像图形

➤选择对象：指定对角点：找到 6 个

➤选择对象：　　//回车，结束选择图形

➢指定镜像线的第一点：指定镜像线的第二点：　//第一点捕捉 A 点，第二点沿 A 垂直方向任一点

➢要删除源对象吗？[是(Y)/否(N)] <N>：　//回车以默认方式，即不删除源对象，镜像结果如图 4-10 所示

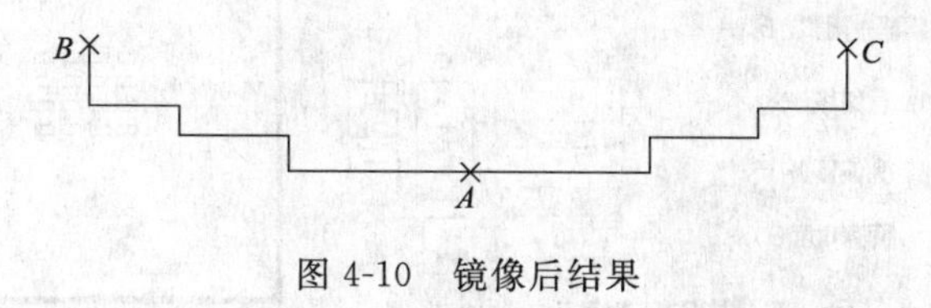

图 4-10　镜像后结果

➢命令：MIRROR　//再次镜像

➢选择对象：指定对角点：找到 14 个

➢选择对象：　//回车结束选择对象

➢指定镜像线的第一点：指定镜像线的第二点：　//第一点捕捉到 B 点，第二点捕捉 C 点

➢要删除源对象吗？[是(Y)/否(N)] <N>：　//镜像过程结束，最终结果如图 4-11 所示

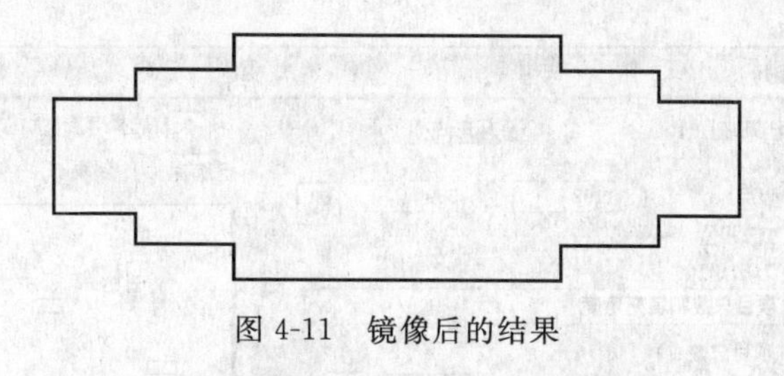

图 4-11　镜像后的结果

4.9　阵列对象

将选中的对象进行矩形或环形多重复制。

命令：ARRAY

单击“修改”工具栏上的 (阵列) 按钮，或选择【修改】→【阵列】命令，即执行 ARRAY 命令，AutoCAD 弹出“阵列”对话框，如图 4-12 所示。可利用此对话框形象、直观地进行矩形或环形阵列的相关设置，并实施阵列。

4.9.1　矩形阵列

图 4-12 为矩形“阵列”对话框（即选中了对话框中的“矩形阵列”单选按钮）。利用其选择阵列对象，并设置阵列行数、列数、行间距、列间距等参数后，即可实现阵列。

4.9.2　环形阵列

图 4-13 是环形“阵列”对话框（即选中了对话框中的“环形阵列”单选按钮）。利用其选择阵列对象，并设置了阵列“中心点”、“填充角度”等参数后，即可实现阵列。

【例 4-6】　利用环形阵列绘制图 4-14 的桌椅平面图。

➢命令：CIRCLE　//绘制桌子

➢指定圆的圆心或 [三点(3P)/两点(2P)/切点、切点、半径(T)]：

➢指定圆的半径或 [直径(D)] <1243.2895>：350

➢命令：　//回车结束操作

➢命令：CIRCLE

➢指定圆的圆心或 [三点(3P)/两点(2P)/切点、切点、半径(T)]：

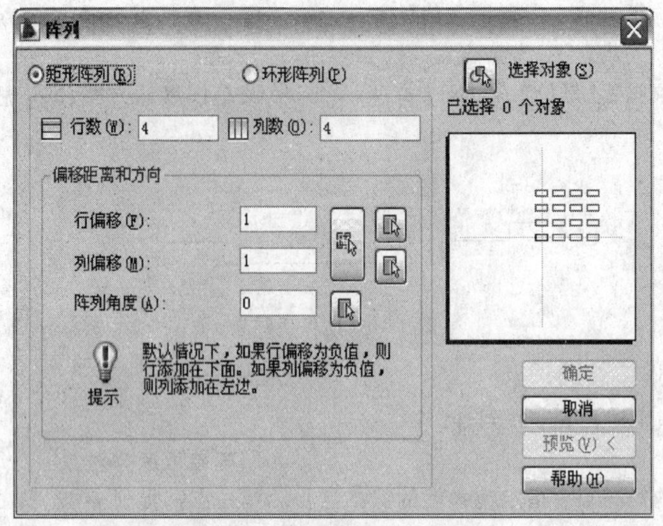

图 4-12　矩形“阵列”对话框

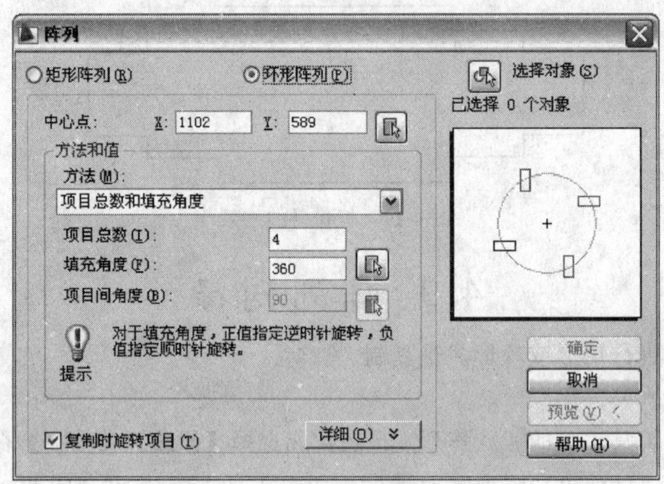

图 4-13　环形“阵列”对话框

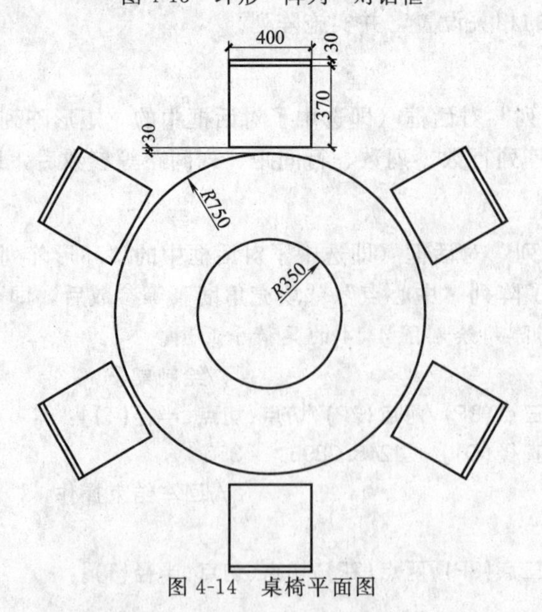

图 4-14　桌椅平面图

➢指定圆的半径或［直径(D)］＜350.0000＞：750
➢命令：　　　　　　　　　　　　　　　//回车结束操作
➢命令：RECTANG　　　　　　　　　　　//绘制椅子，在桌子旁任一空间画矩形
➢指定第一个角点或［倒角(C)/标高(E)/圆角(F)/厚度(T)/宽度(W)］：
➢指定另一个角点或［面积(A)/尺寸(D)/旋转(R)］：@400,400
➢命令：　　　　　　　　　　　　　　　//回车结束操作
➢命令：LINE
➢指定第一个点：30
➢指定下一点或［放弃(U)］
➢命令：MOVE　　　　　　　　　　　　//把第一个椅子放到桌子旁，如4-15所示
➢选择对象：指定对角点：找到 2 个
➢选择对象：　　　　　　　　　　　　　//结束选择对象
➢指定基点或［位移(D)］＜位移＞：　　　//以圆的最上象限点为基点向上移动30
➢指定第二个点或＜使用第一个点作为位移＞：30

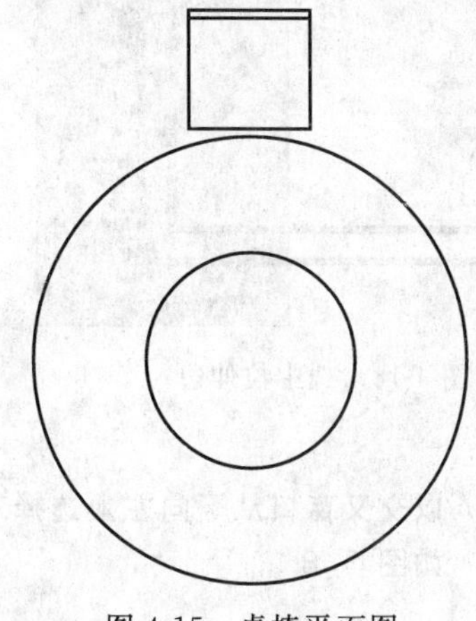
图 4-15　桌椅平面图

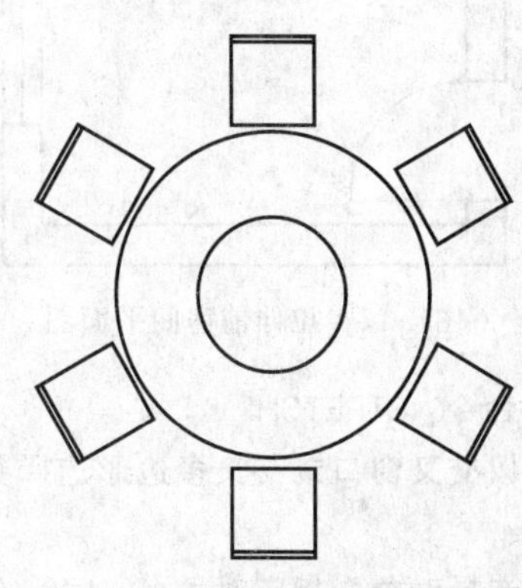
图 4-16　桌椅最终平面图

➢命令：ARRAYPOLAR　　　　　　　　　//点击阵列右下角图标选择阵列的形式，选环形阵列
➢选择对象：指定对角点：找到 2 个
➢选择对象：
类型 = 极轴　关联 = 是
➢指定阵列的中心点或［基点(B)/旋转轴(A)］：　　//选圆心作为基点
➢选择夹点以编辑阵列或［关联(AS)/基点(B)/项目(I)/项目间角度(A)/填充角度(F)/行(ROW)/层(L)/旋转项目(ROT)/退出(X)］＜退出＞：　//调节阵列的个数，绘图结果如图4-16所示

4.10　拉伸对象

拉伸与移动（MOVE）命令的功能有类似之处，可移动图形，但拉伸通常用于使对象拉长或压缩。

命令：STRETCH

❖ 工具条：修改→拉伸

❖ 下拉菜单：【修改】→【拉伸】

❖ 命令：STRETCH ↙

单击“修改”工具栏上的（拉伸）按钮，或选择【修改】→【拉伸】命令，即执行STRETCH命令，AutoCAD提示：

➢以交叉窗口或交叉多边形选择要拉伸的对象...

➢选择对象:C↙[或用 CP 响应。第一行提示说明用户只能以交叉窗口方式(即交叉矩形窗口,用 C 响应)或交叉多边形方式(即不规则交叉窗口方式,用 CP 响应)选择对象]

➢选择对象:(可以继续选择拉伸对象)

➢选择对象:↙

➢指定基点或 [位移(D)] ＜位移＞:

(1) 指定基点　确定拉伸或移动的基点。

(2) 位移（D）　根据位移量移动对象。

【例 4-7】 把图 4-17 中的图形向右拉伸 3500 个单位。

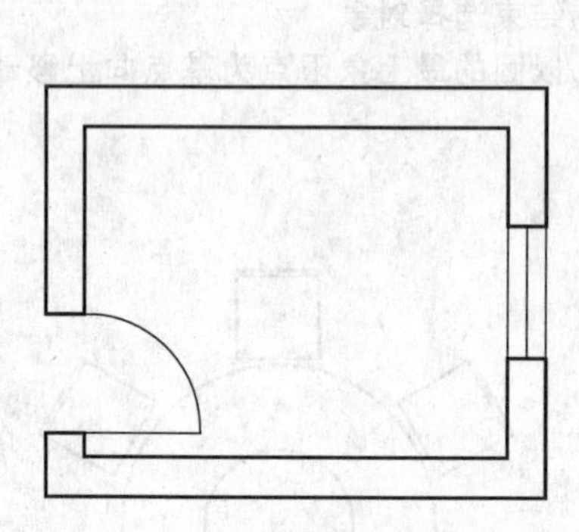

图 4-17　拉伸前房间平面图

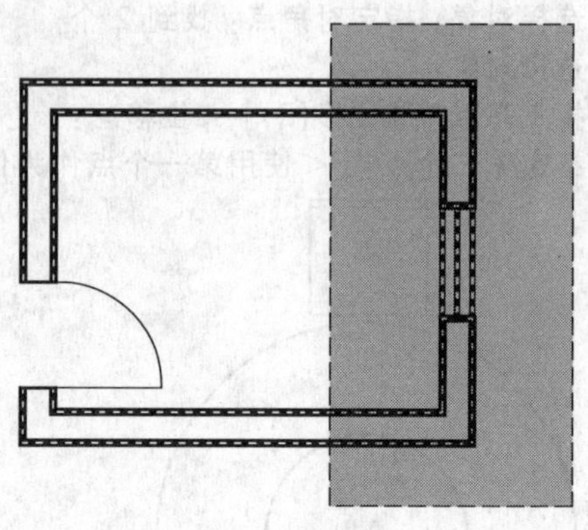

图 4-18　选中拉伸边

➢命令：STRETCH

➢以交叉窗口或交叉多边形选择要拉伸的对象...　　//以交叉窗口从下向左上选择对象，如图 4-18

➢选择对象：指定对角点：找到 4 个

➢选择对象：　//回车键结束选择对象

➢指定基点或 [位移(D)]＜位移＞：

➢指定第二个点或 ＜使用第一个点作为位移＞：　3500

完成操作如图 4-19 所示。

图 4-19　拉伸后的图形

4.11　修改对象的长度

改变线段或圆弧的长度。

命令：LENGTHEN

选择【修改】→【拉长】命令，即执行 LENGTHEN 命令，AutoCAD 提示：

➢选择对象或 [增量(DE)/百分数(P)/全部(T)/动态(DY)]：

（1）选择对象　显示指定直线或圆弧的现有长度和包含角（对于圆弧而言）。

（2）增量　通过设定长度增量或角度增量改变对象的长度。执行此选项，AutoCAD提示：

➢输入长度增量或 [角度(A)]：

在此提示下确定长度增量或角度增量后，再根据提示选择对象，可使其长度改变。

（3）百分数　使直线或圆弧按百分数改变长度。

（4）全部　根据直线或圆弧的新长度或圆弧的新包含角改变长度。

（5）动态　以动态方式改变圆弧或直线的长度。

4.12 修剪对象

用作为剪切边的对象修剪指定的对象（称后者为被剪边），即将被修剪对象沿修剪边界（即剪切边）断开，并删除位于剪切边一侧或位于两条剪切边之间的部分。

命令：TRIM

❖从“修改”工具条中选择“修剪”

❖从“修改”下拉菜单中选择“修剪”

❖命令：TRIM↙

单击“修改”工具栏上的 -/-（修剪）按钮，或选择【修改】→【修剪】命令，即执行TRIM命令，AutoCAD提示：

➢选择剪切边...

➢选择对象或 <全部选择>：(选择作为剪切边的对象，按Enter键选择全部对象)

➢选择对象↙ (还可以继续选择对象)

➢选择要修剪的对象，或按住Shift键选择要延伸的对象，或

[栏选(F)/窗交(C)/投影(P)/边(E)/删除(R)/放弃(U)]：

（1）选择要修剪的对象，或按住Shift键选择要延伸的对象　在上面的提示下选择被修剪对象，AutoCAD会以剪切边为边界，将被修剪对象上位于拾取点一侧的多余部分或将位于两条剪切边之间的部分剪切掉。如果被修剪对象没有与剪切边相交，在该提示下按下【Shift】键后选择对应的对象，AutoCAD则会将其延伸到剪切边。

（2）栏选（F）　以栏选方式确定被修剪对象。

（3）窗交（C）　使与选择窗口边界相交的对象作为被修剪对象。

（4）投影（P）　确定执行修剪操作的空间。

（5）边（E）　确定剪切边的隐含延伸模式。

（6）删除（R）　删除指定的对象。

（7）放弃（U）　取消上一次的操作。

【例 4-8】 利用修剪命令完成交通十字路口设计，即把图4-20的图形修剪为图4-21的图形。

➢命令：TRIM

➢当前设置：投影=UCS，边=无

➢选择剪切边...

➢选择对象或 <全部选择>：找到 1 个

➢选择对象：找到 1 个，总计 2 个

➢选择对象：找到 1 个，总计 3 个

➢选择对象：找到 1 个，总计 4 个

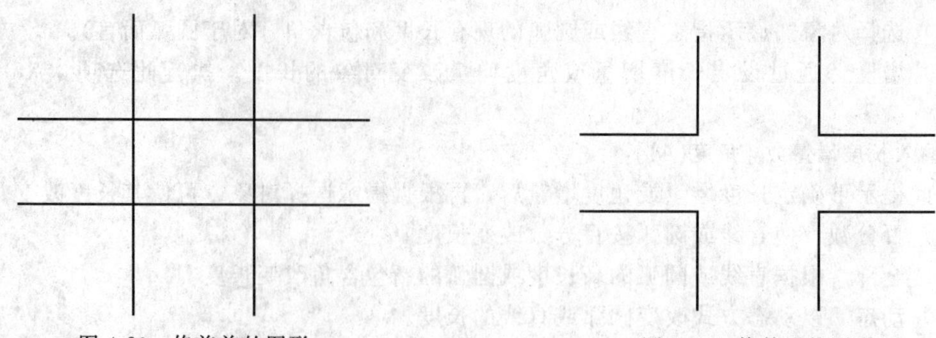

图 4-20　修剪前的图形　　　　图 4-21　修剪后的图形

➢选择对象：　　//选择对象结束

➢选择要修剪的对象，或按住 Shift 键选择要延伸的对象，或

[栏选(F)/窗交(C)/投影(P)/边(E)/删除(R)/放弃(U)]：　　//选中要修剪的线段

➢选择要修剪的对象，或按住 Shift 键选择要延伸的对象，或

[栏选(F)/窗交(C)/投影(P)/边(E)/删除(R)/放弃(U)]：　　//选中要修剪的线段

➢选择要修剪的对象，或按住 Shift 键选择要延伸的对象，或

[栏选(F)/窗交(C)/投影(P)/边(E)/删除(R)/放弃(U)]：　　//选中要修剪的

➢选择要修剪的对象，或按住 Shift 键选择要延伸的对象，或

[栏选(F)/窗交(C)/投影(P)/边(E)/删除(R)/放弃(U)]：　　//选中要修剪的线段

选择要修剪的对象，或按住 Shift 键选择要延伸的对象，或

[栏选(F)/窗交(C)/投影(P)/边(E)/删除(R)/放弃(U)]：

说明：除以上方式外，可以用全选的方式来进行修剪，在选择对象时按“全部选择”，可以直接按鼠标右键，然后选中要修剪的线段就可以了。

4.13 延伸对象

将指定的对象延伸到指定边界。

命令：EXTEND

从“修改”工具条中选择“延伸”选项；

【修改】→【延伸】

命令：EXTEND↙

单击“修改”工具栏上的--/（延伸）按钮，或选择【修改】→【延伸】命令，即执行 EXTEND 命令，AutoCAD 提示：

➢选择边界的边...

➢选择对象或 <全部选择>：(选择作为边界边的对象，按 Enter 键则选择全部对象)

➢选择对象：↙ (也可以继续选择对象)

➢选择要延伸的对象，或按住 Shift 键选择要修剪的对象，或

[栏选(F)/窗交(C)/投影(P)/边(E)/放弃(U)]：

(1) 选择要延伸的对象，或按住 Shift 键选择要修剪的对象　选择对象进行延伸或修剪，为默认项。用户在该提示下选择要延伸的对象，AutoCAD 把该对象延长到指定的边界对象。如果延伸对象与边界交叉，在该提示下按下【Shift】键，然后选择对应的对象，那么 AutoCAD 会修剪它，即将位于拾取点一侧的对象用边界对象将其修剪掉。

(2) 栏选 (F)　以栏选方式确定被延伸对象。

(3) 窗交（C） 使与选择窗口边界相交的对象作为被延伸对象。
(4) 投影（P） 确定执行延伸操作的空间。
(5) 边（E） 确定延伸的模式。
(6) 放弃（U） 取消上一次的操作。

【例4-9】 将图4-22中的线段延伸到线段 AB 上。

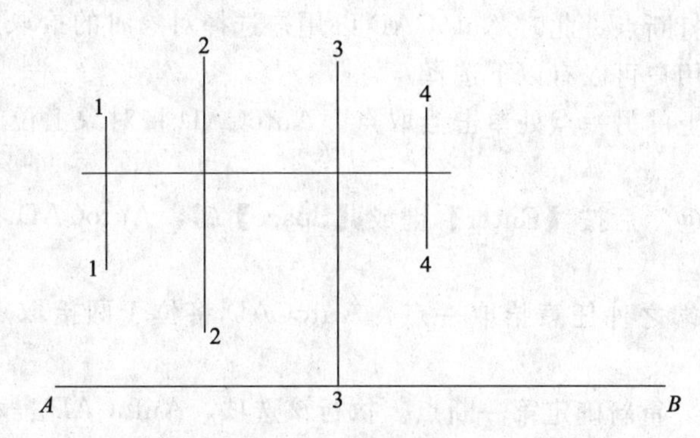

图4-22 延伸前线段平面图

➢命令：EXTEND
➢当前设置：投影 = UCS，边 = 无
➢选择边界的边...
➢选择对象或 <全部选择>： 找到1个 //选中边AB
➢选择对象：
➢选择要延伸的对象，或按住Shift键选择要修剪的对象，或
[栏选(F)/窗交(C)/投影(P)/边(E)/放弃(U)]： //选中需要延伸的线段1—1
➢选择要延伸的对象，或按住Shift键选择要修剪的对象，或
[栏选(F)/窗交(C)/投影(P)/边(E)/放弃(U)]： /选中需要延伸的线段2—2
➢选择要延伸的对象，或按住Shift键选择要修剪的对象，或
[栏选(F)/窗交(C)/投影(P)/边(E)/放弃(U)]： //选中需要延伸的线段4—4

最终延伸后的图形如图4-23所示。

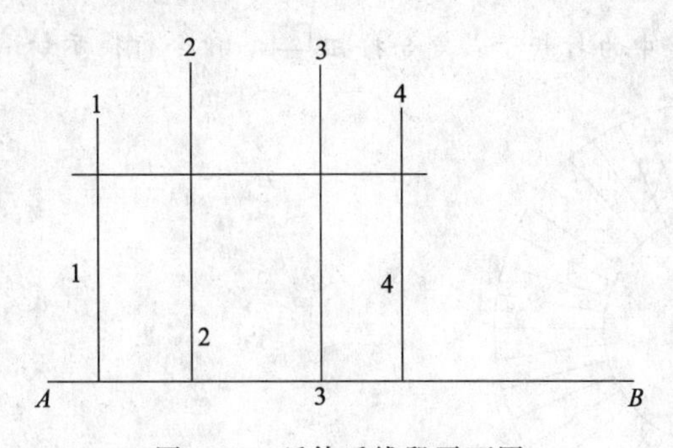

图4-23 延伸后线段平面图

4.14 打断对象

从指定的点处将对象分成两部分，或删除对象上所指定两点之间的部分。

命令：BREAK

❖"修改"工具条中选择"断开"

❖下拉菜单：【修改】→【断开】

❖命令：BREAK↙

选择【修改】→【打断】命令，即执行 BREAK 命令，AutoCAD 提示：

➢选择对象：(选择要断开的对象。此时只能选择一个对象)

➢指定第二个打断点或［第一点（F）］：

(1) 指定第二个打断点　此时 AutoCAD 以用户选择对象时的拾取点作为第一断点，并要求确定第二断点。用户可以有以下选择：

如果直接在对象上的另一点处单击拾取点，AutoCAD 将对象上位于两拾取点之间的对象删除掉。

如果输入符号“@”后按【Enter】键或【Space】键，AutoCAD 在选择对象时的拾取点处将对象一分为二。

如果在对象的一端之外任意拾取一点，AutoCAD 将位于两拾取点之间的那段对象删除掉。

(2) 第一点（F）　重新确定第一断点。执行该选项，AutoCAD 提示：

➢指定第一个打断点：(重新确定第一断点)

➢指定第二个打断点：

在此提示下，可以按前面介绍的方法确定第二断点。

【例 4-10】 绘制图 4-24 旋转楼梯。

(1) 绘制直线

① 绘制直线 AB。

单击“绘图”工具栏中的直线命令按钮，命令行提示如下：

➢命令：LINE

➢指定第一点：　　//在绘图区之内任意一点单击，确定点 A

➢指定下一点或［放弃(U)］：@300<45　　//输入 B 点坐标，确定点 B

➢指定下一点或［放弃(U)］：　　//回车，结束命令

结果如图 4-24 所示。

② 将直线 AB 从中点 C 处断开。

单击“修改”工具栏中的打断于点命令按钮，命令行提示如下：

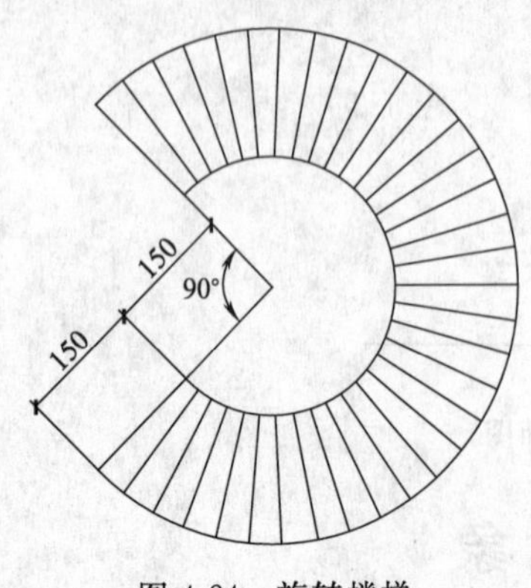

图 4-24　旋转楼梯

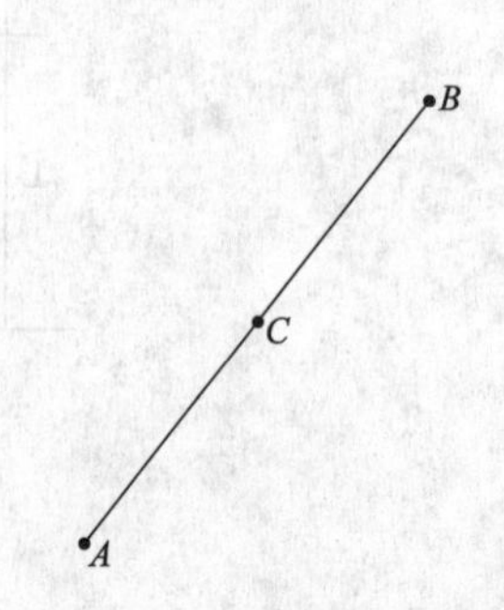

图 4-25　直线绘制结果

➢命令：BREAK

➢选择对象：　　//选择直线 AB

➢指定第二个打断点 或 [第一点(F)]：F
➢指定第一个打断点：　　　　　　//捕捉直线 AB 的中点
➢指定第二个打断点：@
注意：捕捉直线 AB 的中点时，应将“中点”捕捉模式选中。
(2) 阵列直线 AC
➢命令：ARRAYPOLAR　　　　//选择环形阵列
➢选择对象：找到 1 个　　　//选中线段 AC
➢选择对象：
类型 = 极轴　关联 = 是
➢指定阵列的中心点或[基点(B) /旋转轴(A)]：　　//指定 B 点为基点
➢选择夹点以编辑阵列或 [关联(AS) /基点(B) /项目(I) /项目间角度(A) /填充角度(F) /行(ROW) /层(L) /旋转项目(ROT) /退出(X)] <退出>：I　　　//设定项目数
➢输入阵列中的项目数或 [表达式(E)]<6>：35
➢选择夹点以编辑阵列或 [关联(AS) /基点(B) /项目(I) /项目间角度(A) /填充角度(F) /行(ROW) /层(L) /旋转项目(ROT) /退出(X)] <退出>：F
指定填充角度(+ = 逆时针、- = 顺时针)或 [表达式(EX)]<360>：270　　//设定旋转角度
绘图结果如图 4-26 所示。
(3) 绘制圆弧
单击“绘图”工具栏中的圆弧命令按钮，命令行提示如下：
➢命令：ARC
➢指定圆弧的起点或 [圆心(C)]：　　　　　//捕捉 C 点
➢指定圆弧的第二个点或 [圆心(C) /端点(E)]：//捕捉任一直线段的里侧端点
➢指定圆弧的端点：　　　　　　　　　　//捕捉 D 点
同样，运用三点画弧的方法可以绘制旋转楼梯的外弧，结果如图 4-27 所示。

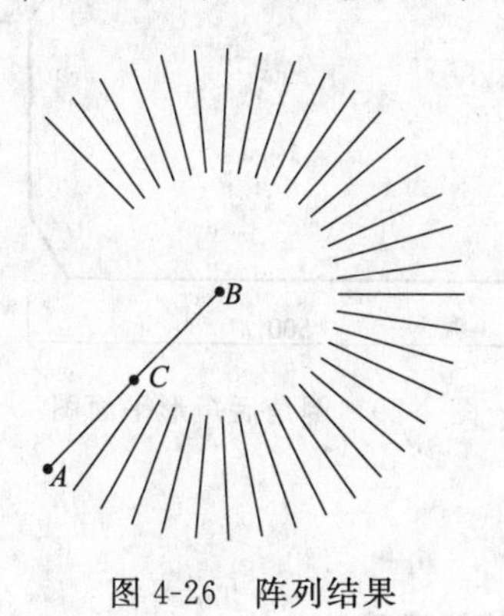

图 4-26　阵列结果

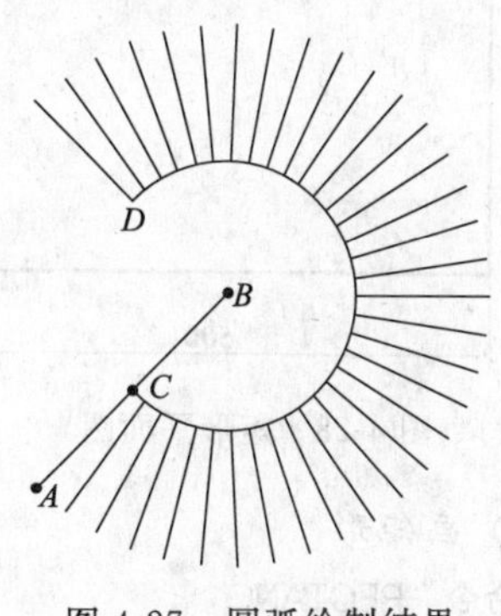

图 4-27　圆弧绘制结果

4.15 创建倒角

在两条直线之间创建倒角。
❖命令：CHAMFER
❖从“修改”工具条中选择“倒角”
❖【修改】→【倒角】
单击“修改”工具栏上的（倒角）按钮，或选择【修改】→【倒角】命令，即执行

CHAMFER 命令，AutoCAD 提示：

➢（“修剪”模式）当前倒角距离 1＝0.0000，距离 2＝0.0000

➢选择第一条直线或［放弃(U)/多段线(P)/距离(D)/角度(A)/修剪(T)/方式(E)/多个(M)］：

提示的第一行说明当前的倒角操作属于“修剪”模式，且第一、第二倒角距离分别为 1 和 2。

(1) 选择第一条直线　要求选择进行倒角的第一条线段，为默认项。选择某一线段，即执行默认项后，AutoCAD 提示：

➢选择第二条直线，或按住 Shift 键选择要应用角点的直线：

在该提示下选择相邻的另一条线段即可。

(2) 多段线（P）　对整条多段线倒角。

(3) 距离（D）　设置倒角距离。

(4) 角度（A）　根据倒角距离和角度设置倒角尺寸。

(5) 修剪（T）　确定倒角后是否对相应的倒角边进行修剪。

(6) 方式（E）　确定将以什么方式倒角，即根据已设置的两倒角距离进行倒角，还是根据距离和角度设置倒角。

(7) 多个（M）　如果执行该选项，当用户选择了两条直线进行倒角后，可以继续对其他直线倒角，不必重新执行 CHAMFER 命令。

(8) 放弃（U）　放弃已进行的设置或操作。

【例 4-11】　利用倒角功能把一 500mm×300mm 矩形四角 X，Y 分别倒掉 40mm，60mm，如图 4-28 所示。

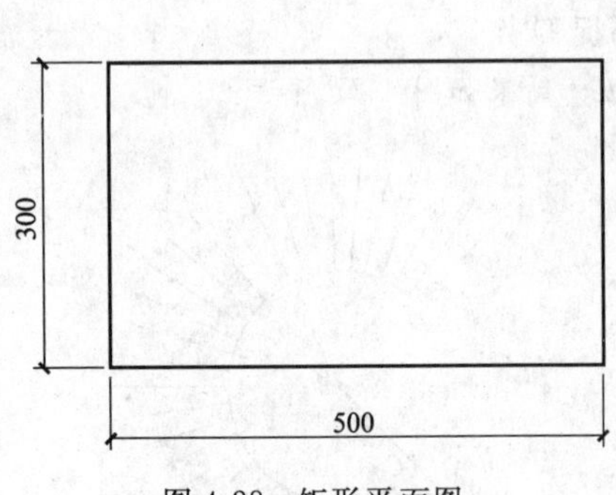

图 4-28　矩形平面图

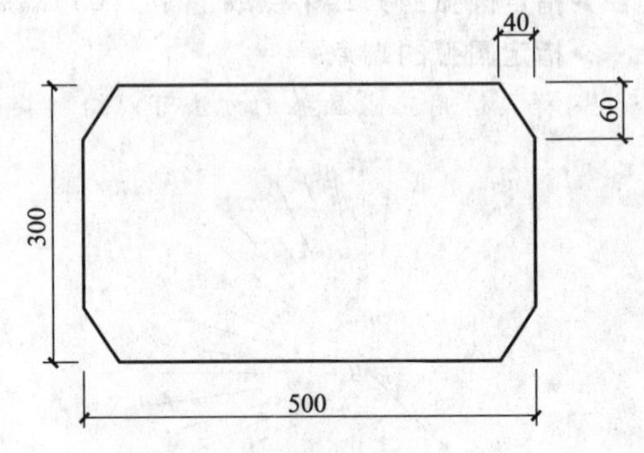

图 4-29　倒角后矩形平面图

(1) 画矩形

➢命令：RECTANG

➢指定第一个角点或［倒角(C)/标高(E)/圆角(F)/厚度(T)/宽度(W)］：

➢指定另一个角点或［面积(A)/尺寸(D)/旋转(R)］：@500，300

(2) 倒角

➢命令：CHAMFER

(“修剪”模式)当前倒角距离 1 = 0.0000,距离 2 = 0.0000

➢选择第一条直线或［放弃(U)/多段线(P)/距离(D)/角度(A)/修剪(T)/方式(E)/多个(M)］：M //选多个模式,可以连续倒 N 个角

➢选择第一条直线或［放弃(U)/多段线(P)/距离(D)/角度(A)/修剪(T)/方式(E)/多个

(M)]:D

➢指定 第一个 倒角距离<0.0000>:60

➢指定 第二个 倒角距离<60.0000>:40

➢选择第一条直线或[放弃(U)/多段线(P)/距离(D)/角度(A)/修剪(T)/方式(E)/多个(M)]:
//选中要倒角的 Y

➢选择第二条直线,或按住 Shift 键选择直线以应用角点或[距离(D)/角度(A)/方法(M)]:
//选中要倒角的 X

➢选择第一条直线或[放弃(U)/多段线(P)/距离(D)/角度(A)/修剪(T)/方式(E)/多个(M)]:

➢选择第二条直线,或按住 Shift 键选择直线以应用角点或[距离(D)/角度(A)/方法(M)]:

➢选择第一条直线或[放弃(U)/多段线(P)/距离(D)/角度(A)/修剪(T)/方式(E)/多个(M)]:

➢选择第二条直线,或按住 Shift 键选择直线以应用角点或[距离(D)/角度(A)/方法(M)]:

➢选择第一条直线或[放弃(U)/多段线(P)/距离(D)/角度(A)/修剪(T)/方式(E)/多个(M)]:

➢选择第二条直线,或按住 Shift 键选择直线以应用角点或[距离(D)/角度(A)/方法(M)]:

倒角后结果如图 4-29 所示。

4.16 创建圆角

为对象创建圆角。

命令:FILLET

❖从“修改”工具条中选择“圆角”

❖从“修改”下拉菜单中选择“圆角”

❖命令:FILLET↙

单击“修改”工具栏上的 (圆角)按钮,或选择【修改】→【圆角】命令,即执行 FILLET 命令,AutoCAD 提示:

➢当前设置:模式=修剪,半径=0.0000

➢选择第一个对象或[放弃(U)/多段线(P)/半径(R)/修剪(T)/多个(M)]:

提示中,第一行说明当前的创建圆角操作采用了“修剪”模式,且圆角半径为 0。第二行的含义如下。

(1) 选择第一个对象 此提示要求选择创建圆角的第一个对象,为默认项。用户选择后,AutoCAD 提示:

选择第二个对象,或按住 Shift 键选择要应用角点的对象:

在此提示下选择另一个对象,AutoCAD 按当前的圆角半径设置对它们创建圆角。如果按住 Shift 键选择相邻的另一对象,则可以使两对象准确相交。

(2) 多段线(P) 对二维多段线创建圆角。

(3) 半径(R) 设置圆角半径。

(4) 修剪(T) 确定创建圆角操作的修剪模式。

(5) 多个(M) 执行该选项且用户选择两个对象创建出圆角后,可以继续对其他对象创建圆角,不必重新执行 FILLET 命令。

【例 4-12】 绘制柜台平面图,如图 4-30 所示。

➢命令:RECTANG //画矩形

➢指定第一个角点或[倒角(C)/标高(E)/圆角(F)/厚度(T)/宽度(W)]:

➢指定另一个角点或[面积(A)/尺寸(D)/旋转(R)]:@2500,1500

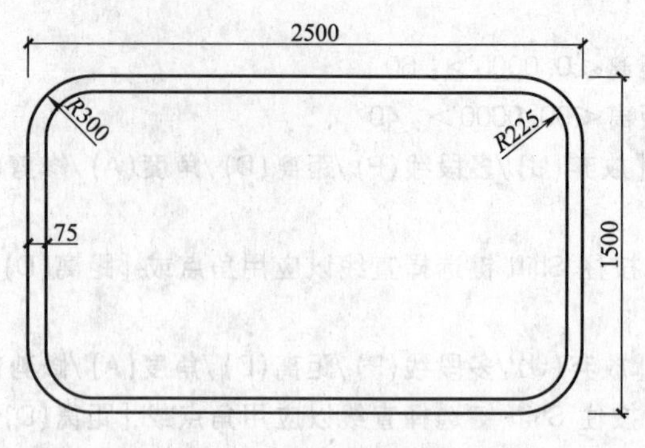

图 4-30 柜台平面图

➢命令：OFFSET

当前设置：删除源 = 否 图层 = 源 OFFSETGAPTYPE = 0

➢指定偏移距离或［通过(T)/删除(E)/图层(L)］<通过>：75

➢选择要偏移的对象，或［退出(E)/放弃(U)］<退出>：

➢指定要偏移的那一侧上的点，或［退出(E)/多个(M)/放弃(U)］<退出>：

➢命令：FILLET //倒圆角，外矩形倒角 $R=300$

当前设置：模式 = 修剪，半径 = 0.0000

➢选择第一个对象，或［放弃(U)/多段线(P)/半径(R)/修剪(T)/多个(M)］：M

➢选择第一个对象，或［放弃(U)/多段线(P)/半径(R)/修剪(T)/多个(M)］：R

➢指定圆角半径<0.0000>：300

➢选择第一个对象，或［放弃(U)/多段线(P)/半径(R)/修剪(T)/多个(M)］：

➢选择第二个对象，或按住 Shift 键选择对象以应用角点或［半径(R)］：

➢选择第一个对象，或［放弃(U)/多段线(P)/半径(R)/修剪(T)/多个(M)］：

➢选择第二个对象，或按住 Shift 键选择对象以应用角点或［半径(R)］：

➢选择第一个对象，或［放弃(U)/多段线(P)/半径(R)/修剪(T)/多个(M)］：

➢选择第二个对象，或按住 Shift 键选择对象以应用角点或［半径(R)］：

➢选择第一个对象，或［放弃(U)/多段线(P)/半径(R)/修剪(T)/多个(M)］：

➢选择第二个对象，或按住 Shift 键选择对象以应用角点或［半径(R)］：

➢命令：FILLET //倒圆角，内矩形倒角 $R=225$

当前设置：模式 = 修剪，半径 = 300.0000

➢选择第一个对象，或［放弃(U)/多段线(P)/半径(R)/修剪(T)/多个(M)］：M

➢选择第一个对象，或［放弃(U)/多段线(P)/半径(R)/修剪(T)/多个(M)］：R

➢指定圆角半径<300.0000>：225

➢选择第一个对象，或［放弃(U)/多段线(P)/半径(R)/修剪(T)/多个(M)］：

➢选择第二个对象，或按住 Shift 键选择对象以应用角点或［半径(R)］：

➢选择第一个对象，或［放弃(U)/多段线(P)/半径(R)/修剪(T)/多个(M)］：

➢选择第二个对象，或按住 Shift 键选择对象以应用角点或［半径(R)］：

➢选择第一个对象，或［放弃(U)/多段线(P)/半径(R)/修剪(T)/多个(M)］：

➢选择第二个对象，或按住 Shift 键选择对象以应用角点或［半径(R)］：

➢选择第一个对象，或［放弃(U)/多段线(P)/半径(R)/修剪(T)/多个(M)］：

➢选择第二个对象，或按住 Shift 键选择对象以应用角点或［半径(R)］：

绘图结果如图 4-30 所示。

4.17 利用夹点功能编辑图形

在无任何命令状态下，直接选择对象，则选择对象呈现虚线显示的状态，被选择对象上出现蓝色小方块。这些小方块称为“夹点”。当在“命令：”提示下直接选择对象后，在对象的各关键点处就会显示出夹点（又称为特征点）。用户可以通过拖动这些夹点的方式方便地进行拉伸、移动、旋转、缩放以及镜像等编辑操作。如直线有三个夹点，矩形有四个夹点，圆有五个夹点。

夹点有两种状态：热点和温点。可通过颜色来判断。首先选择呈现蓝色，属于“温点”状态，再次点击“温点”呈现红色，此时就是“热点”状态了。处于“热点”状态时可以进行编辑。夹点激活后处于拉伸状态，可按【Enter】键或右键菜单选择，切换到其他编辑状态，对对象进行快速编辑。

【例 4-13】 绘制沙发平面图，如图 4-31 所示。

➢命令：RECTANG

➢指定第一个角点或［倒角(C)/标高(E)/圆角(F)/厚度(T)/宽度(W)］：

➢指定另一个角点或［面积(A)/尺寸(D)/旋转(R)］：@1800，700

➢命令：EXPLODE

➢选择对象：指定对角点：找到 1 个

➢选择对象：

➢命令：OFFSET

当前设置：删除源＝否　图层＝源　OFFSETGAPTYPE＝0

➢指定偏移距离或［通过(T)/删除(E)/图层(L)］＜75.0000＞：　100

➢选择要偏移的对象，或［退出(E)/放弃(U)］＜退出＞：

➢指定要偏移的那一侧上的点，或［退出(E)/多个(M)/放弃(U)］＜退出＞：

➢选择要偏移的对象，或［退出(E)/放弃(U)］＜退出＞：

➢命令：OFFSET

当前设置：删除源＝否　图层＝源　OFFSETGAPTYPE＝0

➢指定偏移距离或［通过(T)/删除(E)/图层(L)］＜100.0000＞：　200

➢选择要偏移的对象，或［退出(E)/放弃(U)］＜退出＞：

➢指定要偏移的那一侧上的点，或［退出(E)/多个(M)/放弃(U)］＜退出＞：

➢选择要偏移的对象，或［退出(E)/放弃(U)］＜退出＞：

➢命令：RECTANG　　//画扶手

➢指定第一个角点或［倒角(C)/标高(E)/圆角(F)/厚度(T)/宽度(W)］：100　　//以矩形左下角点向下追踪 100

➢指定另一个角点或［面积(A)/尺寸(D)/旋转(R)］：@-200，600

➢命令：MIRROR

➢选择对象：指定对角点：找到 1 个

➢选择对象：

指定镜像线的第一点：指定镜像线的第二点：

➢要删除源对象吗？［是(Y)/否(N)］＜N＞：

➢命令：FILLET　　//倒圆角

当前设置：模式＝修剪，半径＝225.0000

➤选择第一个对象或[放弃(U)/多段线(P)/半径(R)/修剪(T)/多个(M)]：M

➤选择第一个对象或[放弃(U)/多段线(P)/半径(R)/修剪(T)/多个(M)]：R

➤指定圆角半径＜225.0000＞：50

➤选择第一个对象或[放弃(U)/多段线(P)/半径(R)/修剪(T)/多个(M)]：

➤选择第二个对象，或按住【Shift】键选择对象以应用角点或[半径(R)]：

最终绘图结果如图 4-31 所示。

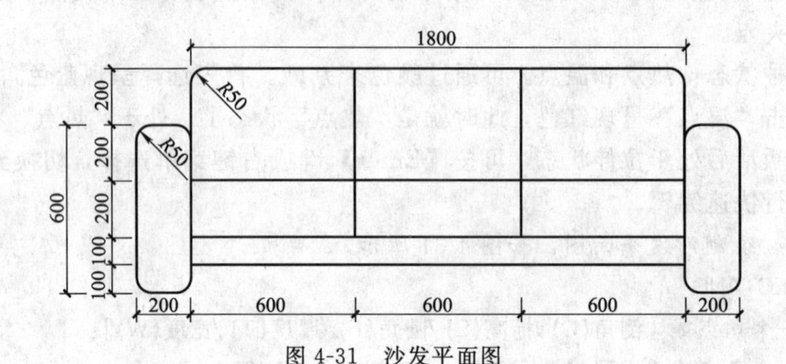

图 4-31　沙发平面图

小　结

本章介绍了 AutoCAD 2013 的二维图形编辑功能，其中包括选择对象的方法；各种二维编辑操作，如删除、移动、复制、旋转、缩放、偏移、镜像、阵列、拉伸、修剪、延伸、打断、创建倒角和圆角等；还介绍了如何利用夹点功能编辑图形。

用 AutoCAD 2013 绘某一工程图时，一般可以用多种方法实现。例如，当绘已有直线的平行线时，既可以用“COPY”（复制）命令得到，也可以用“OFFSET”（偏移）命令实现，具体采用哪种方法取决于用户的绘图习惯、对 AutoCAD 2013 的熟练程度以及具体绘图要求。只有多练习，才能熟能生巧。后面章节还将介绍用 AutoCAD 2013 绘图时如何设置各种绘图线型以及实现高效、准确绘图的一些常用方法等内容。

思考与练习题

1. 绘制图 4-32 橱柜立面图。

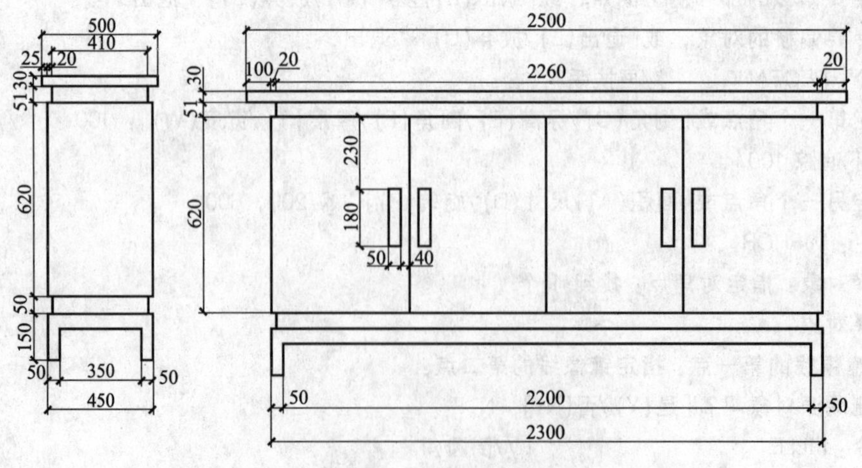

图 4-32　橱柜立面图

2. 绘制图 4-33 桌子立面图。

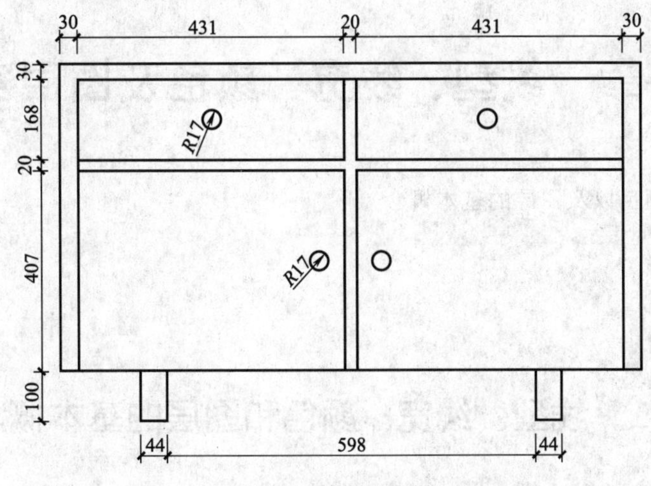

图 4-33　桌子立面图

3. 绘制图 4-34 门立面图。

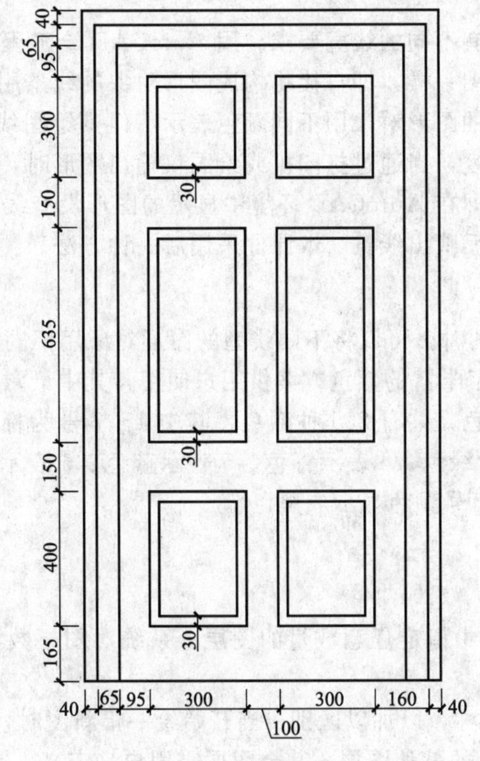

图 4-34　门立面图

第5章 线型、线宽、颜色及图层实例

➢**本章要点**

线型、线宽、颜色以及图层的基本概念

线型设置

线宽设置

颜色设置

图层设置

5.1 线型、线宽、颜色和图层的基本概念

5.1.1 线型

绘工程图时经常需要采用不同的线型来绘图，如虚线、中心线等。

5.1.2 线宽

工程图中不同的线型有不同的线宽要求。用 AutoCAD 绘工程图时，有 2 种确定线宽的方式。一种方法与手工绘图一样，即直接将构成图形对象的线条用不同的宽度表示；另一种方法是将有不同线宽要求的图形对象用不同颜色表示、但其绘图线宽仍采用 AutoCAD 的默认宽度，不设置具体的宽度，当通过打印机或绘图仪输出图形时，利用打印样式将不同颜色的对象设成不同的线宽，即在 AutoCAD 环境中显示的图形没有线宽，而通过绘图仪或打印机将图形输出到图纸后会反映出线宽。本课件采用后一种方法。

5.1.3 颜色

用 AutoCAD 绘工程图时，可以将不同线型的图形对象用不同的颜色表示。

AutoCAD 2013 提供了丰富的颜色方案供用户使用，其中最常用的颜色方案是采用索引颜色，即用自然数表示颜色，共有 255 种颜色，其中 1～7 号为标准颜色，它们是：1 表示红色、2 表示黄色、3 表示绿色、4 表示青色、5 表示蓝色、6 表示洋红、7 表示白色（如果绘图背景的颜色是白色，7 号颜色显示成黑色）。

5.1.4 图层

图层具有以下特点。

① 用户可以在一幅图中指定任意数量的图层。系统对图层数没有限制，对每一图层上的对象数也没有任何限制。

② 每一图层有一个名称，以加以区别。当开始绘一幅新图时，AutoCAD 自动创建名为 0 的图层，这是 AutoCAD 的默认图层，其余图层需用户来定义。

③ 一般情况下，位于一个图层上的对象应该是一种绘图线型，一种绘图颜色。用户可以改变各图层的线型、颜色等特性。

④ 虽然 AutoCAD 允许用户建立多个图层，但只能在当前图层上绘图。

⑤ 各图层具有相同的坐标系和相同的显示缩放倍数。用户可以对位于不同图层上的对象同时进行编辑操作。

⑥ 用户可以对各图层进行打开、关闭、冻结、解冻、锁定与解锁等操作，以决定各图

层的可见性与可操作性。

5.2 线型设置

设置新绘图形的线型

命令：LINETYPE

选择【格式】→【线型】命令，即执行 LINETYPE 命令，AutoCAD 弹出如图 5-1 所示的“线型管理器”对话框。可通过其确定绘图线型和线型比例等。

如果线型列表框中没有列出需要的线型，则应从线型库加载它。单击【加载】按钮，AutoCAD 弹出图 5-2 所示的“加载或重载线型”对话框，从中可选择要加载的线型并加载。

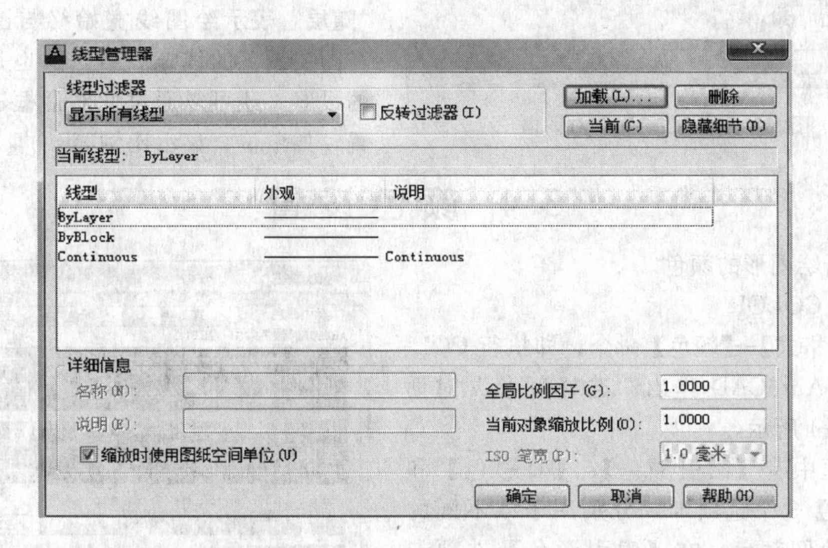

图 5-1 “线型管理器”对话框

图 5-2 “加载或重载线型”对话框

5.3 线宽设置

设置新绘图形的线宽。

命令：LWEIGHT

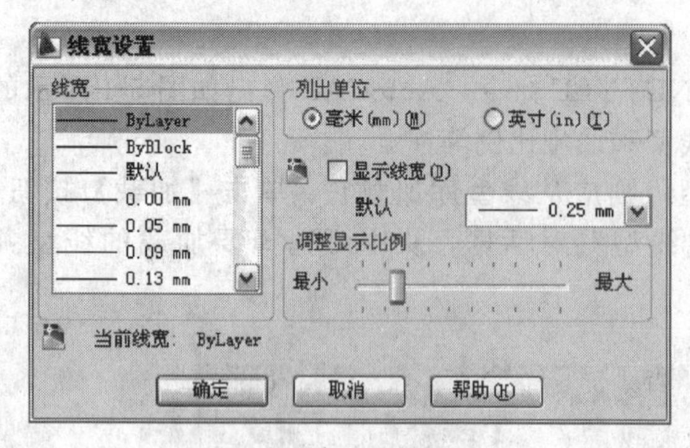

图 5-3 “线宽设置”对话框

选择【格式】→【线宽】命令，即执行 LWEIGHT 命令，AutoCAD 弹出“线宽设置”对话框，如图 5-3 所示。

列表框中列出了 AutoCAD 2013 提供的 20 余种线宽，用户可从中在“随层”、“随块”或某一具体线宽之间选择。其中，“随层”表示绘图线宽始终与图形对象所在图层设置的线宽一致，这也是最常用到的设置。还可以通过此对话框进行其他设置，如单位、显示比例等。

5.4 颜色设置

设置新绘图形的颜色。

命令：COLOR

选择【格式】→【颜色】命令，即执行 COLOR 命令，AutoCAD 弹出“选择颜色”对话框，如图 5-4 所示。

对话框中有【索引颜色】、【真彩色】和【配色系统】3 个选项卡，分别用于以不同的方式确定绘图颜色。在【索引颜色】选项卡中，用户可以将绘图颜色设为 ByLayer（随层）、ByBlock（随块）或某一具体颜色。其中，随层指所绘对象的颜色总是与对象所在层设置的绘图颜色相一致，这是最常用到的设置。

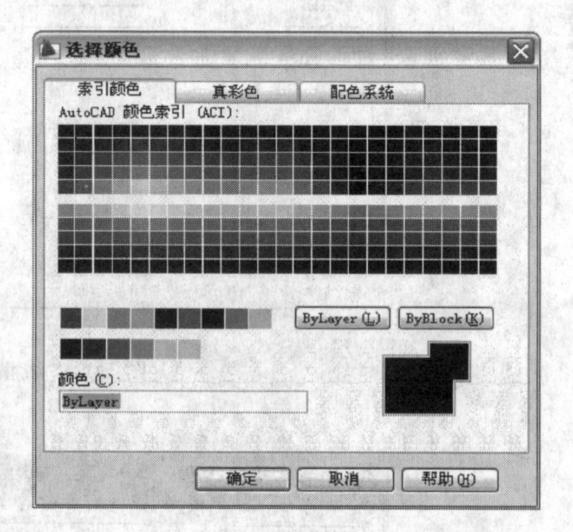

图 5-4 “选择颜色”对话框

5.5 图层管理

5.5.1 图层的概念和特点

使用 AutoCAD 2013 图层可以管理和控制复杂的图形；AutoCAD 2013 图层是管理图形对象的工具，可以将图形、文字、标注等对象分别放置在不同的图层中，并根据每个图层中图形的类别设置不同的线型、颜色及其他标准，还可以设置每个图层的可见性、冻结、锁定和是否打印等。

AutoCAD 2013 图层是图形中使用的主要组织工具，相当于图纸绘图中使用的透明重叠图纸，将每张图纸看作一个图层，在每张图纸上分别绘制墙线、电器、家具等图形，就是将类型相似的对象放置在同一个图层中，最后全部的图纸重叠在一起就是一个完整的图形。

AutoCAD 2013 图层的特点如下。

① 用户可以在一幅图中指定任意数量的图层。AutoCAD 2013 对图层的数量没有限制，

对图层上的对象数量也没有任何限制。

② 每一个图层有一个名字。每当开始绘制一幅新图形时，AutoCAD 2013 自动创建一个名 0 的图层，这是 AutoCAD 的默认图层，其余图层需用户定义。

③ 图层有颜色、线型以及线宽等特性。一般情况下，同一图层上的对象应具有相同颜色、线型和线宽，这样做便于管理图形对象、提高绘图效率，可以根据需要改变图层颜色、线型以及线宽等特性。

④ 虽然 AutoCAD 2013 允许建立多个图层；但用户只能在当前图层上绘图。因此，如果要在某一图层上绘图，必须将该图层设为当前层。

⑤ 各图层具有相同的坐标系、图形界限、显示缩放倍数，可以对位于不同 AutoCAD 2013 图层上的对象同时进行编辑操作（如移动、复制等）。

⑥ 可以对各图层进行打开、关闭、冻结、解冻、锁定与解锁等操作，以决定各图层可见性与可操作性（后面将介绍它们的具体含义）。

5.5.2 新建和删除图层

每个图形文件都自动创建一个图层，名称为“0”，它是不能删除或重命名的。该图层有两个用途：确保每个文件中至少包括一个图层；提供与块中的控制颜色相关的特殊图层。如果用户要绘制 AutoCAD 2013 图形时，建议在创建的新图层上绘制，而不是将所有的图形都在 0 图层上绘制。

AutoCAD 2013 创建图层需要在“图层特性管理器”对话框中进行设置。

(1) 在 AutoCAD 2013 界面的上端图层工具栏中（图 5-5），点击“图层特性管理器”按钮，或在命令行中输入“LAYER”，按空格键，都可以打开 AutoCAD 2013“图层特性管理器”对话框。如图 5-6 所示。

图 5-5　图层工具栏对话框

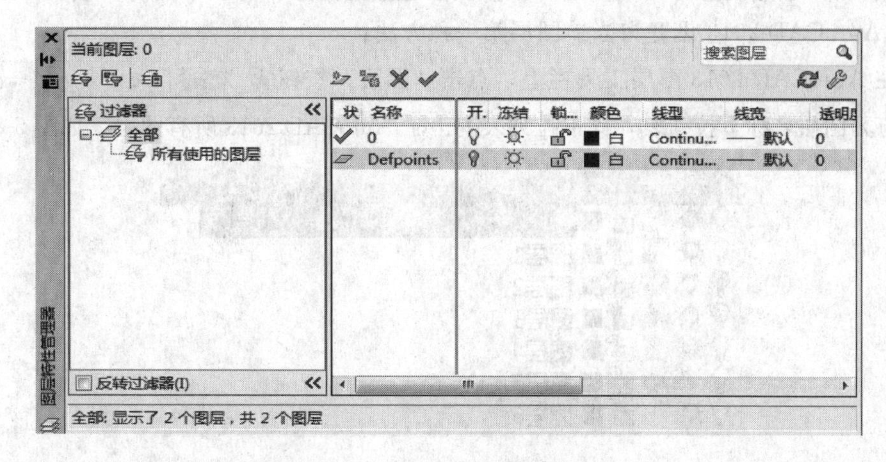

图 5-6　“图层特性管理器”对话框

（2）在 AutoCAD 2013“图层特性管理器”对话框中点击“新建图层”按钮，在下面的列表中就会自动生成一个名为“图层 1”的新图层，图层名处于选中状态，用户可以直接输入一个新图层名，例如“墙体”，如图 5-7 所示。新图层将继承图层列表中当前选定图层的特性（颜色、开/关状态等）。

（3）在 AutoCAD 2013“图层特性管理器”对话框中单击要删除图层的名称，单击“删除图层”按钮，即可删除所选择 AutoCAD 2013 图层。

提示：0 层、当前层（正在使用的层）、含有图形对象的 AutoCAD 2013 层不能被删除。

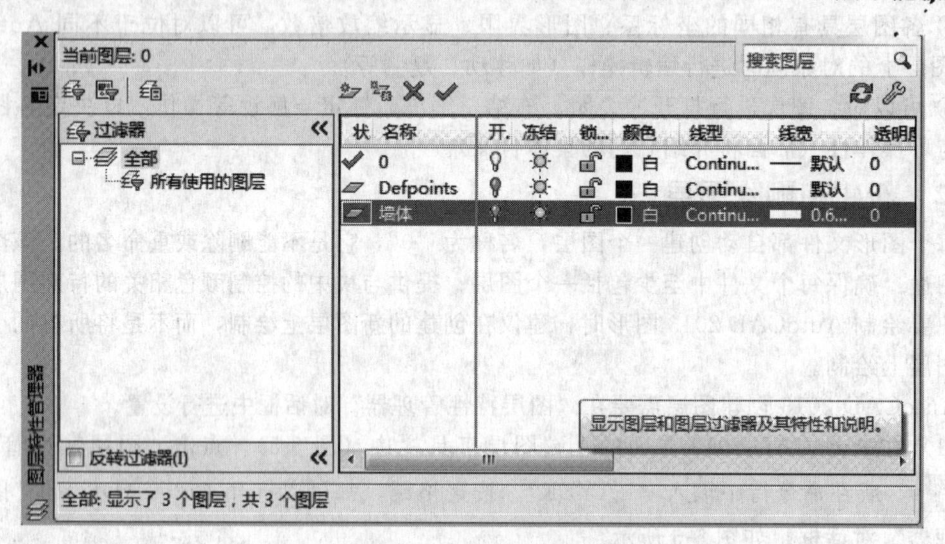

图 5-7　使用图层特性管理器设置墙体层

5.5.3　AutoCAD 2013 如何设置为当前图层

在 AutoCAD 2013 绘图时，新创建的对象将被放置于当前图层上。默认情况下当前图层是图层 0，也可以是用户创建的任意图层。将其他图层置为当前图层后，也就从一个图层切换到了另一个图层，随后创建的任何对象都被放置在新的当前图层上，并采用其设置的颜色、线型和其他特性。

要选择哪个图层设置为当前图层并在该图层上绘制图形，有以下两种方法。

（1）AutoCAD 2013 设置为当前图层第一种方法：

① 在 AutoCAD 2013 图层工具栏上，点击“图层”按钮 0 。

② 打开图层名称下拉列表，此下拉列表列出了 AutoCAD 2013 所有图层。如图 5-8 所示。

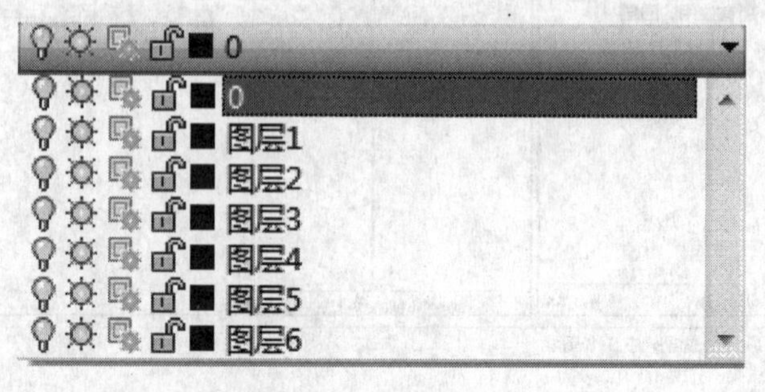

图 5-8　图层下拉列表

③ 鼠标左键单击选择需要设置为当前图层的图层名称。

(2) AutoCAD 2013 设置为当前图层第二种方法：

① 在 AutoCAD 2013 图层工具栏上，单击选择“图层特性”按钮。

② 在弹出打开的 AutoCAD 2013 “图层特性管理器”对话框中点击需要设为当前层的图层名称，再点击【置为当前】按钮，即可设置图层为当前图层。

③ 点击 AutoCAD 2013 “图层特性管理器”对话框左上角的“关闭”按钮，关闭“图层特性管理器”对话框。此时可以在被设置为当前的图层上进行绘图操作了。

5.5.4 AutoCAD 2013 图层的特性操作

(1)“AutoCAD 2013 打开和关闭图层可见性” 打开图层时图层上的所有对象都显示在 AutoCAD 2013 视图中。关闭的图层不显示也不能打印图层上的图形对象。

方法一：

① 在 AutoCAD 2013 图层工具栏上，点击“图层”按钮。

② 打开图层名称下拉列表，此下拉列表列出了 AutoCAD 2013 所有图层。

③ 在需要关闭的图层名称左侧点击“黄色灯泡”，灯泡将变为蓝色，关闭该图层。

方法二：

在“图层特性管理器”对话框中点击图层右侧的“黄色灯泡”，灯泡将变为蓝色，此时该图层由打开变为关闭。

再次点击“蓝色灯泡”，会变为“黄色灯泡”，即可打开该图层。如果灯泡为黄色，则表示该图层已打开，蓝色灯泡为关闭。

(2)“AutoCAD 2013 冻结和解冻图层” 在 AutoCAD 2013 所有视口中冻结选定的图层。冻结图层可以加快视图缩放、移动等操作的运行速度，增强对象选择的性能，并减少复杂图形重新生成的计算时间。冻结与关闭图层的区别是，冻结可以加快重新生成图形的计算时间。如果图形简单，用户可能感觉不到冻结图层提高的速度。

① 冻结方法：点击“黄色太阳图标”，图标变为“蓝色雪花图标”，即可将该层冻结。

② 解冻方法：再次点击“蓝色雪花图标”，图标变为“黄色太阳图标”，即可将该图层解冻。

(3)“AutoCAD 2013 锁定和解锁图层” AutoCAD 2013 被锁定的图层中所有的对象仍然显示在视图中，可以打印，但无法修改图形对象。用户可以在被锁定的图层上绘制新的图形，也可以使用对象捕捉命令捕捉目标点。

① 锁定方法：点击“解锁图标”，图标变为“锁定图标”，即可将该图层锁定。

② 解锁方法：再次“锁定图标”，图标变为“解锁图标”，即可将该图层解锁。

除此之外，单击“图层”工具栏上的【图层特性管理器】按钮，或选择【格式】→【图层】命令，即执 用户可通过“图层特性管理器”对话框建立新图层，为图层设置线型、颜色、线宽以及其他操作等。

图层的管理：

① 名称：为图层取名或改名。

② 开：显示/隐藏图层中的图形。

③ 冻结：冻结/解冻图层，冻结图层中的对象，不显示（0 图层不能冻结）。

④ 锁定：锁定/解锁图层中的对象，锁定的对象不可编辑，但可见。

⑤ 颜色：设置图层颜色（一般用标准色）。

⑥ 线型、线宽：单击具体的线型、线宽即可修改，若所需线型不在已加载线型列表中，单击“加载”即可。

⑦ 打印样式：修改与选定图层的打印样式。

关闭、冻结、锁定图层的特点：

关闭图层：被关闭的图层，不再显示在屏幕上，不能编辑，不能被打印。

冻结图层：被冻结图层，不再显示在屏幕上，不能编辑，不能被打印。

锁定图层：锁定的图层能显示在屏幕上，但不能被修改。

保存图层状态：（AutoCAD 2002 才有的功能）

单击“图层特性管理器”中的【保存状态】→在“新图层状态名”中输入状态名，如输入“状态 1”→分别在“图层状态”和“图层特性”中选择要保存的选项→【确定】。

恢复图层状态：（AutoCAD2002 才有的功能）

在“图层状态管理器”中单击【恢复状态】即可完成恢复加载操作→该文件加载了名为“状态 1”设置的结果，其图层结构和图层管理器中的结构一致。

5.6 特性工具栏

利用特性工具栏，快速、方便地设置绘图颜色、线型以及线宽。图 5-9 是特性工具栏。

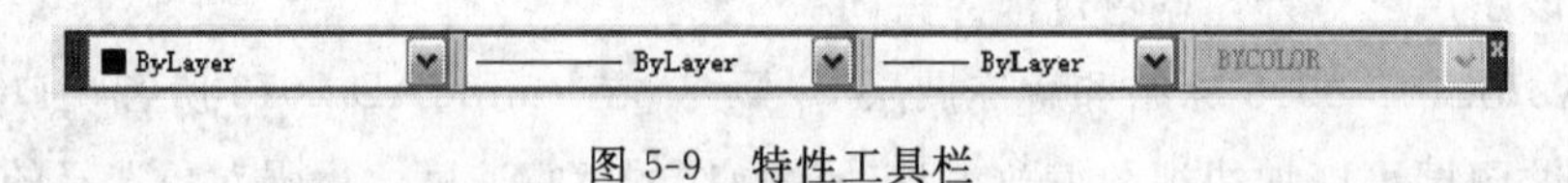

图 5-9 特性工具栏

特性工具栏的主要功能如下。

(1)“颜色控制”列表框 该列表框用于设置绘图颜色。单击此列表框，AutoCAD 弹出下拉列表，如图 5-10 所示。用户可通过该列表设置绘图颜色（一般应选择“随层”），或修改当前图形的颜色。

图 5-10 “颜色控制”列表框

修改图形对象颜色的方法是：首先选择图形，然后在如图 5-10 所示的颜色控制列表中选择对应的颜色。如果单击列表中的“选择颜色”项，AutoCAD 会弹出“选择颜色”对话框，供用户选择。

(2)“线型控制”列表框　该列表框用于设置绘图线型。单击此列表框，AutoCAD 弹出下拉列表，如图 5-11 所示。用户可通过该列表设置绘图线型（一般应选择“随层”），或修改当前图形的线型。

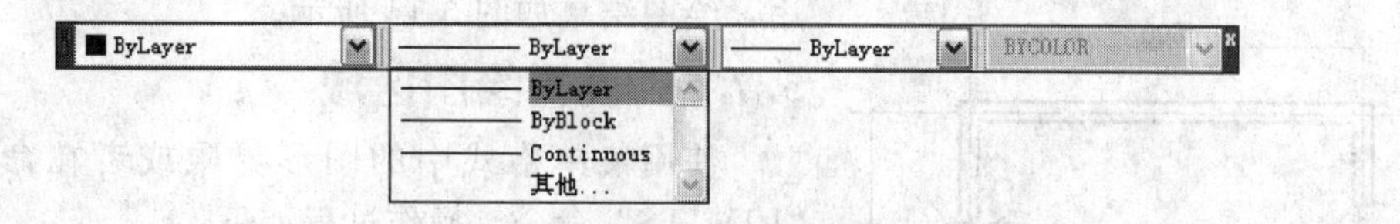

图 5-11 “线型控制”列表框

修改图形对象线型的方法是：选择对应的图形，然后在如图 5-11 所示的线型控制列表中选择对应的线型。如果单击列表中的“其他”选项，AutoCAD 会弹出“线型管理器”对话框，供用户选择。

(3)“线宽控制”列表框　该列表框用于设置绘图线宽。单击此列表框，AutoCAD 弹出下拉列表，如图 5-12 所示。用户可通过该列表设置绘图线宽（一般应选择“随层”），或修改当前图形的线宽。

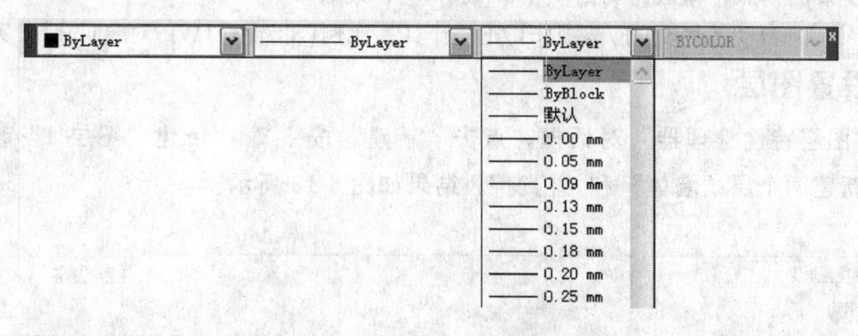

图 5-12 “线宽控制”列表框

修改图形对象线宽的方法是：选择对应的图形，然后在线宽控制列表中选择对应的线宽。

【例 5-1】 设置下列图层，如图 5-13 所示。

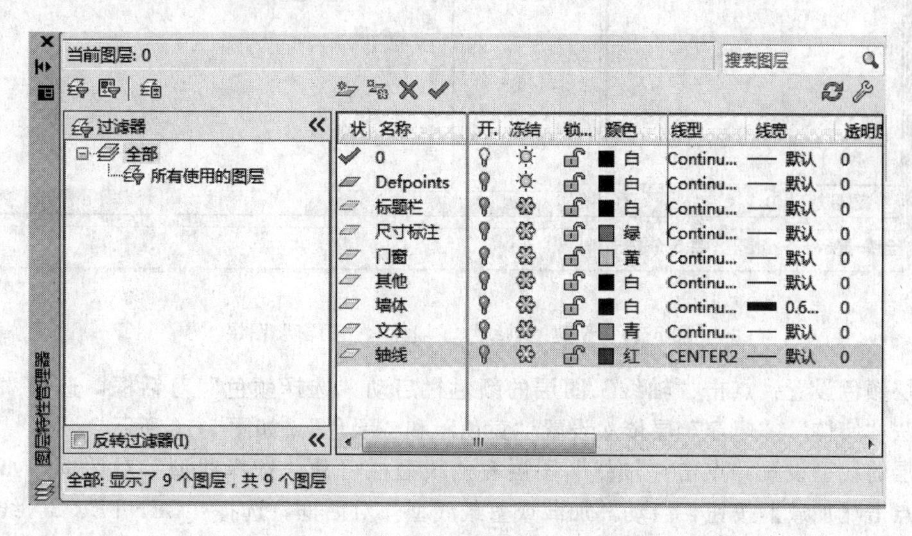

图 5-13 图层设置

5.7 图层应用

本节通过绘制建筑房间平面图实例，练习如何使用图层，并熟悉绘图和编辑指令的使用，绘图结果如图 5-14 所示。

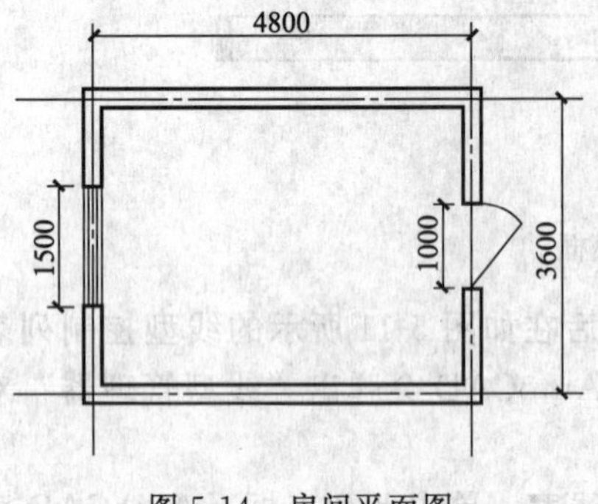

图 5-14 房间平面图

5.7.1 设置绘图区域

使用菜单格式中的图形界限或者在命令行输入“LIMITS”命令，操作过程如下：

➢命令：LIMITS

➢重新设置模型空间界限：

➢指定左下角点或[开(ON)/关(OFF)]＜0.0000，0.0000＞：

➢指定右上角点 ＜42000.0000，29700.0000＞：42000，29700

➢命令：ZOOM

➢指定窗口的角点，输入比例因子 (nX 或 nXP)，或者

[全部(A)/中心(C)/动态(D)/范围(E)/上一个(P)/比例(S)/窗口(W)/对象(O)]＜实时＞：A

5.7.2 设置图层

启动“图层特性管理器”对话框，点击“新建”按钮，新建“图层 1”改名为“轴线”；继续新建两个层“墙体”和“门窗”，结果如图 5-15 所示。

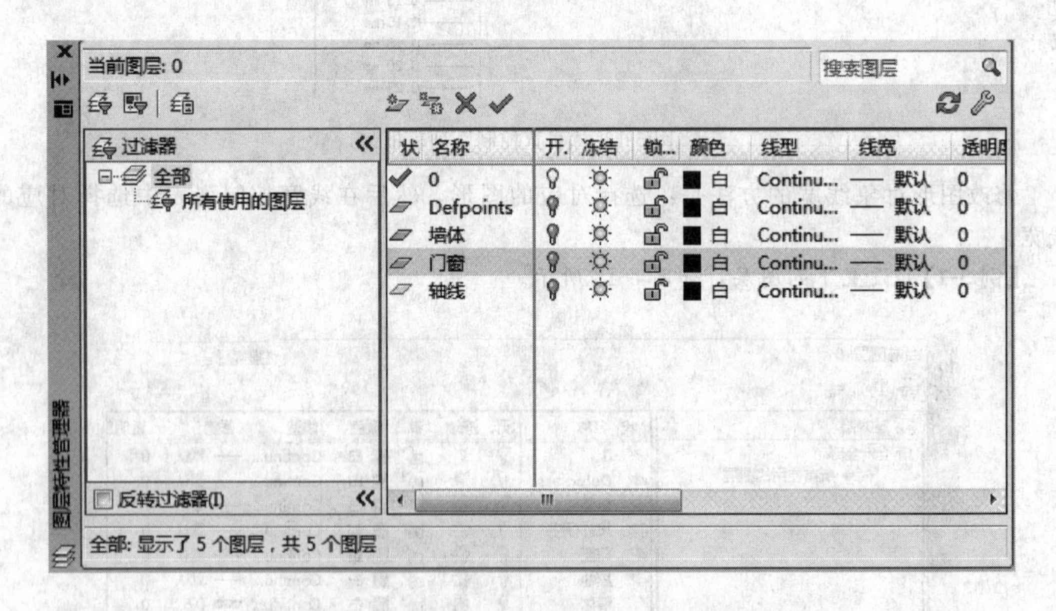

图 5-15 新建“轴线”、“墙体”、“门窗”图层

图层颜色设置：点击“轴线”图层的颜色栏启动“选择颜色”对话框，选择“红色”；同样方法“墙体”、“门窗”层依次设置“黄色”和“绿色”。如图 5-16 所示。

图层的线型设置：点击“轴线”图层右侧线型栏启动“选择线型”对话框，如图 5-17 所示，点击【加载】按钮，启动“加载或重载线型”对话框，选择“CENTER 2”线型，点击【确定】，如图 5-18 所示；其他两层选择实体线。如图 5-19 所示。

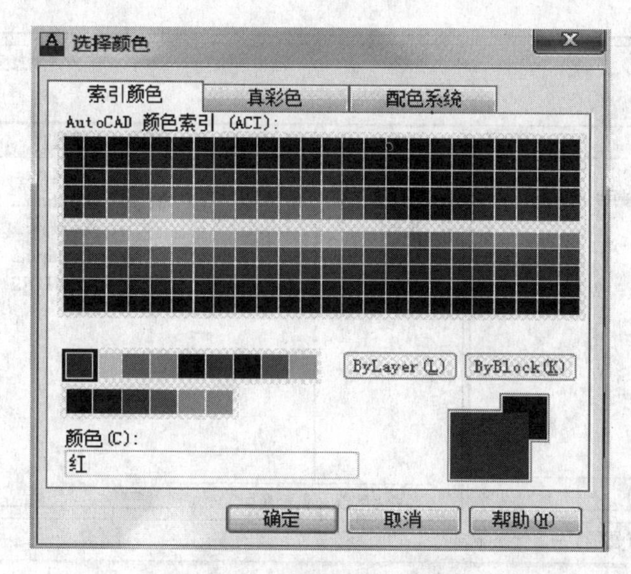

图 5-16 “选择颜色”对话框

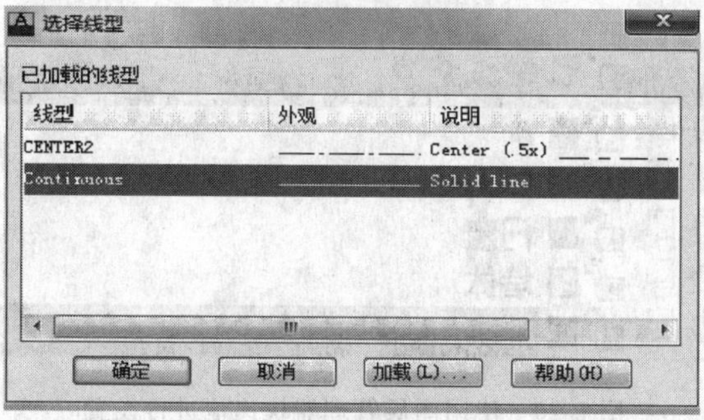

图 5-17 “选择线型”对话框

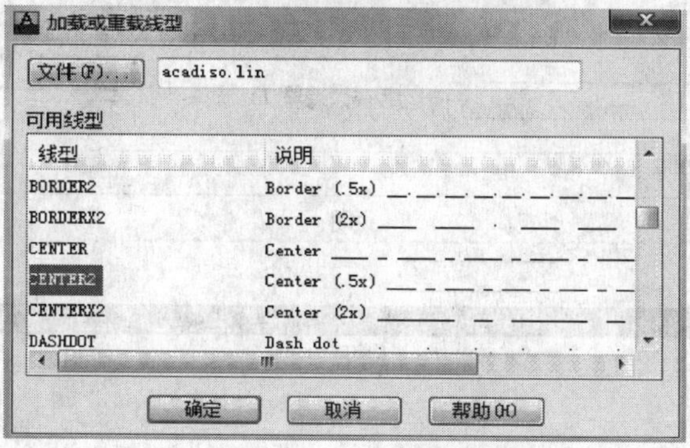

图 5-18 “加载或重载线型”对话框

5.7.3 绘制轴线

设置“轴线”层为当前层，使用图层管理器可以快速地进行设置，如图 5-20 所示。选中图层后，在轴线层画线，但因绘图区域较大（42000×29700），CENTER2 线的效果并未显示。此时选择【格式】→【线型】→【线型管理器】，如图 5-21 所示。点击“显示细节”、点击后变成“隐藏细节”，把全局比例因子调成 100 倍。

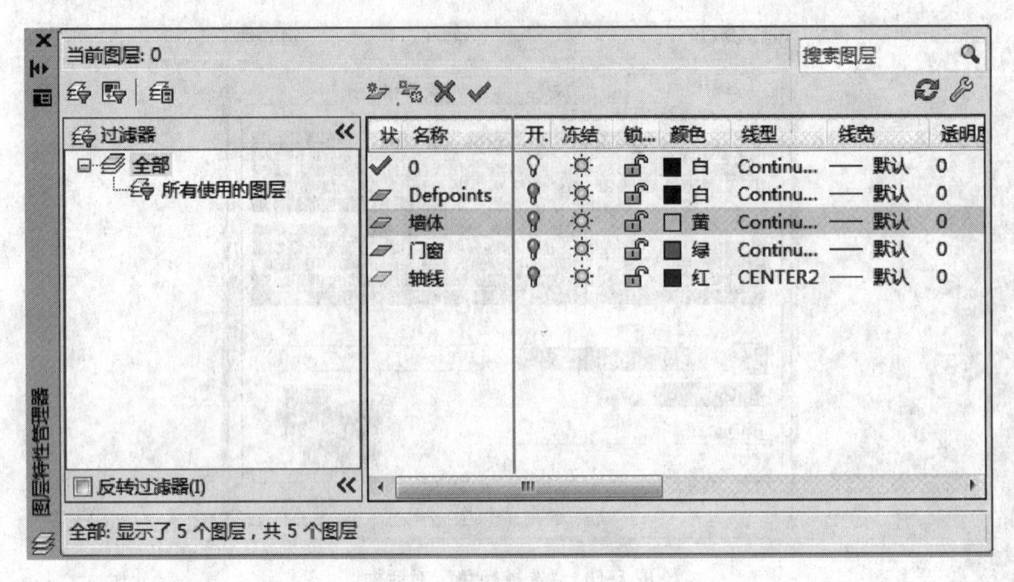

图 5-19 设置图层的结果

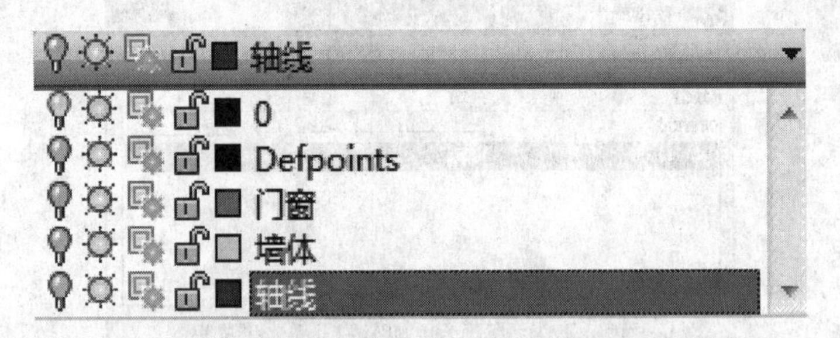

图 5-20 使用图层管理器快速地进行设置

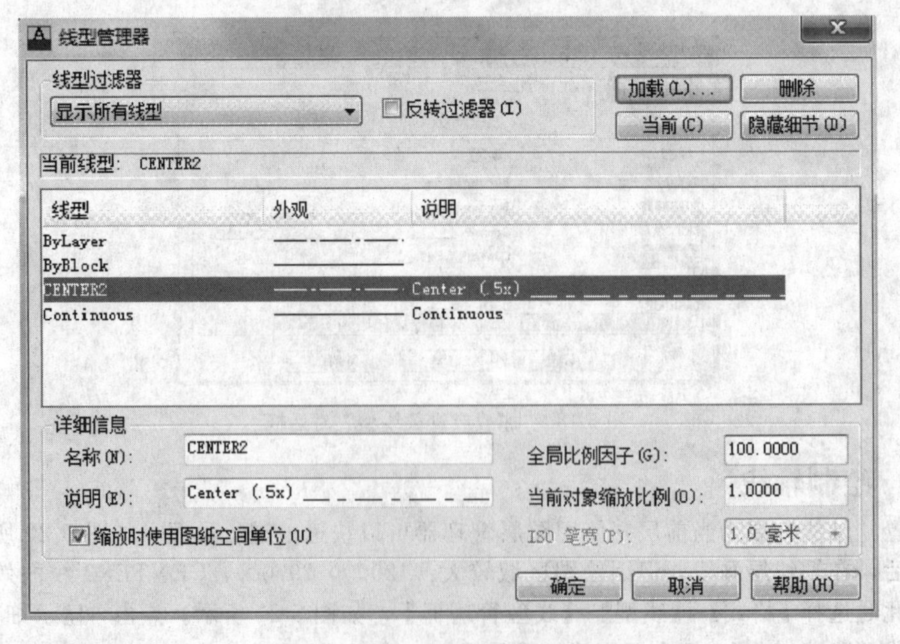

图 5-21 设置线型全局比例对话框

➢命令：LINE
➢指定第一个点：　　//画一条水平轴线
➢指定下一点或[放弃(U)]：
➢命令：LINE　　　　//画一条垂直轴线
➢指定第一个点：
➢指定下一点或[放弃(U)]：
➢命令：OFFSET　　　　　//利用偏移画其余水平轴线
➢当前设置：删除源＝否　图层＝源　OFFSETGAPTYPE＝0
➢指定偏移距离或[通过(T)/删除(E)/图层(L)]＜4800.0000＞：　3600
➢选择要偏移的对象，或[退出(E)/放弃(U)]
＜退出＞：
➢命令：OFFSET　//利用偏移画其他垂直轴线
➢当前设置：删除源＝否　图层＝源　OFFSETGAPTYPE＝0
➢指定偏移距离或[通过(T)/删除(E)/图层(L)]＜3600.0000＞：　4800
➢选择要偏移的对象，或[退出(E)/放弃(U)]
＜退出＞：　//最终轴线结果如图5-22所示。

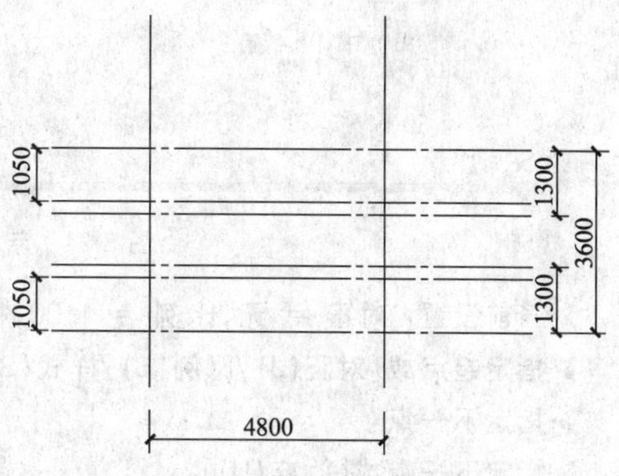

图5-22　轴线图

5.7.4　墙体的绘制

把墙体层设为当前层，注意在设墙体层为当前层之前最好把轴线层锁住，这样在以后需要修改墙体层时对轴线层没有影响。绘制墙体时首先设多线样式，然后画墙体。启动多线样式对话框，在新建样式中建一个240墙体的多线（图5-23），并设置出偏移距离（图5-24）。

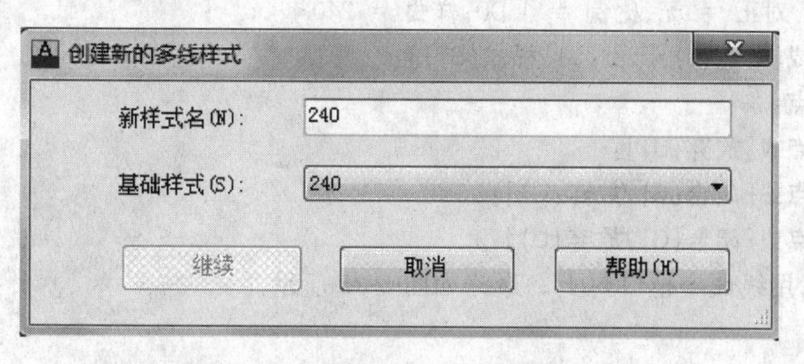

图5-23　创建新的240多线样式

用多线开始画墙体，具体操作如下：
➢命令：ML
MLINE
➢当前设置：对正 = 上，比例 = 20.00，样式 = 240
➢指定起点或[对正(J)/比例(S)/样式(ST)]：　J
➢输入对正类型[上(T)/无(Z)/下(B)]＜无＞：　Z
➢当前设置：对正 = 无，比例 = 1.00，样式 = 240
➢指定起点或[对正(J)/比例(S)/样式(ST)]：　S
➢输入多线比例 ＜1.00＞：　1

新建多线样式:24

说明(P)：

封口

	起点	端点
直线(L)：	☐	☐
外弧(O)：	☐	☐
内弧(R)：	☐	☐
角度(N)：	90.00	90.00

填充

填充颜色(F)：☐ 无

显示连接(J)：☐

图元(E)

偏移	颜色	线型
120	BYLAYER	ByLayer
-120	BYLAYER	ByLayer

添加(A)　删除(D)

偏移(S)：0.000

颜色(C)：☐ ByLayer

线型：线型(Y)...

确定　取消　帮助(H)

图 5-24　新建 240 多线的偏移值

➤当前设置：对正 = 无，比例 = 1.00，样式 = 240
➤指定起点或[对正(J)/比例(S)/样式(ST)]：　　//画多线时逆时针画
➤指定下一点：
➤指定下一点或[放弃(U)]：
➤指定下一点或[闭合(C)/放弃(U)]：
➤指定下一点或[闭合(C)/放弃(U)]：
➤命令：MLINE
➤当前设置：对正 = 无，比例 = 1.00，样式 = 240
➤指定起点或[对正(J)/比例(S)/样式(ST)]：
➤指定下一点：
➤指定下一点或[放弃(U)]：
➤指定下一点或[闭合(C)/放弃(U)]：
➤指定下一点或[闭合(C)/放弃(U)]：

墙体画完后用线命令把口封上。最终如图 5-25 所示。

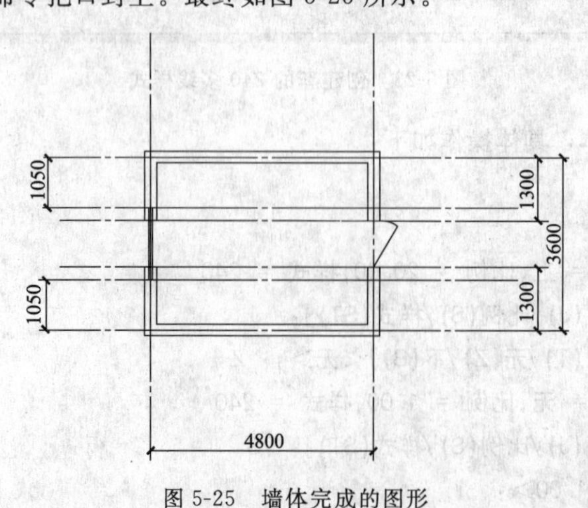

图 5-25　墙体完成的图形

5.7.5　绘画门和窗

把门窗层置为当前层，用多线画窗。具体操作先设置门的多线样式如图 5-26 所示。

修改多线样式:240-1

说明(P):

封口　起点　端点
直线(L):
外弧(O):
内弧(R):
角度(N): 90.00　90.00

图元(E)
偏移	颜色	线型
120	BYLAYER	ByLayer
30	BYLAYER	ByLayer
-30	BYLAYER	ByLayer
-120	BYLAYER	ByLayer

添加(A)　删除(D)

填充
填充颜色(F): 无

偏移(S): 0.000
颜色(C): ByLayer
线型: 线型(Y)...

显示连接(J):

确定　取消　帮助(H)

图 5-26　窗的多线样式设置

利用多线画出窗。最后用弧命令作出门。

➢命令：ML　　　//在命令行显示多线命令

➢当前设置：对正 ＝ 无，比例 ＝ 1.00，样式 ＝ 240-1

➢指定起点或［对正(J)/比例(S)/样式(ST)］：

➢指定下一点：

➢指定下一点或［放弃(U)］：

➢命令：ARC　　　//画门

➢指定圆弧的起点或［圆心(C)］：C

➢指定圆弧的圆心：

➢指定圆弧的起点：@1000<60

➢指定圆弧的端点或［角度(A)/弦长(L)］

➢命令：LINE

➢指定第一个点：

➢指定下一点或［放弃(U)］：　//最终图形如图 5-27 所示。

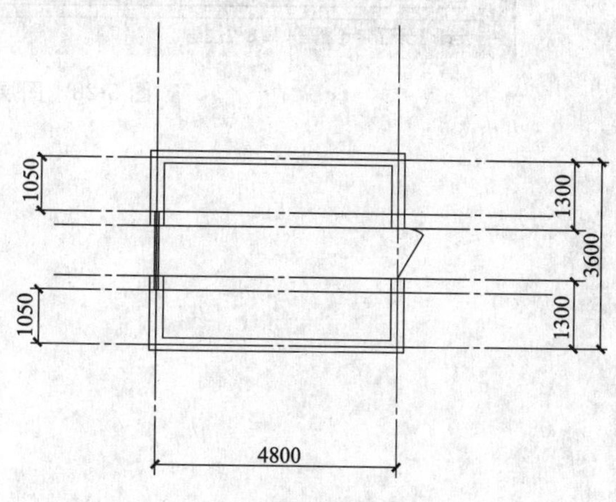

图 5-27　房屋平面图

小　结

本章介绍了线型、线宽、颜色以及图层等概念以及它们的使用方法。绘工程图要用到各种类型的线型，AutoCAD 2013 能够实现这样的要求。与手工绘图不同的是，AutoCAD 还提供了图层的概念，用户可以根据需要建立一些图层，并为每一图层设置不同的线型和颜色，当需要用某一线型绘图时，首先应将设有对应线型的图层设为当前层，那么所绘图形的线型和颜色就会与当前图层的线型和颜色一致，也就是说，用 AutoCAD 所绘图形的线条是彩色的，不同线型采用了不同的颜色（有些线型可以采用相同的颜色），且位于不同图层。按照本课件介绍的方法，用 AutoCAD 绘出的图形一般没有反映出线宽信息，而是通过打印设置将不同的颜色设置成不同的输出线宽，即通过打印机或绘图仪输出到图纸上的图形是有线宽的。

AutoCAD 2013 专门提供了用于图层管理的“图层”工具栏和用于颜色、线型、线宽管理“对象特性”工具栏，利用这两个工具栏可以方便地进行图层、颜色、线型等的设置和相关操作。

思考与练习题

利用图层管理器建立图 5-28 所示图层。其中尺寸标注绿色；门窗黄色；墙体线宽 0.6；文本层用青色；轴线用“CENTER2”线型、红色。

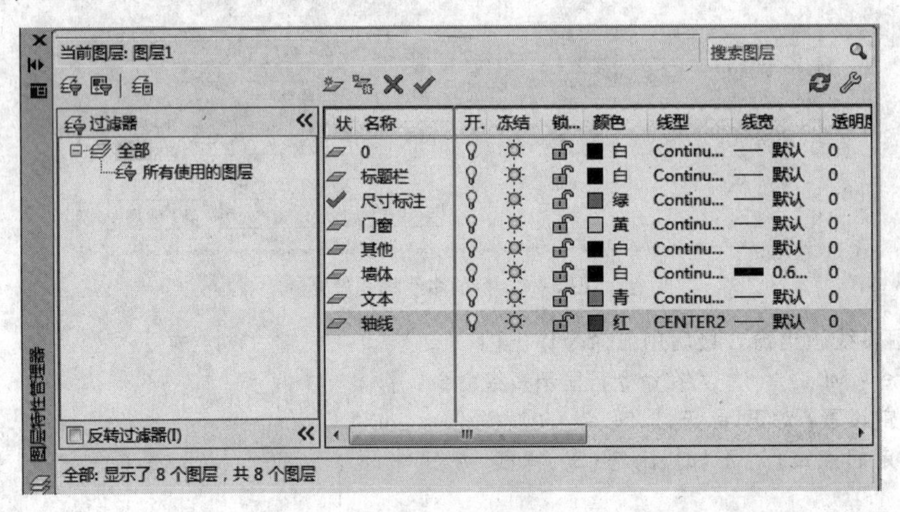

图 5-28 图层对话框

第 6 章　图形显示控制、精确绘图

➢本章要点

控制显示比例与显示位置

栅格捕捉与栅格显示功能

正交功能

对象捕捉功能

极轴追踪功能

6.1　图形显示缩放

图形显示缩放只是将屏幕上的对象放大或缩小其视觉尺寸，就像用放大镜或缩小镜（如果有的话）观看图形一样，从而可以放大图形的局部细节，或缩小图形观看全貌。执行显示缩放后，对象的实际尺寸仍保持不变。

(1) 利用 ZOOM 命令实现缩放

(2) 利用菜单命令或工具栏实现缩放

AutoCAD 2013 提供了用于实现缩放操作的菜单命令和工具栏按钮，利用它们可以快速执行缩放操作。

图 6-1、图 6-2 分别是“缩放”子菜单（位于“视图”下拉菜单）和“缩放”工具栏，利用它们可实现对应的缩放。

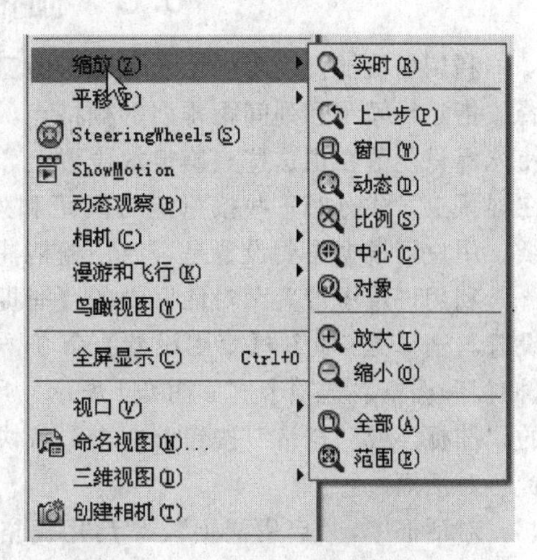

图 6-1　视图菜单中的缩放功能

图 6-2　工具栏中的缩放功能

6.2　图形显示移动

图形显示移动是指移动整个图形，就像是移动整个图纸，以便使图纸的特定部分显示在绘图窗口。执行显示移动后，图形相对于图纸的实际位置并不发生变化。

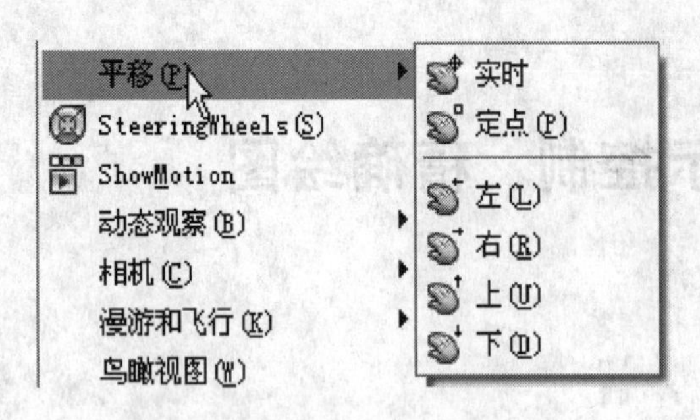

图 6-3 视图平移子菜单

PAN 命令用于实现图形的实时移动。执行该命令，AutoCAD 在屏幕上出现一个小手光标，并提示：按【Esc】或【Enter】键退出，或单击右键显示快捷菜单。

同时在状态栏上提示："按住拾取键并拖动进行平移"。此时按下拾取键并向某一方向拖动鼠标，就会使图形向该方向移动；按【Esc】键或【Enter】键可结束 PAN 命令的执行；如果右击，AutoCAD 会弹出快捷菜单供用户选择。另外，AutoCAD 还提供了用于移动操作的命令，这些命令位于【视图】→【平移】子菜单中，如图 6-3 所示，利用其可执行各种移动操作。

6.3 栅格捕捉、栅格显示

利用栅格捕捉，可以使光标在绘图窗口按指定的步距移动，就像在绘图屏幕上隐含分布着按指定行间距和列间距排列的栅格点，这些栅格点对光标有吸附作用，即能够捕捉光标，使光标只能落在由这些点确定的位置上，从而使光标只能按指定的步距移动。栅格显示是指在屏幕上显式分布一些按指定行间距和列间距排列的栅格点，就像在屏幕上铺了一张坐标纸。用户可根据需要设置是否启用栅格捕捉和栅格显示功能，还可以设置对应的间距。

利用"草图设置"对话框中的【捕捉和栅格】选项卡可进行栅格捕捉与栅格显示方面的设置。选择【工具】→【草图设置】命令，AutoCAD 弹出"草图设置"对话框，对话框中的【捕捉和栅格】选项卡（如图 6-4 所示）用于栅格捕捉、栅格显示方面的设置（在状态栏上的"捕捉"或"栅格"按钮上右击，从快捷菜单中选择"设置"命令，也可以打开"草图设置"对话框）。

对话框中，"启用捕捉"、"启用栅格"复选框分别用于起用捕捉和栅格功能。"捕捉间距"、"栅格间距"选项组分别用于设置捕捉间距和栅格间距。用户可通过此对话框进行其他设置。

"启用捕捉"：打开或关闭捕捉模式。也可以通过单击状态栏上的"捕捉"，按【F9】键，或使用 SNAPMODE 系统变量，来打开或关闭 AutoCAD 2013 捕捉模式。

"捕捉间距"：控制捕捉位置的不可见矩形栅格，以限制光标仅在指定的 *X* 和 *Y* 间隔内移动。

"捕捉 *X* 轴间距"：指定 *X* 方向的捕捉间距。间距值必须为正实数。（SNAPUNIT 系统变量）。

"捕捉 *Y* 轴间距"：指定 *Y* 方向的捕捉间距。间距值必须为正实数。（SNAPUNIT 系统变量）。

"*X* 和 *Y* 间距相等"：为捕捉间距和栅格间距强制使用同一 *X* 和 *Y* 间距值。捕捉间距可以与栅格间距不同。

"极轴间距"：控制 PolarSnap 增量距离。

"极轴距离"：选定"捕捉类型和样式"下的"PolarSnap"时，设定捕捉增量距离。如果该值为 0，则 PolarSnap 距离采用"捕捉 *X* 轴间距"的值。"极轴距离"设置与极坐标追踪和/或对象捕捉追踪结合使用。如果两个追踪功能都未启用，则"极轴距离"设置无效

图 6-4　草图设置对话框

(POLARDIST 系统变量)。

“捕捉类型”：设定 AutoCAD 2013 捕捉样式和捕捉类型。

“栅格捕捉”：设定栅格捕捉类型。如果指定点，光标将沿垂直或水平栅格点进行捕捉(SNAPTYPE 系统变量)。

“矩形捕捉”：将捕捉样式设定为标准“矩形”捕捉模式。当捕捉类型设定为“栅格”并且打开“捕捉”模式时，光标将捕捉矩形捕捉栅格（SNAPSTYL 系统变量）。

“等轴测捕捉”：将捕捉样式设定为“等轴测”捕捉模式。当捕捉类型设定为“栅格”并且打开“捕捉”模式时，光标将捕捉等轴测捕捉栅格（SNAPSTYL 系统变量）。

“PolarSnap”：将捕捉类型设定为“PolarSnap”。如果启用了“捕捉”模式并在极轴追踪打开的情况下指定点，光标将沿在【极轴追踪】选项卡上相对于极轴追踪起点设置的极轴对齐角度进行捕捉（SNAPTYPE 系统变量）。

6.4　正交功能

AutoCAD 2013 中文版状态栏“正交模式”：利用 AutoCAD 2013 正交功能，可以方便地绘制出与当前坐标系的 X 轴或 Y 轴相平行的直线。用户也许有这样的感觉：当通过用鼠标指定端点的方式绘制水平线或垂直线时，虽然在指定直线的另一端点时十分小心，但绘出的线仍可能是斜线（虽然倾斜程度很小）。利用 AutoCAD 2013 正交功能，则可以轻松地绘出水平线或垂直线。

6.4.1　AutoCAD 2013 正交模式的启用与关闭

实现 AutoCAD 2013 正交功能启用与否的命令是 ORTHO。但实际上，可以通过以下操作快速实现正交模式启用与否的切换。

(1) 按【F8】键。

(2) 单击 AutoCAD 2013 状态栏上的（正交模式）按钮。正交按钮变蓝时启用正交模式，▢灰色为关闭正交模式。

利用正交功能，用户可以方便地绘与当前坐标系统的 X 轴或 Y 轴平行的线段（对于二维绘图而言，就是水平线或垂直线）。

单击状态栏上的“正交”按钮可快速实现正交功能启用与否的切换。如图 6-5 所示。

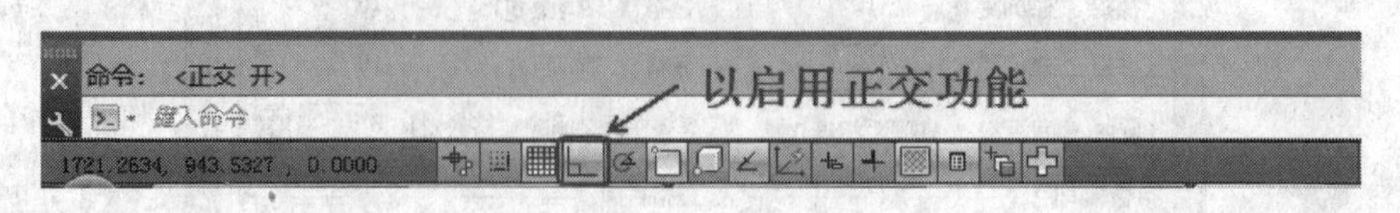

图 6-5 正交模式启用

6.4.2 AutoCAD 2013 启用正交模式绘制直线

(1) 启用 AutoCAD 2013 正交模式后，绘直线时，当指定线的起点并移动光标确定线的另一端点时，引出的橡皮筋线已不再是这两点之间的连线，而是从起点向两条光标十字线引出的两条垂直线中较长的那段线，此时单击鼠标左键，该橡皮筋线就变成所绘直线。在系统默认坐标系设置下，在正交模式下绘出的直线通常是水平线或垂直线。

(2) 如果关闭 AutoCAD 2013 正交模式，当指定直线的起点并通过移动光标的方式确定直线的另一端点时，引出的橡皮筋线又恢复成起始点与光标点处的连线。此时单击鼠标左键，该橡皮筋线就变成所绘直线。

6.5 对象捕捉

对象捕捉是使 AutoCAD 2013 自动捕捉到圆心、端点及中点这样的特殊点。绘图时，可能需要频繁地捕捉一些相同类型的特殊点，AutoCAD 2013 提供了自动对象捕捉功能。自动对象捕捉又称为隐含对象捕捉。本节介绍的“对象捕捉”功能与前面介绍的“捕捉模式”不同。前面介绍的捕捉模式可以使光标按指定的步距移动，而利用本节介绍的 AutoCAD 2013 对象捕捉功能，在绘图过程中可以快速、准确地确定一些特殊点，如圆心、端点、中点、切点、交点及垂足等。

6.5.1 启动与关闭 AutoCAD 2013 对象捕捉

(1) 按【F3】键。

(2) 单击 AutoCAD 2013 状态栏上的▢（对象捕捉）按钮，见图 6-6。对象捕捉按钮变蓝时▢启用对象捕捉，灰色▢为关闭对象捕捉。

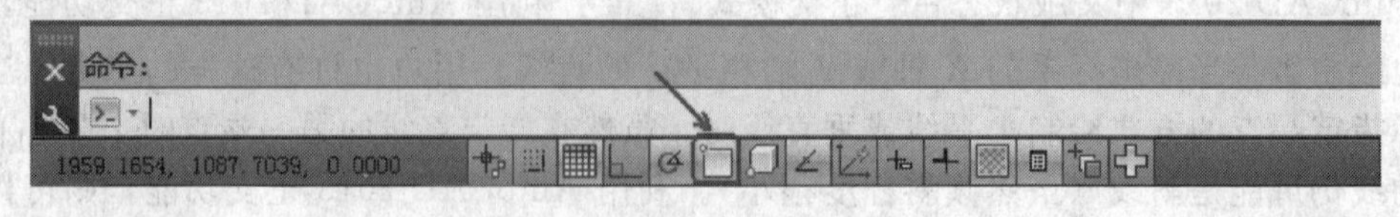

图 6-6 快捷对象捕捉对话框

绘图时，经常会出现这样的情况：当 AutoCAD 2013 提示确定点时，用户可能希望通过鼠标来拾取屏幕上的某一点，但由于拾取点与某些图形对象距离很近，因而得到的点并不是所拾取的那一点，而是已有对象上的某一特殊点，如端点、中点、圆心等。造成这种结果的原因是启用了自动对象捕捉功能，使 AutoCAD 2013 自动捕捉到默认捕捉点。如果单击状态栏上的▢（对象捕捉）按钮关闭自动对象捕捉功能，就可以避免上述情况的发生。因此在绘图时，一般会根据绘图需要不断地单击状态栏上的 （对象捕捉）按钮，以便启用或关闭自动对象捕捉功能。

6.5.2 AutoCAD 2013“对象捕捉”选项设置

下面介绍如何通过“-草图设置”对话框设置自动对象捕捉的捕捉模式。

用于打开“-草图设置”对话框的命令是 DSETTINGS。或在 AutoCAD 2013 状态栏上的 （对象捕捉）按钮处单击鼠标右键，从弹出的快捷菜单中选择【设置】，都可以打开 AutoCAD2013“草图设置”中的“对象捕捉”选项栏。

“启用对象捕捉”：打开或关闭执行对象捕捉。当 AutoCAD 2013 对象捕捉打开时，在“对象捕捉模式”下选定的对象捕捉处于活动状态。

“启用对象捕捉追踪”：打开或关闭对象捕捉追踪。使用对象捕捉追踪，在命令中指定点时，光标可以沿基于其他对象捕捉点的对齐路径进行追踪。要使用对象捕捉追踪，必须打开一个或多个对象捕捉。

① 捕捉“端点”：AutoCAD 2013“端点”项用于捕捉直线段、圆弧等对象上离光标最近的端点。只要将光标放到对应的对象上并接近其端点位置，AutoCAD 2013 会自动捕捉到端点（称其为磁吸），并显示出捕捉标记（小方框），同时浮出“端点”标签（又称为自动捕捉工具提示）。此时单击鼠标左键，即可确定出对应的端点。

② 捕捉“中点”：AutoCAD 2013“中点”用于捕捉直线段、圆弧等对象的中点。当 AutoCAD 2013 提示用户指定点的位置且用户希望指定中点时，只要将光标放到对应对象上的中点附近，AutoCAD 2013 会自动捕捉到该中点，并显示出捕捉标记（小三角），同时浮出“中点”标签，如图 6-7 所示。此时单击鼠标左键，即可确定出对应的中点。

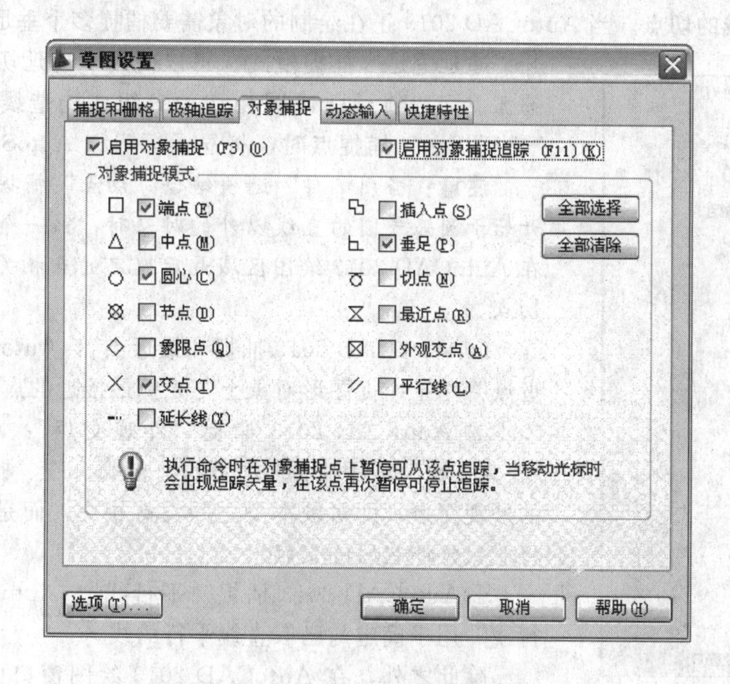

图 6-7　菜单启动对象捕捉功能

③ 捕捉“圆心”AutoCAD 2013“圆心”用于捕捉圆弧或圆形的圆心位置与其对应的捕捉标记，一般情况下，当使用捕捉圆心功能时，只要将光标放到圆或圆弧的边界上，即可自

动捕捉到对应的圆心。

④ 捕捉“节点”：AutoCAD 2013“节点”用于捕捉节点。即用 POINT、DIVIDE 和 MEASURE 命令绘制的点。

⑤ 捕捉“象限点”：AutoCAD 2013“象限点”用于捕捉圆、圆弧、椭圆、椭圆弧上离光标最近的象限点，即圆或圆弧上位于 0°、90°、180°或 270°位置的点，椭圆或椭圆弧上两轴线与椭圆或椭圆弧的角点，对应的捕捉标记如图 6-7 所示。

⑥ 捕捉“交点”：AutoCAD 2013“交点”用于捕捉直线段、圆弧、圆、椭圆等对象之间的交点，与其对应的捕捉标记如图 6-7 所示（操作过程与前面介绍的捕捉操作类似，只是 AutoCAD 2013 给出的提示和显示出的捕捉标记略有不同）。

⑦ AutoCAD 2013 捕捉“延长线”：AutoCAD 2013“延长线”用于捕捉将已有直线段、圆弧延长一定距离后的对应点，与其对应的捕捉标记。

⑧ AutoCAD 2013 捕捉“插入点”：AutoCAD 2013“插入点”用于捕捉文字、属性和块等对象定义点或插入点。

⑨ AutoCAD 2013 捕捉“垂足”：AutoCAD 2013“垂足”用于捕捉对象之间的正交点。捕捉到对象（如圆弧、圆、椭圆、椭圆弧、直线、多线、多段线、射线、面域、三维实体、样条曲线或构造线）的垂足。

当 AutoCAD 2013 正在绘制的对象需要捕捉多个垂足时，将自动打开“递延垂足”捕捉模式。可以使用对象（如直线、圆弧、圆、多段线、射线、参照线、多行或三维实体的边）作为绘制垂直线的基础对象。可以用“递延垂足”在这些对象之间绘制垂直线。当靶框经过“递延垂足”捕捉点时，将显示 AutoSnap™（PolarSnap）工具提示和标记。

⑩ AutoCAD 2013 捕捉“切点”：AutoCAD 2013“切点”捕捉到圆弧、圆、椭圆、椭圆弧或样条曲线的切点。当 AutoCAD 2013 正在绘制的对象需要捕捉多个垂足时，将自动打开“递延垂足”捕捉模式。可以使用“递延切点”来绘制与圆弧、多段线圆弧或圆相切的直线或构造线。当靶框经过“递延切点”捕捉点时，将显示标记和 AutoSnap 工具提示。

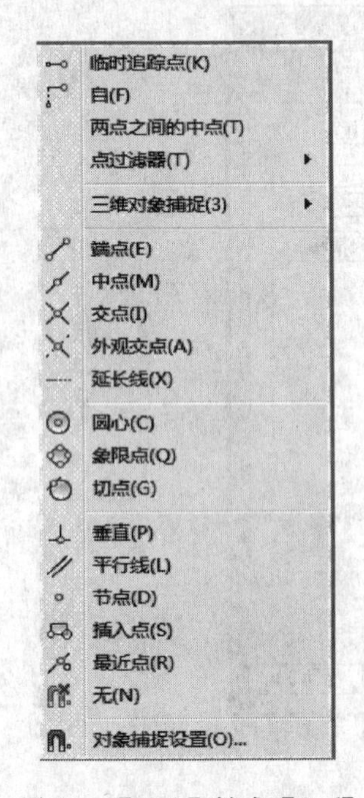

图 6-8 【Shift】键或【Ctrl】键后单击鼠标右键对象捕捉快捷菜单

注意：当用“自”选项结合“切点”捕捉模式来绘制除开始于圆弧或圆的直线以外的对象时，第一个绘制的点是与在 AutoCAD 2013 绘图区域最后选定的点相关的圆弧或圆的切点。

⑪ AutoCAD 2013 捕捉“最近点”：AutoCAD 2013“最近点”用于捕捉图形对象上与光标最接近的点。

⑫ AutoCAD 2013 捕捉“外观交点”：AutoCAD 2013“外观交点”项用于捕捉直线段、圆弧、圆、椭圆等对象之间的外观交点，即对象本身之间没有相交，而是捕捉时假想地将对象延伸之后的交点。

⑬AutoCAD 2013 捕捉“平行线”：AutoCAD 2013“平行线”用于确定与已有直线平行的线。

除此之外，在 AutoCAD 2013 绘图窗口中按住【Shift】键或【Ctrl】键后单击鼠标右键可以弹出对象捕捉快捷菜单启用对象捕捉功能。如图 6-8 所示。

【例 6-1】 绘制梯形钢层架。

(1) 绘制轮廓线

单击“绘图”工具栏中的“直线”命令按钮，命令行提示如下：

➤命令：LINE
➤指定第一点：　　　　　　　　//在绘图区内任意一点单击确定 A 点
➤指定下一点或[放弃(U)]：300　　　　//沿垂直向下方向输入距离 300 确定 B 点
➤指定下一点或[放弃(U)]：1800　　　　//沿水平向右方向输入距离 1800 确定 C 点
➤指定下一点或[闭合(C)/放弃(U)]：300　　//沿垂直向上方向输入距离 300 确定 D 点
➤指定下一点或[闭合(C)/放弃(U)]：　　//回车，结束命令
➤命令：LINE　　　　　　　　//回车，输入上一次直线命令
➤指定第一点：　　　　　　　　//捕捉直线 BC 的中点 E
➤指定下一点或[放弃(U)]：600　　　　//沿垂直向上极轴方向输入距离 600 确定 F 点
➤指定下一点或[放弃(U)]：　　　　//回车，结束命令
➤命令：LINE　　　　　　　　//回车，输入上一次直线命令
➤指定第一点：　　　　　　　　//捕捉 A 点
➤指定下一点或[放弃(U)]：　　　　//捕捉 F 点
➤指定下一点或[放弃(U)]：　　　　//捕捉 D 点
➤指定下一点或[闭合(C)/放弃(U)]：　　//回车，结束命令

结果如图 6-9 所示。

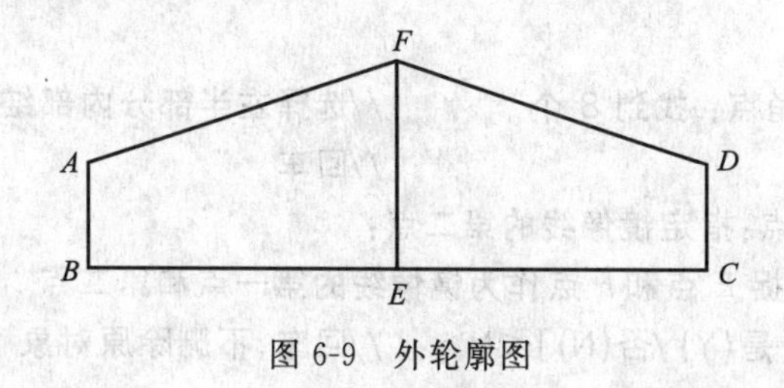

图 6-9　外轮廓图

(2) 绘制左半部分内部结构

① 单击“绘图”工具栏中的直线命令按钮，命令行提示如下：

➤命令：LINE
➤指定第一点：300　　　　　　//沿 B 点水平向右追踪间距为 300 确定 G 点
➤指定下一点或[放弃(U)]：　　　　//沿垂直向上方向捕捉交点 H
➤指定下一点或[放弃(U)]：　　　　//回车，结束命令
➤命令：LINE　　　　　　　　//回车，输入上一次直线命令
➤指定第一点：300　　　　　　//沿 G 点水平向右追踪距离为 300 确定 Z 点
➤指定下一点或[放弃(U)]：　　　　//沿垂直向上方向捕捉交点 K
➤指定下一点或[放弃(U)]：　　　　//回车，结束命令

② 单击“修改”工具栏中的打断于点命令按钮，命令行提示如下：

➤命令：BREAK
➤选择对象：　　　　　　　　//选择直线 AF
➤指定第二个打断点 或[第一点(F)]：F
➤指定第一个打断点：　　　　　//捕捉交点 H
➤指定第二个打断点：@

再一次单击打断于点命令按钮，命令行提示如下：

➤命令：BREAK
➤选择对象：　　　　　　　　　　//选择直线 *HF*
➤指定第二个打断点 或[第一点(F)]：F
➤指定第一个打断点：　　　　　　//捕捉交点 *K*
➤指定第二个打断点：@

③ 单击“绘图”工具栏中的直线命令按钮，命令行提示如下：

➤命令：LINE
➤指定第一点：　　　　　　　　　//捕捉端点 *B*
➤指定下一点或[放弃(U)]：　　　　//捕捉直线 *AH* 的中点
➤指定下一点或[放弃(U)]：　　　　//捕捉端点 *G*
➤指定下一点或[闭合(C)/放弃(U)]：　//捕捉直线 *HK* 的中点
➤指定下一点或[闭合(C)/放弃(U)]：　//捕捉端点 *Z*
➤指定下一点或[闭合(C)/放弃(U)]：　//捕捉直线 *KF* 的中点
➤指定下一点或[闭合(C)/放弃(U)]：　//捕捉端点 *E*
➤指定下一点或[闭合(C)/放弃(U)]：　//回车，结束命令

结果如图 6-10 所示。

(3) 镜像图形

单击“修改”工具栏中的镜像命令按钮，命令行提示如下：

➤命令：MIRROR
➤选择对象：指定对角点：找到 8 个　　//选择左半部分内部结构
➤选择对象：　　　　　　　　　　　//回车
➤指定镜像线的第一点：指定镜像线的第二点：
　　　　//分别捕捉 *E* 点和 *F* 点作为镜像线的第一点和第二点
➤要删除源对象吗？[是(Y)/否(N)]<N>：//回车，不删除原对象

结果如图 6-11 所示。

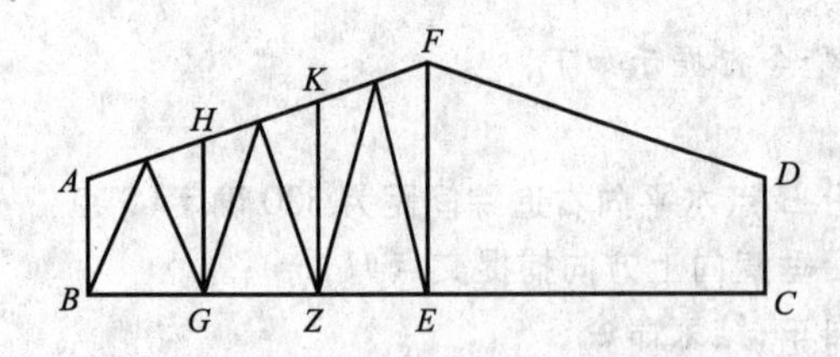

图 6-10　左半部分内部结构

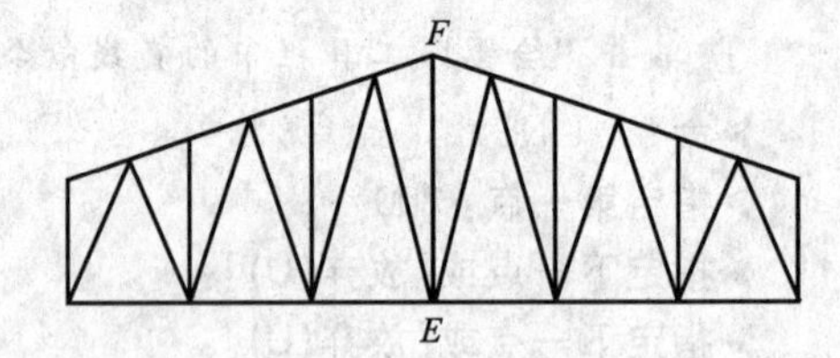

图 6-11　镜像结果

6.6　对象自动捕捉

在 AutoCAD 2013 草图设置“对象捕捉”对话框中单击下方的【选项】按钮，将打开“自动捕捉设置”框。如图 6-12、图 6-13 所示。

“自动捕捉设置”：控制自动捕捉标记、工具提示和磁吸的显示。

如果光标或靶框位于对象上，可以按【Tab】键遍历该对象可用的所有捕捉点。

“标记”：控制自动捕捉标记的显示。该标记是当十字光标移到捕捉点上时显示的几何符号。

“磁吸”：打开或关闭自动捕捉磁吸。磁吸是指十字光标自动移动并锁定到最近的捕捉

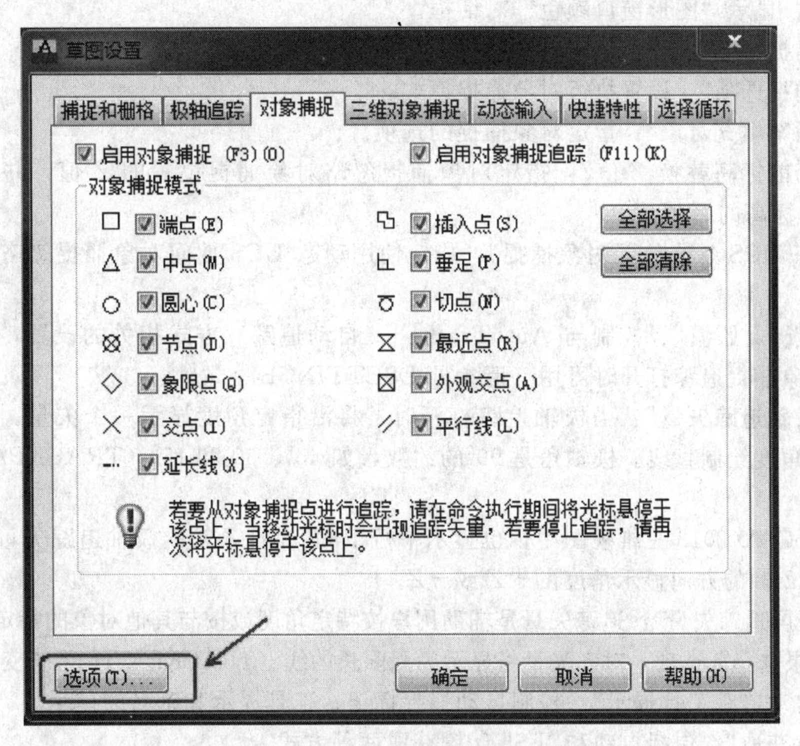

图 6-12　草图设置对象捕捉对话框

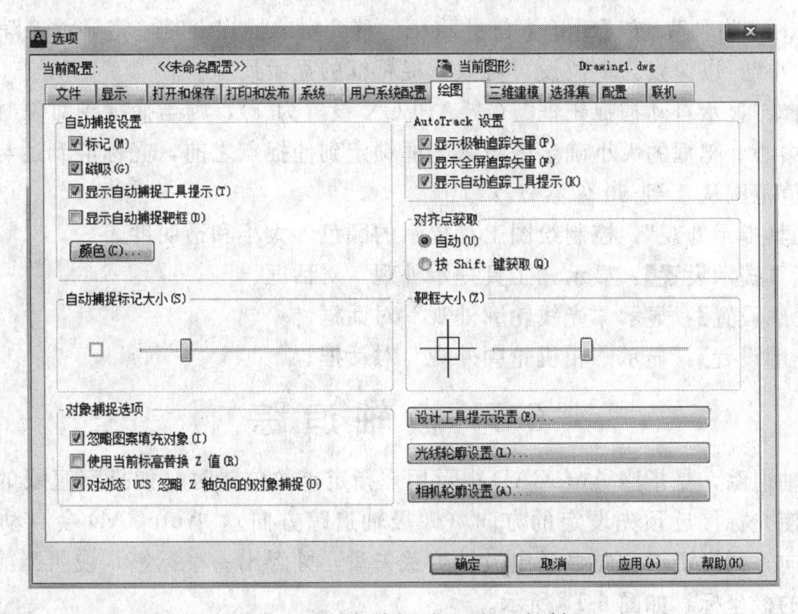

图 6-13　对象捕捉“选项”对话框

点上。

“显示自动捕捉工具提示”：控制自动捕捉工具提示的显示。工具提示是一个标签，用来描述捕捉到的对象部分。

“显示自动捕捉靶框”：打开或关闭自动捕捉靶框的显示。

靶框是捕捉对象时出现在十字光标内部的方框。

【颜色】：显示“图形窗口颜色”对话框。

“自动捕捉标记大小”：设定自动捕捉标记的显示尺寸。

“对象捕捉选项”：设置执行对象捕捉模式。

“忽略图案填充对象”：指定对象捕捉的选项。

“使用当前标高替换 Z 值”：指定对象捕捉忽略对象捕捉位置的 Z 值，并使用为当前 UCS 设置的标高的 Z 值。

“对动态 UCS 忽略负 Z 对象捕捉”：指定使用动态 UCS 期间对象捕捉忽略具有负 Z 值的几何体。

“AutoTrack 设置”：控制与 AutoTrack™（自动追踪）方式相关的设置，此设置在极轴追踪或对象捕捉追踪打开时可用（请参见 DSETTINGS）。

“显示极轴追踪矢量”：当极轴追踪打开时，将沿指定角度显示一个矢量。使用极轴追踪，可以沿角度绘制直线。极轴角是 90°的约数，如 45°、30°和 15°（TRACKPATH 系统变量=2）。

在 AutoCAD 2013 三维视图中，也显示平行于 UCS 的 Z 轴的极轴追踪矢量，并且工具提示基于沿 Z 轴的方向显示角度的+Z 或-Z。

“显示全屏追踪矢量”：追踪矢量是辅助用户按特定角度或按与其他对象的特定关系绘制对象的线。如果选择此选项，对齐矢量将显示为无限长的线（TRACKPATH 系统变量=1）。

“显示自动追踪工具提示”：控制自动捕捉标记、工具提示和磁吸的显示。

“对齐点获取”：包括自动和用 Shift 键获取两种方式。

“自动”：当靶框移到对象捕捉上时，自动显示追踪矢量。

“用 Shift 键获取”：按【Shift】键并将靶框移到对象捕捉上时，将显示追踪矢量。

“靶框大小”：以像素为单位设置对象捕捉靶框的显示尺寸。

如果选择“显示自动捕捉靶框”（或 APBOX 设置为 1），则当捕捉到对象时靶框显示在十字光标的中心。靶框的大小确定磁吸将靶框锁定到捕捉点之前，光标应到达与捕捉点多近的位置。取值范围从 1 到 50 像素。

“设计工具提示外观”：控制绘图工具提示的颜色、大小和透明度。

【设计工具提示设置】：显示“工具提示外观”对话框。

【光线轮廓设置】：显示“光线轮廓外观”对话框。

【相机轮廓设置】：显示“相机轮廓外观”对话框。

6.7 极轴追踪

所谓极轴追踪，是指当 AutoCAD 提示用户指定点的位置时（如指定直线的另一端点），拖动光标，使光标接近预先设定的方向（即极轴追踪方向），AutoCAD 会自动将橡皮筋线吸附到该方向，同时沿该方向显示出极轴追踪矢量，并浮出一小标签，说明当前光标位置相对于前一点的极坐标，如图 6-14 所示。

可以看出，当前光标位置相对于前一点的极坐标为 33.3<135°，即两点之间的距离为 33.3，极轴追踪矢量与 X 轴正方向的夹角为 135°。此时单击拾取键，AutoCAD 会将该点作为绘图所需点；如果直接输入一个数值（如输入 50），AutoCAD 则沿极轴追踪矢量方向按此长度值确定出点的位置；如果沿极轴追踪矢量方向拖动鼠标，AutoCAD 会通过浮出的小标签动态显示与光标位置对应的极轴追踪矢量的值（即显示“距离<角度”）。

用于打开“草图设置”对话框的命令是 DSETTINGS。或在 AutoCAD 2013 状态栏上的

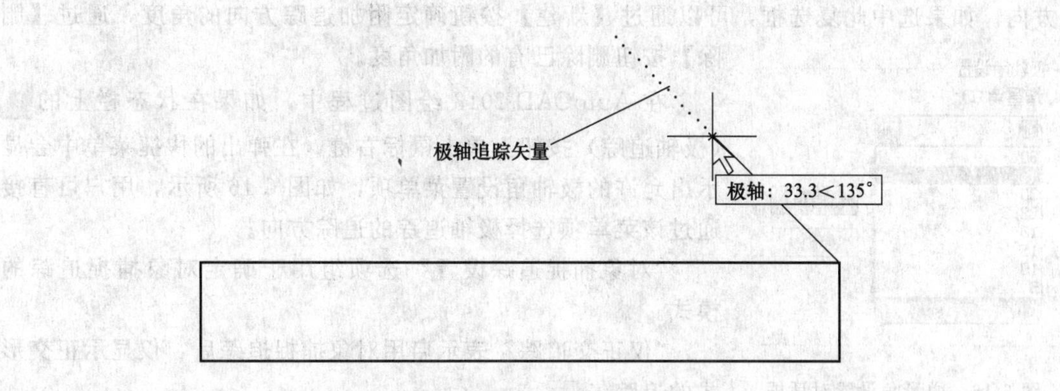

图 6-14　极轴追踪矢量图

（极轴追踪）按钮处单击鼠标右键，从弹出的快捷菜单中选择“设置”，都可以打开 AutoCAD 2013“草图设置”中的【极轴追踪】选项栏。如图 6-15 所示。

在此对话框中，“启用极轴追踪”复选框用于确定是否启用极轴追踪。在绘图过程中，可以通过单击 AutoCAD 2013 状态栏上的（极轴追踪）按钮或按【F10】键的方式，随时启用或关闭极轴追踪功能。

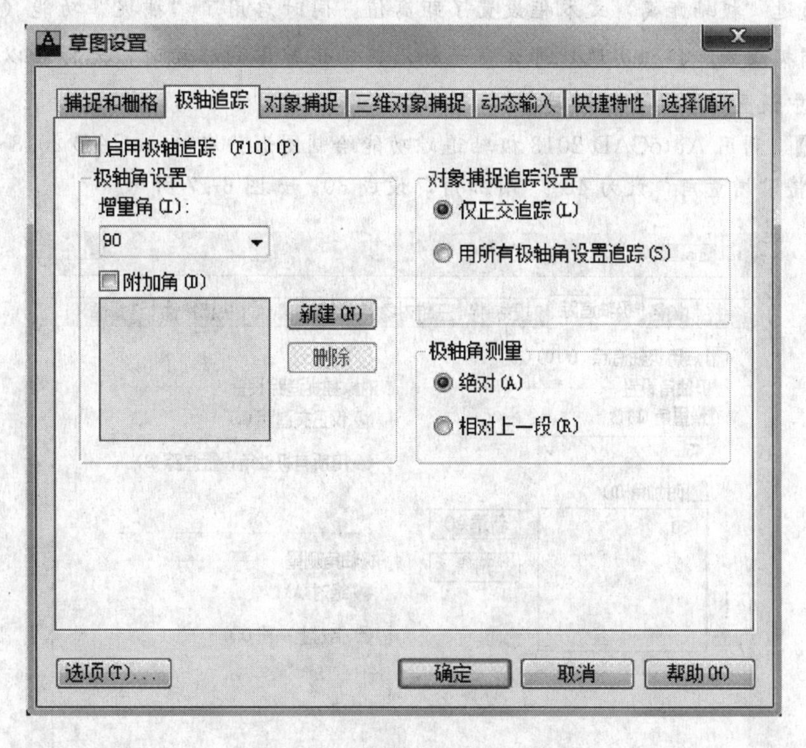

图 6-15　“极轴追踪”对话框

“极轴角设置”选项组用于确定极轴追踪的追踪方向。可以通过“增量角”下拉列表框确定追踪方向的角度增量，列表中有 90、45、30、22.5、18、15、10、5 几种选项。例如，如果选择了 30，表示 AutoCAD 2013 将在 0°、30°、60°等以 30°为角度增量的方向进行极轴追踪。

“附加角”复选框用于确定除由“增量角”下拉列表框设置追踪方向外，是否再附加追踪方向。如果选中此复选框，可以通过【新建】按钮确定附加追踪方向的角度，通过【删除】按钮删除已有的附加角度。

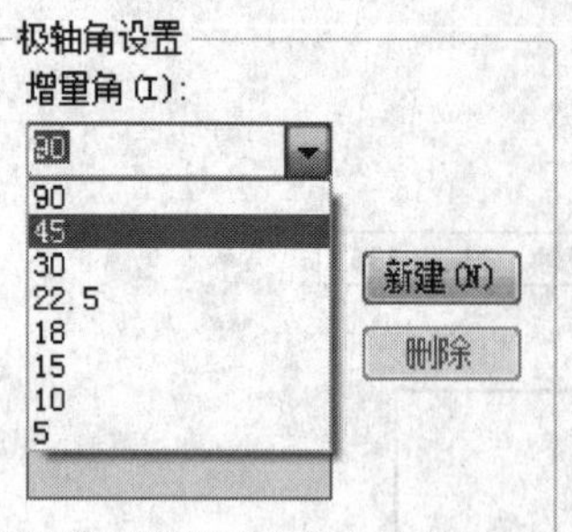

图 6-16 增量角设置对话框

在 AutoCAD 2013 绘图过程中，如果在状态栏上的 (极轴追踪) 按钮上单击鼠标右键，在弹出的快捷菜单中会显示出允许的极轴角设置菜单项，如图 6-16 所示，用户可直接通过该菜单项选择极轴追踪的追踪方向。

“对象捕捉追踪设置”选项组用于确定对象捕捉追踪的模式。

“仅正交追踪”表示启用对象捕捉追踪后，仅显示正交形式的追踪矢量。

“用所有极轴角设置追踪”表示如果启用了对象捕捉追踪，指定追踪点后，AutoCAD 2013 允许光标沿在“极轴角设置”选项组中设置的方向进行极轴追踪。

“极轴角测量”选项组表示极轴追踪时角度测量的参考系。

“绝对”表示相对于当前 UCS（用户坐标系）测量。

“相对上一段”则表示将相对于前一图形对象来测量角度。

提示：启用极轴追踪功能后，如果在【捕捉和栅格】选项卡中使用“PolarSnap”（极轴捕捉），并通过“极轴距离”文本框设置了距离值，同时启用了“捕捉”功能（单击状态栏上的 “捕捉模式”按钮实现）那么当光标沿极轴追踪方向移动时，光标会以在“极轴距离”文本框中设置的值为步距移动。

【例 6-2】 利用 AutoCAD 2013 极轴追踪功能绘制图形：在 AutoCAD 2013【极轴追踪】选项卡中，将“增量角”设为 45。“附加角”设成 30。如图 6-17 所示。

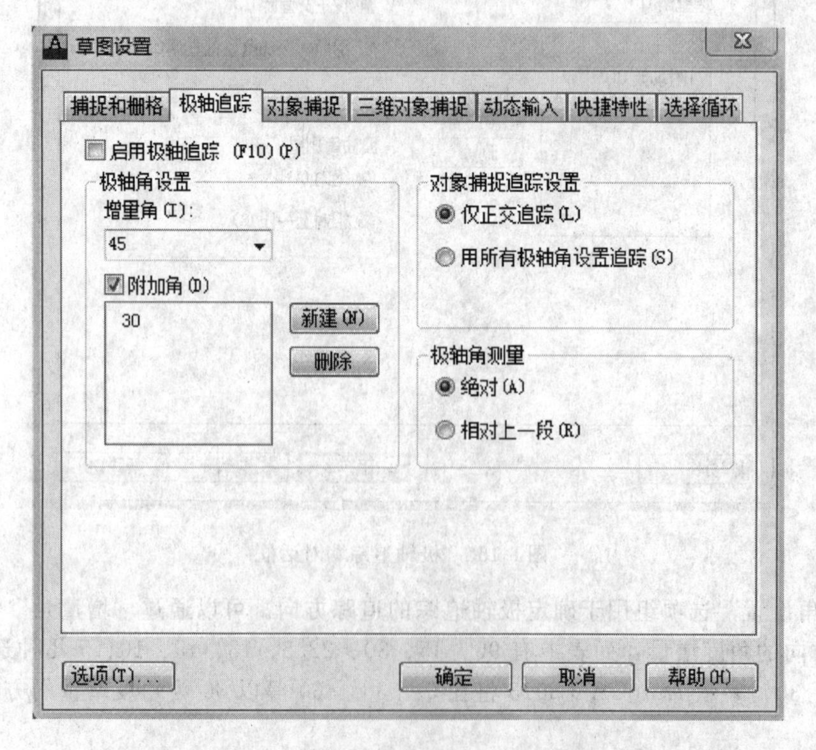

图 6-17 极轴追踪增量角、附加角设置

【例 6-3】 绘制洗手盆的平面图，如图 6-18 所示。

步骤如下：

(1) 设置绘图界限　单击下拉菜单栏中的【格式】→【图形界限】命令，根据命令行提示指定左下角点为原点，右上角点为“1500，1500”。

在命令行中输入“ZOOM”命令，回车后选择“全部（A)”选项，显示图形界限。

(2) 设置捕捉模式　右击状态栏中的“对象捕捉”按钮，选择【设置】选项，弹出“草图设置”对话框。选择【对象捕捉】标签，打开【对象捕捉】选项卡。选择“端点”、“中点”、“圆心”、“象限点”、“交点”、“范围”和“切点”七种捕捉模式，并选中“启用对象捕捉”复选框和“启用对象捕捉追踪”复选框，单击【确定】按钮。

(3) 设置极轴追踪　右击状态栏中的“极轴”按钮，选择【设置】选项，弹出“草图设置”对话框。选择【极轴追踪】标签，打开【极轴追踪】选项卡。选中“启用极轴追踪”复选框，将“极轴角设置”选项区域的“增量角”设置为 90，单击【确定】按钮。

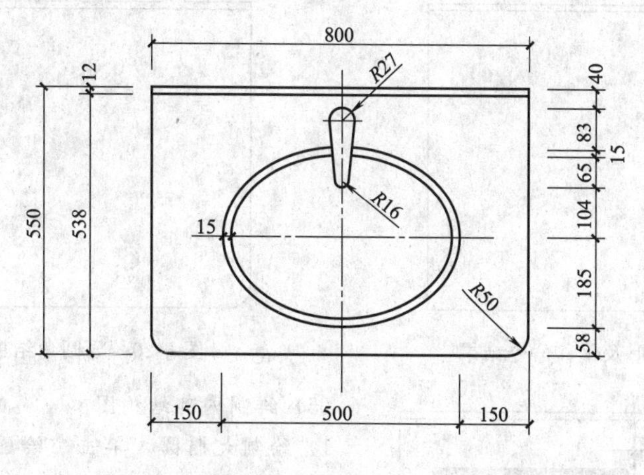

图 6-18　洗手盆平面图

(4) 绘制外轮廓

① 单击“绘图”工具栏中的直线命令按钮，命令行提示如下：

➢指定第一个点：　　//在绘图任意区指定一点
➢指定下一点或[放弃(U)]：800　　//沿水平向右方输入距离 800
➢指定下一点或[放弃(U)]：550　　//沿垂直方向向下方输入距离 550
➢指定下一点或[闭合(C)/放弃(U)]：800　//沿水平向左方输入距离 800
➢指定下一点或[闭合(C)/放弃(U)]：C　　//800 选择闭合图形

② 单击“修改”工具栏中的偏移命令按钮，命令行提示如下：

➢命令：OFFSET
➢当前设置：删除源＝否　图层＝源　OFFSETGAPTYPE＝0
➢指定偏移距离或[通过(T)/删除(E)/图层(L)]＜1.0000＞：12　//输入偏移距离 12
➢选择要偏移的对象，或[退出(E)/放弃(U)]＜退出＞：　　//选择矩形的上边
➢指定要偏移的那一侧上的点，或[退出(E)/多个(M)/放弃(U)]＜退出＞：
　　//在矩形内部任意一点单击
➢选择要偏移的对象，或[退出(E)/放弃(U)]＜退出＞：　　//回车结束命令

绘图结果如图 6-19。

③ 单击“修改”工具栏中的圆角命令按钮，命令行提示如下：

➢命令:FILLET

➢当前设置：模式=修剪，半径=0.0000

➢选择第一个对象或[放弃(U)/多段线(P)/半径(R)/修剪(T)/多个(M)]：R 指定圆角半径<0.000>：50 //选择半径 R 选项，输入半径 50

➢选择第一个对象或[放弃(U)/多段线(P)/半径(R)/修剪(T)/多个(M)]:M //选择多个模式

➢选择第一个对象或[放弃(U)/多段线(P)/半径(R)/修剪(T)/多个(M)]： //选择线段 1

➢选择第二个对象，或按住 Shift 键选择要应用角点的对象： //选择线段 2

➢选择第一个对象或[放弃(U)/多段线(P)/半径(R)/修剪(T)/多个(M)]： //选择线段 2

➢选择第二个对象，或按住 Shift 键选择要应用角点的对象： //选择线段 3

➢选择第一个对象或[放弃(U)/多段线(P)/半径(R)/修剪(T)/多个(M)]： //回车

绘图结果如图 6-20。

图 6-19 矩形及偏移命令结果

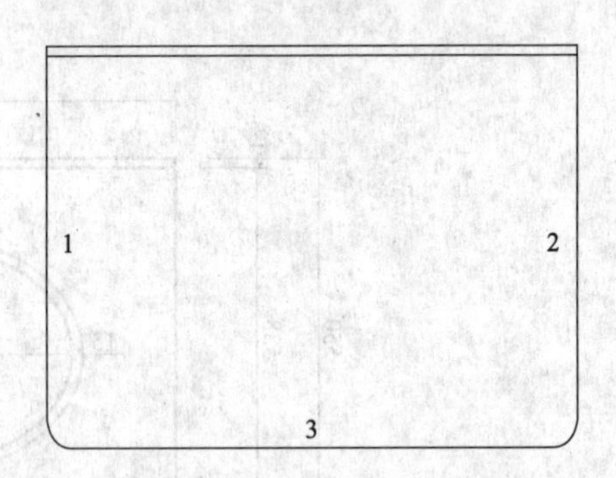

图 6-20 导圆角结束图形结果

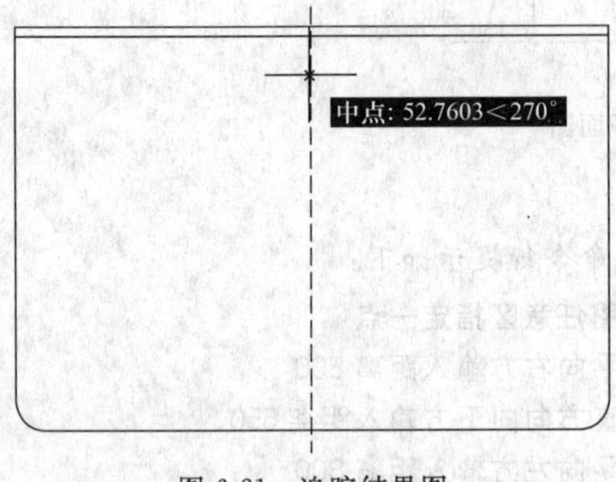

图 6-21 追踪结果图

(5) 绘制内部结构图

1) 绘制大椭圆。单击“绘图”工具栏中的椭圆命令按钮，选择“轴，端点”选项，命令行提示如下：

➢命令:ELLIPSE //如图 6-21 所示沿中点向下追踪 110 个单位，用轴端点画椭圆

➢指定椭圆的轴端点或[圆弧(A)/中心点(C)]：110 //画椭圆的第一个端点

➢指定轴的另一个端点:370 //垂直向下输入距离 370

➢指定另一条半轴长度或[旋转(R)]：250 //水平距离 250

2) 单击“修改”工具栏中的偏移命令按钮，命令行提示如下：

➢命令:OFFSET

➢当前设置：删除源=否 图层=源 OFFSETGAPTYPE=0

➢指定偏移距离或[通过(T)/删除(E)/图层(L)]<1.0000>:15 //输入偏移距离 15

➢选择要偏移的对象，或[退出(E)/放弃(U)]<退出>： //选择大椭圆

➢指定要偏移的那一侧上的点，或[退出(E)/多个(M)/放弃(U)]<退出>：

//在矩形内部任意一点单击

➢选择要偏移的对象，或[退出(E)/放弃(U)]<退出>： //回车

结果如图 6-22 所示。

3）绘制中心线。

单击下拉菜单中的【格式】→【线型】命令，弹出“线型管理器”对话框，单击【加载】按钮，从“可用线型”列表框中选择“CENTER2”线型，单击【确定】按钮，返回到“线型管理器”对话框。单击【当前】按钮，将“CENTER2”设为当前线型。在“全局比例因子”对话框中比例为 8，单击【确定】按钮结束线型设置。

单击“绘图”工具栏中的直线命令按钮 ，命令行提示如下：

➢指定第一个点： //从大椭圆左侧象限点向左追踪到合适位置单击，如图 6-23 所示

➢指定下一点或[放弃(U)]： //在大椭圆右侧单击

➢指定下一点或[闭合(C)/放弃(U)]： // 回车结束命令

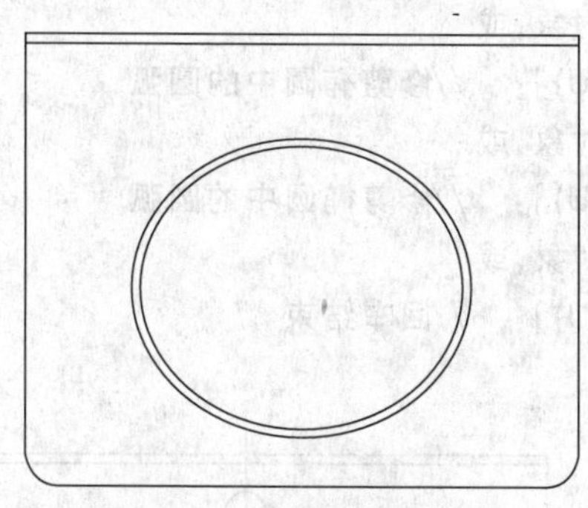

图 6-22 大椭圆偏移结果图

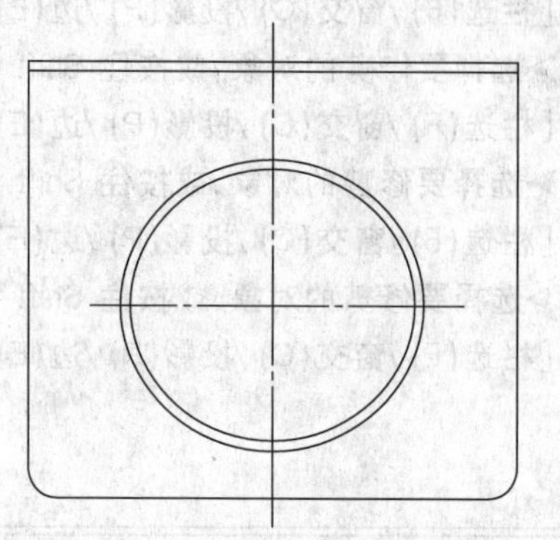

图 6-23 大椭圆轴线绘制结果

同理绘制出垂直轴线，结果如图 6-23 所示。

4）绘制其他图形。

① 绘制圆。单击“绘图”工具栏中的圆命令按钮 ，选择“圆心、半径”选项画大椭圆上面的圆。命令行提示如下：

➢命令：CIRCLE //由图 6-21 的中点向下追踪 55 选中圆心，画一个半径为 27 的圆

➢指定圆的圆心或[三点(3P)/两点(2P)/切点、切点、半径(T)]：55

➢指定圆的半径或[直径(D)]：27

空格键重复此命令，再画椭圆里的小圆。

➢命令：CIRCLE //由图 6-23 的椭圆中点向上追踪 104 选中圆心，画一个半径为 16 的圆

➢指定圆的圆心或[三点(3P)/两点(2P)/切点、切点、半径(T)]：104

➢指定圆的半径或[直径(D)]：16

绘图结果如图 6-24 所示。

② 绘制直线。单击“绘图”工具栏中的直线命令按钮 ，利用对象捕捉象限点命令把两个圆的左右四个象限点连起来如图 6-25 所示。

③ 修剪圆和两个圆连线中的椭圆。单击“绘图”工具栏中的修剪命令按钮 ，修剪大小圆中的弧线和两圆连线中的椭圆线。最终结果如图 6-26 所示。命令行提示如下：

➢命令：TRIM

➢当前设置：投影 = UCS，边 = 无

➢选择剪切边...

➢选择对象或 <全部选择>： //按鼠标右键选择全部选择对象

➢选择要修剪的对象，或按住 Shift 键选择要延伸的对象，或
[栏选(F)/窗交(C)/投影(P)/边(E)/删除(R)/放弃(U)]： //修剪大圆中的四分之一圆弧
➢选择要修剪的对象，或按住 Shift 键选择要延伸的对象，或
[栏选(F)/窗交(C)/投影(P)/边(E)/删除(R)/放弃(U)]： //修剪大圆中的四分之一圆弧
➢选择要修剪的对象，或按住 Shift 键选择要延伸的对象，或
[栏选(F)/窗交(C)/投影(P)/边(E)/删除(R)/放弃(U)]： //修剪小圆中的四分之一圆弧
➢选择要修剪的对象，或按住 Shift 键选择要延伸的对象，或
[栏选(F)/窗交(C)/投影(P)/边(E)/删除(R)/放弃(U)]： //修剪小圆中的四分之一圆弧
➢选择要修剪的对象，或按住 Shift 键选择要延伸的对象，或
[栏选(F)/窗交(C)/投影(P)/边(E)/删除(R)/放弃(U)]： //修剪椭圆中的圆弧
➢选择要修剪的对象，或按住 Shift 键选择要延伸的对象，或
[栏选(F)/窗交(C)/投影(P)/边(E)/删除(R)/放弃(U)]： //修剪椭圆中的圆弧
➢选择要修剪的对象，或按住 Shift 键选择要延伸的对象，或
[栏选(F)/窗交(C)/投影(P)/边(E)/删除(R)/放弃(U)]： //修剪椭圆中的圆弧
➢选择要修剪的对象，或按住 Shift 键选择要延伸的对象，或
[栏选(F)/窗交(C)/投影(P)/边(E)/删除(R)/放弃(U)]： //修剪椭圆中的圆弧
➢选择要修剪的对象，或按住 Shift 键选择要延伸的对象，或
[栏选(F)/窗交(C)/投影(P)/边(E)/删除(R)/放弃(U)]： //回车结束

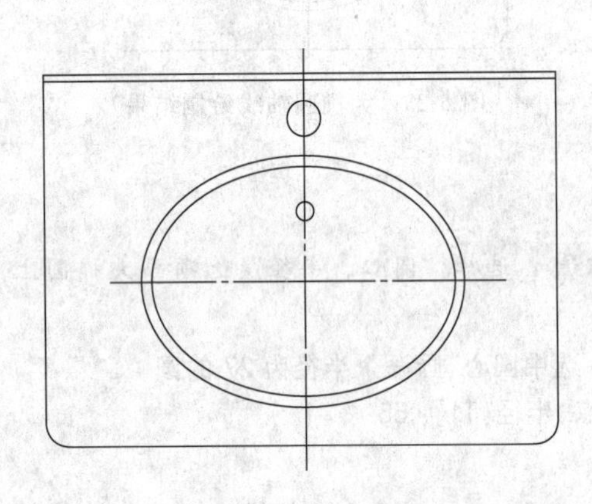

图 6-24 圆绘制后的结果

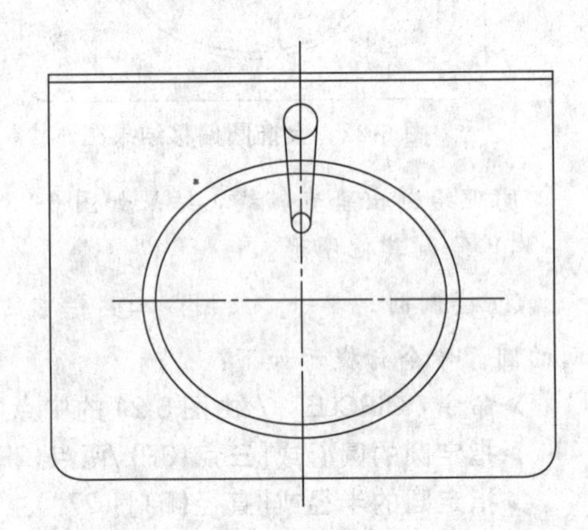

图 6-25 直线绘制后的结果

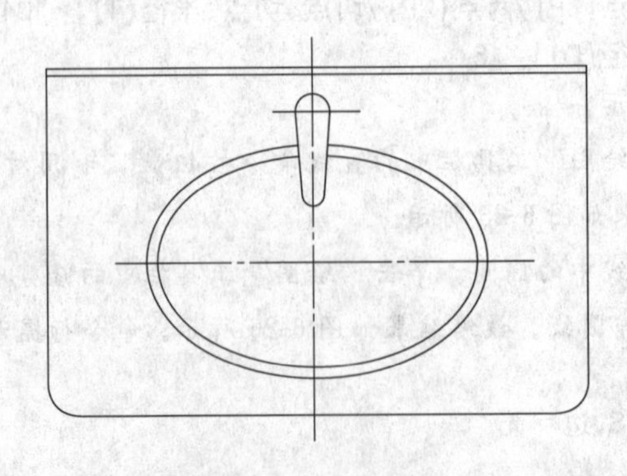

图 6-26 修剪后的图形

小　结

本章首先介绍了图形显示比例和显示位置的控制。然后介绍了如何准确、快速地确定一些特殊点。

完成前面章节的绘图练习时可能已经遇到了一些问题：因为不能准确地确定点，所以所绘直线没有准确地与圆相切、或两个圆不同心、或阵列后得到的阵列对象相对于阵列中心偏移等。利用 AutoCAD 提供的对象捕捉功能，就能够避免这些问题的发生。在完成本书后续章节的绘图练习时，当需要确定特殊点时，切记要利用对象捕捉、极轴追踪或对象捕捉追踪等功能确定这些点，不要再凭目测去拾取点。凭目测确定的点一般均存在误差。例如，凭目测绘出切线后，即使在绘图屏幕显示的图形似乎满足相切要求，但用 ZOOM 命令放大切点位置后，就会发现所绘直线并没有与圆真正相切。

思考与练习题

1. 绘制图 6-27 篮球场的平面图。
2. 绘制图 6-28 所示图形。

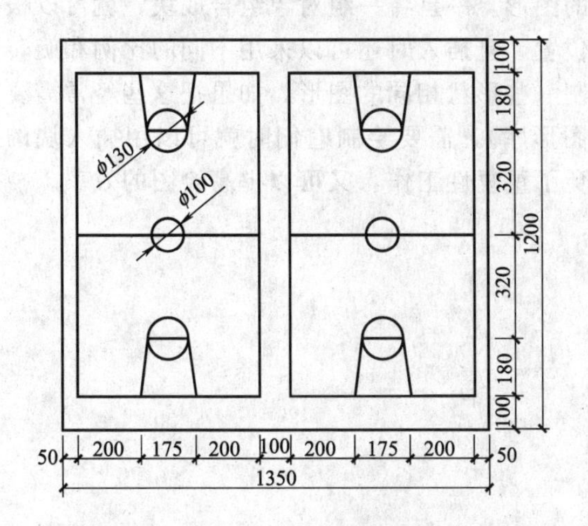

图 6-27　篮球场的平面图

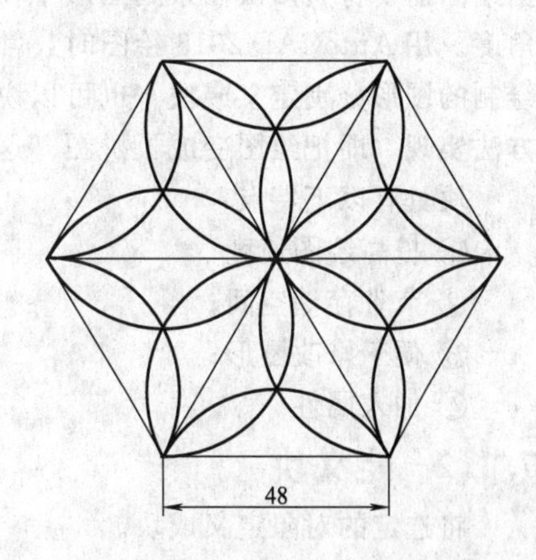

图 6-28　装饰图案图形

3. 绘制图 6-29 所示图形。

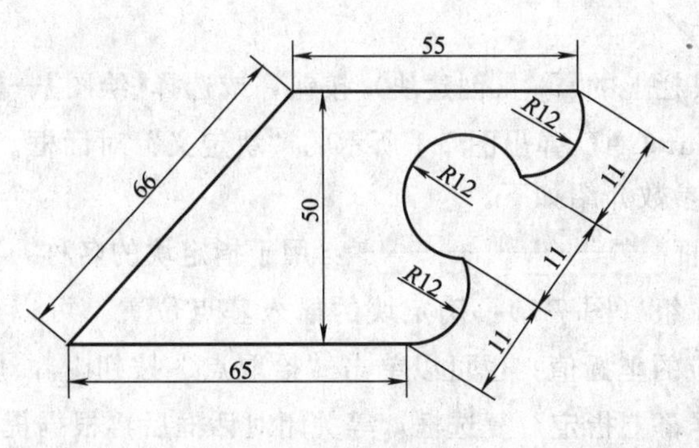

图 6-29　练习图形

第7章　块和图案填充

➢本章要点

定义块
在图形中插入块
编辑块
块属性
为指定的区域填充图案
编辑已填充的图案

7.1　块及其定义

7.1.1　块的基本概念

块是图形对象的集合，通常用于绘制重复的图形。一旦将一组对象组合成块，就可以根据绘图需要将其多次插入到图形中任意指定的位置，且插入时还可以采用不同的比例和旋转角度。用 AutoCAD 2013 绘图时，常常需要绘制一些形状相同的图形，如果把这些经常需要绘制的图形分别定义成块（也可以说是定义成图形库），需要绘制它们时就可以用插入块的方法实现，即把绘图变成了拼图。这样做既避免了重复性工作，又可以提高绘图的效率。

块具有以下特点：

① 提高绘图速度；

② 节省存储空间；

③ 便于修改图形；

④ 加入属性。

7.1.2　定义块

将选定的对象定义成块。

命令：BLOCK

❖从“绘制”工具条中选择“创建块”图标

❖从“绘图”下拉菜单中选择“块”，再从弹出的子菜单中选择“创建”

❖在命令：Block↙

单击“绘图”工具栏上的 （创建块）按钮，或选择【绘图】→【块】→【创建】命令，即执行 BLOCK 命令，AutoCAD 弹出图 7-1 所示的“块定义”对话框。

“块定义”对话框参数介绍如下。

（1）“名称”文本框 名称(N)：用于指定块的名称，在文本框中输入即可。

（2）“基点”选项组（图 7-2）：确定块的插入基点位置。可以直接在“X”、“Y”和“Z”文本框中输入对应的坐标值；也可以单击“拾取点”按钮，切换到绘图屏幕指定基点；还可以选中“在屏幕上指定”复选框，等关闭对话框后再根据提示指定基点。

（注：从理论上讲，可以选择块上或块外的任意一点作为插入基点，但为了以后使块的插入更方便、更准确，一般应根据图形的结构来选择基点。通常将基点选在块的中心点、对称线上某一点或其他有特征的点。）

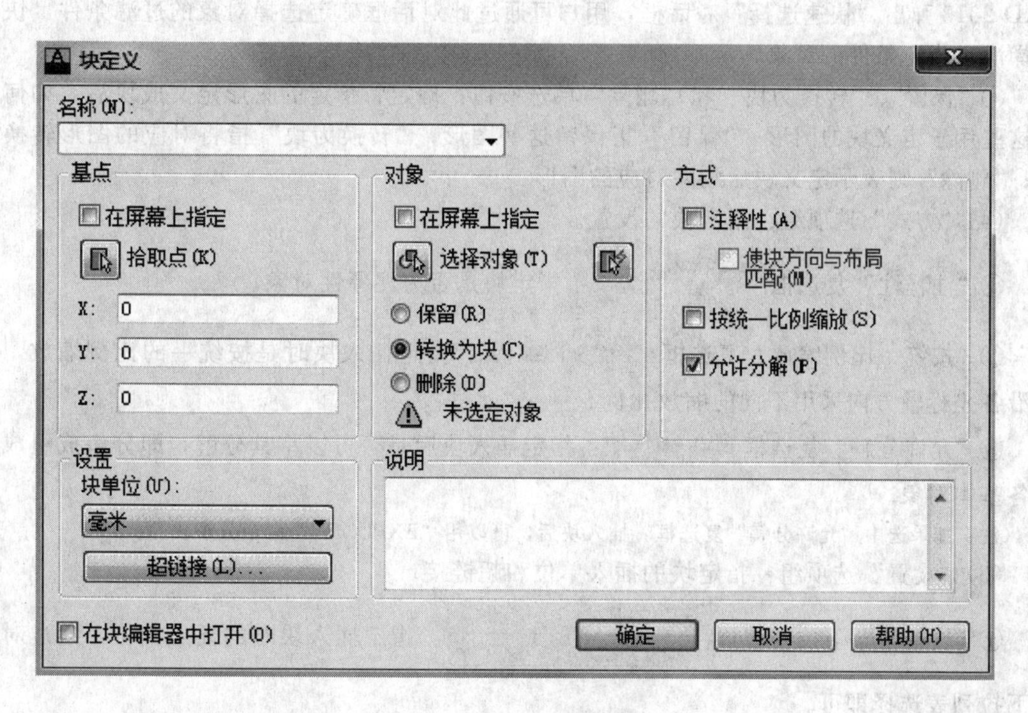

图 7-1　“块定义”对话框

(3)“对象”选项组（图 7-3）：确定组成块的对象。

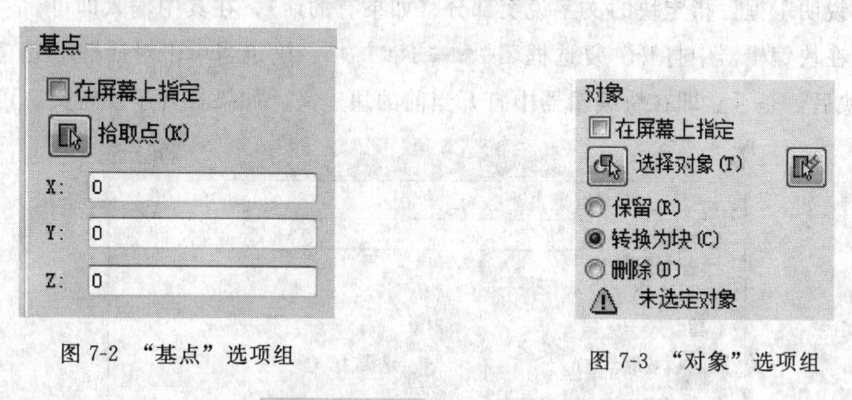

图 7-2　“基点”选项组

图 7-3　“对象”选项组

①“在屏幕上指定”复选框。

如果选中此复选框，通过对话框完成其他设置后，单击【确定】按钮关闭对话框时，AutoCAD 2013 会提示用户选择组成块的对象。

②“选择对象”按钮：选择组成块的对象。单击此按钮，AutoCAD 2013 临时切换到绘图屏幕，并提示：

➢选择对象：

在此提示下选择组成块的各对象后按【Enter】回车键，AutoCAD 2013 返回图 7-1 所示的“块定义”对话框，同时在“名称”文本框的右侧显示出由所选对象构成块的预览图标，并在“对象”选项组中的最后一行将“未选定对象”替换为“已选择 n 个对象”。

③ 快速选择按钮：该按钮用于快速选择满足指定条件的对象。单击此按钮，Auto-

CAD 2013 弹出“快速选择”对话框，用户可通过此对话框确定选择对象的过滤条件，快速选择满足指定条件的对象。

④“保留”、“转换为块”和“删除”单选按钮：确定将指定的图形定义成块后，如何处理这些用于定义块的图形。“保留”指保留这些图形；“转换为块”指将对应的图形转换成块；“删除”则表示定义块后删除对应的图形。

(4)“方式”选项组：指定块的设置。

①“注释性”复选框 注释性(A) 使块方向与布局匹配(M)：指定块是否为注释性对象。

②“按统一比例缩放”复选框 按统一比例缩放(S)：指定插入块时是按统一的比例缩放，还是沿各坐标轴方向采用不同的缩放比例。

③“允许分解”复选框 允许分解(P)：指定插入块后是否可以将其分解，即分解成组成块的各基本对象。

(注：如果选中“允许分解”复选框，插入块后，可以用“EXPLODE”命令分解块。)

(5)“设置”选项组：指定块的插入单位和超链接。

①“块单位”下拉列表框 块单位(U): 毫米：指定插入块时的插入单位，通过对应的下拉列表选择即可。

②“超链接”按钮 超链接(L)...：通过“超链接”对话框使超链接与块定义相关联。

(6)“说明”框：指定块的文字说明部分(如果有的话)，在其中输入即可。

(7)“在块编辑器中打开”复选框 在块编辑器中打开(O)：确定当单击对话框中的【确定】按钮创建出块后，是否立即在块编辑器中打开当前的块定义。如果打开了块定义，可以对块定

图 7-4 “写块”对话框

义进行编辑。

通过“块定义”对话框完成各设置后，单击【确定】按钮，即可创建出对应的块。

7.1.3　定义外部块

将块以单独的文件保存。

命令：WBLOCK

执行 WBLOCK 命令，AutoCAD 弹出图 7-4 所示的“写块”对话框。

对话框中，“源”选项组用于确定组成块的对象来源。“基点”选项组用于确定块的插入基点位置；“对象”选项组用于确定组成块的对象。只有在“源”选项组中选中“对象”单选按钮后，这两个选项组才有效。“目标”选项组确定块的保存名称、保存位置。

用 WBLOCK 命令创建块后，该块以“.DWG”格式保存，即以 AutoCAD 图形文件格式保存。

7.2　插　入　块

为当前图形插入块或图形。

命令：INSERT

在命令行中输入“INSERT”命令，并按空格键执行命令；或在 AutoCAD 2013“常用”工具栏中，单击（插入）按钮。

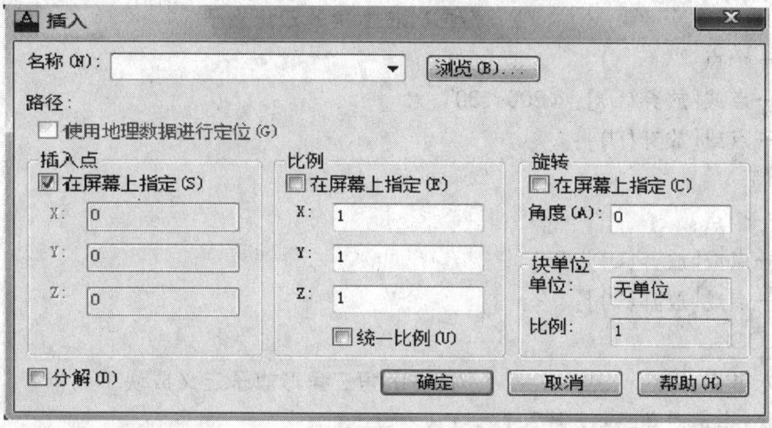

图 7-5　“插入”对话框

如图 7-5 所示“插入”对话框中，“名称”下拉列表框确定要插入块或图形的名称。“插入点”选项组确定块在图形中的插入位置。“比例”选项组确定块的插入比例。“旋转”选项组确定块插入时的旋转角度。“块单位”文本框显示有关块单位的信息。

通过“插入”对话框设置了要插入的块以及插入参数后，单击【确定】按钮，即可将块插入到当前图形（如果选择了在屏幕上指定插入点、插入比例或旋转角度，插入块时还应根据提示指定插入点、插入比例等）。

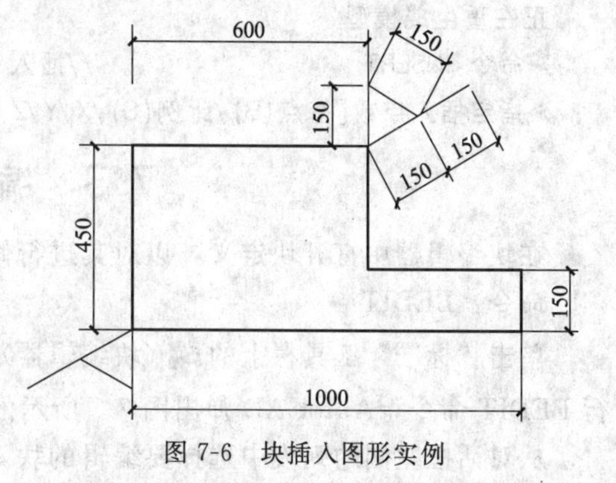

图 7-6　块插入图形实例

说明：前面曾介绍过，用 WBLOCK 命令创建的外部块以 AutoCAD 图形文件格式（即“.DWG”格式）保存。实际上，用户可以用 INSERT 命令将任一 AutoCAD 图形文件插入到当前图形。但是，当将某一图形文件以块的形式插入时，AutoCAD 默认将图形的坐标原点作为块上的插入基点，这样往往会给绘图带来不便。为此，AutoCAD 允许用户为图形重新指定插入基点。用于设置图形插入基点的命令是 BASE，利用【绘图】→【块】→【基点】命令可启动该命令。执行 BASE 命令，AutoCAD 提示：

➢输入基点：

在此提示下指定一点，即可为图形指定新基点。

【例 7-1】 用块插入的方法完成图 7-6 的图形绘制

具体操作如下。

➢命令：LINE　　　　　　　　　　//画出基本框图
➢指定第一个点：
➢指定下一点或[放弃(U)]:600
➢指定下一点或[放弃(U)]:300
➢指定下一点或[闭合(C)/放弃(U)]:400
➢指定下一点或[闭合(C)/放弃(U)]:150
➢指定下一点或[闭合(C)/放弃(U)]:1000
➢指定下一点或[闭合(C)/放弃(U)]:
➢命令:LINE　　　　　　　　　　//画出右上角的三角旗子
➢指定第一个点：
➢指定下一点或[放弃(U)]:@300<30
➢指定下一点或[放弃(U)]:
➢命令:LINE
➢指定第一个点：
➢指定下一点或[放弃(U)]:150
➢指定下一点或[放弃(U)]:
➢命令:BLOCK
➢指定插入基点：　　　　　　　　//把右上角三角形旗子定义成块
➢选择对象:指定对角点:找到 2 个
➢选择对象:指定对角点:找到 1 个,总计 3 个
➢选择对象：
正在重生成模型
➢命令:INSERT　　　　　　　　　//插入定义的块,角度旋转 180°
➢指定插入点或[基点(B)/比例(S)/X/Y/Z/旋转(R)]:

7.3 编 辑 块

在块编辑器中打开块定义，以对其进行修改。

命令：BEDIT

单击“标准”工具栏上的（块编辑器）按钮，或选择【工具】→【块编辑器】命令，即执行 BEDIT 命令，AutoCAD 弹出图 7-7 所示的“编辑块定义”对话框。

从对话框左侧的列表中选择要编辑的块，然后单击【确定】按钮，AutoCAD 进入块编

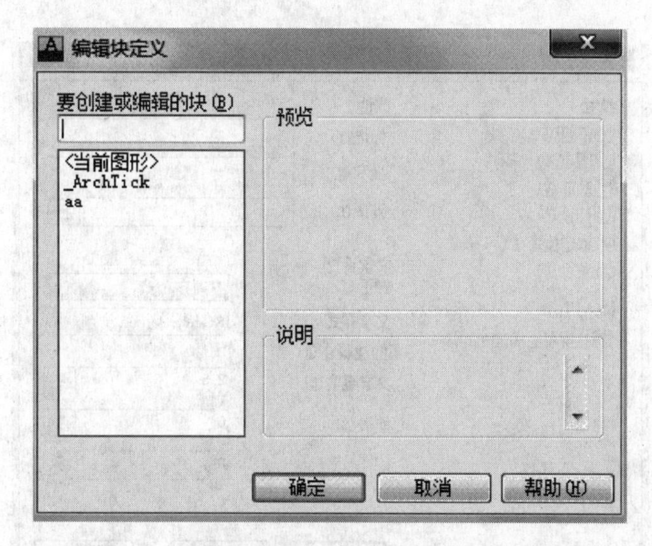

图 7-7 “编辑块定义”对话框

辑模式（请注意，此时的绘图背景为黄颜色）。

此时显示出要编辑的块，用户可直接对其进行编辑。编辑块后，单击对应工具栏上的“关闭块编辑器”按钮，AutoCAD 显示的提示窗口，如果用“是”响应，则会关闭块编辑器，并确认对块定义的修改，如图 7-8 所示。一旦利用块编辑器修改了块，当前图形中插入的对应块均自动进行对应的修改。

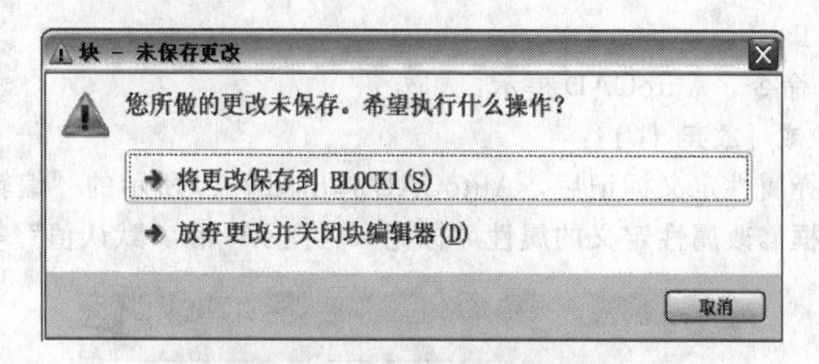

图 7-8 “块-未保存更改”对话框

7.4 块 属 性

属性是从属于块的文字信息，是块的组成部分。

7.4.1 定义属性

命令：ATTDEF

选择【绘图】→【块】→【定义属性】命令，即执行 ATTDEF 命令，AutoCAD 弹出图 7-9 所示的“属性定义”对话框。

对话框中，“模式”选项组用于设置属性的模式。“属性”选项组中，“标记”文本框用于确定属性的标记（用户必须指定标记）；“提示”文本框用于确定插入块时 AutoCAD 提示用户输入属性值的提示信息；“默认”文本框用于设置属性的默认值，用户在各对应文本框中输入具体内容即可。“插入点”选项组确定属性值的插入点，即属性文字排列的参考点。“文字设置”选项组确定属性文字的格式。

确定了“属性定义”对话框中的各项内容后，单击对话框中的【确定】按钮，Auto-

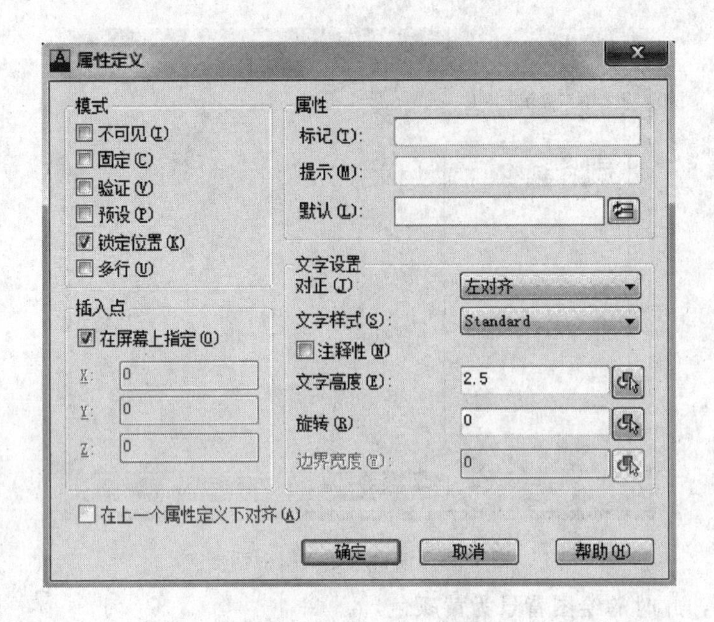

图 7-9 “属性定义”对话框

CAD 完成一次属性定义，并在图形中按指定的文字样式、对齐方式显示出属性标记。用户可以用上述方法为块定义多个属性。

7.4.2 修改属性定义

命令：DDEDIT

执行 DDEDIT 命令，AutoCAD 提示：

➢选择注释对象或［放弃（U）］：

在该提示下选择属性定义标记后，AutoCAD 弹出图 7-10 所示的“编辑属性定义”对话框，可通过此对话框修改属性定义的属性“标记”、“提示”和“默认值”等。

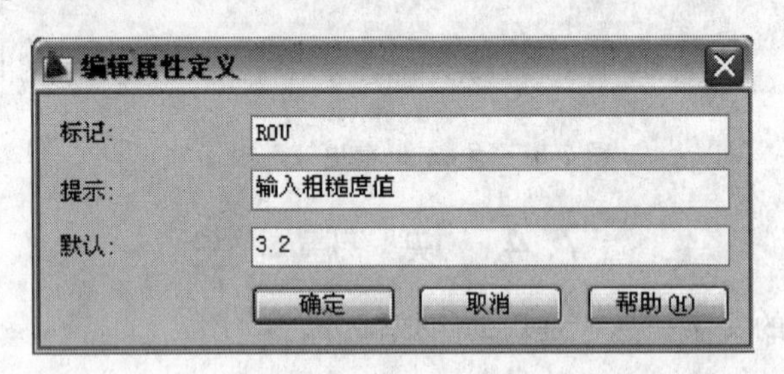

图 7-10 “编辑属性定义”对话框

7.4.3 属性显示控制

命令：ATTDISP

选择【视图】→【显示】→【属性显示】对应的子菜单可实现此操作。执行 ATTDISP 命令，AutoCAD 提示：

➢输入属性的可见性设置［普通（N）/开（ON）/关（OFF）］＜普通＞：

其中，“普通（N）”选项表示将按定义属性时规定的可见性模式显示各属性值；“开（ON）”选项将会显示出所有属性值，与定义属性时规定的属性可见性无关；“关（OFF）”选项则不显示所有属性值，与定义属性时规定的属性可见性无关。

7.4.4 利用对话框编辑属性

命令：EATTEDIT

执行 EATTEDIT 命令，AutoCAD 提示：

➢选择块：

在此提示下选择块后，AutoCAD 弹出“增强属性编辑器”对话框，如图 7-11 所示（在绘图窗口双击有属性的块，也会弹出此对话框）。对话框中有【属性】、【文字选项】和【特性】三个选项卡和其他一些项。【属性】选项卡可显示每个属性的“标记”、“提示”和“值”，并允许用户修改值。【文字选项】选项卡用于修改属性文字的格式。【特性】选项卡用于修改属性文字的图层以及它的“线宽”、“线型”、“颜色”及“打印样式”等。

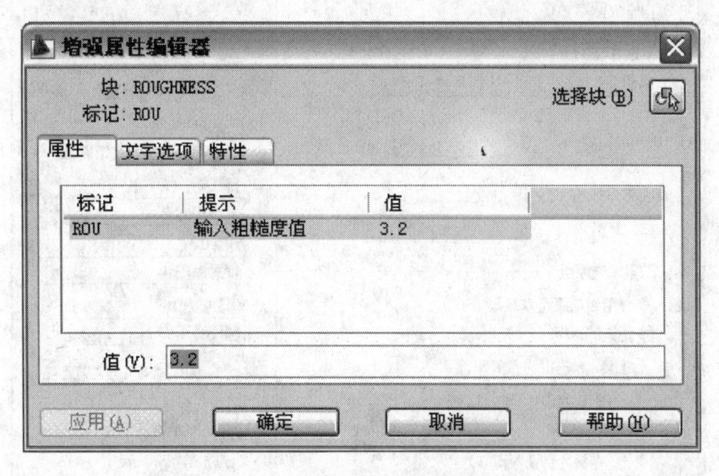

图 7-11 “增强属性编辑器”对话框

7.5 填充图案

用指定的图案填充指定的区域。

命令：BHATCH

在 AutoCAD 2013 命令窗口中输入“BHATCH”，并按空格键执行命令；或单击工具栏中 （图案填充）按钮；或单击右侧的倒三角按钮，从弹出的下拉列表中可以选择图案填充、渐变色填充和实体填充。

对话框中有【图案填充】和【渐变色】两个选项卡。如图 7-12 所示。

(1)【图案填充】选项卡 此选项卡用于设置填充图案以及相关的填充参数。其中，“类型和图案”选项组用于设置填充图案以及相关的填充参数。可通过“类型和图案”选项组确定填充类型与图案，通过“角度和比例”选项组设置填充图案时的图案旋转角度和缩放比例，“图案填充原点”选项组控制生成填充图案时的起始位置，“添加：拾取点”按钮和“添加：选择对象”用于确定填充区域。

(2)【渐变色】选项卡 单击“图案填充和渐变色”对话框中的【渐变色】标签，AutoCAD 切换到【渐变色】选项卡，如图 7-13 所示。

该选项卡用于以渐变方式实现填充。其中，“单色”和“双色”两个单选按钮用于确定是以一种颜色填充，还是以两种颜色填充。当以一种颜色填充时，可利用位于“单色”单选按钮下方的滑块调整所填充颜色的浓淡度。当以两种颜色填充时（选中“双色”单选按钮），位于“双色”单选按钮下方的滑块变成与其左侧相同的颜色框和按钮，用于确定另一种颜色。位于选项卡中间位置的 9 个图像按钮用于确定填充方式。

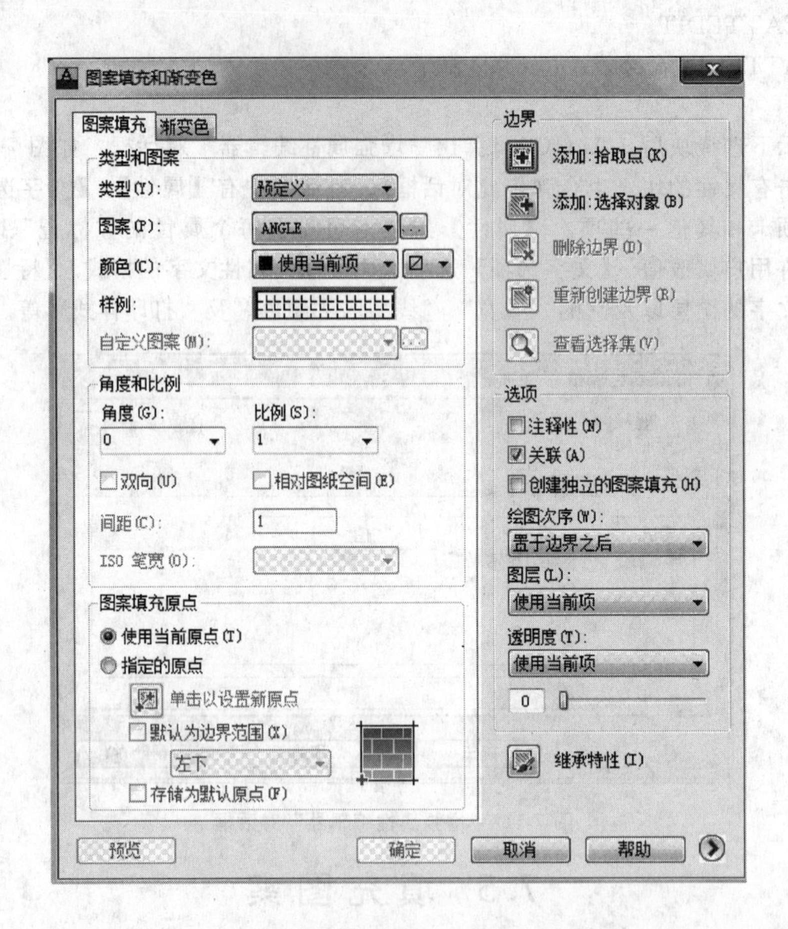

图 7-12 “图案填充和渐变色”对话框（图案填充）

此外，还可以通过“角度”下拉列表框确定以渐变方式填充时的旋转角度，通过“居中”复选框指定对称的渐变配置。如果没有选定此选项，渐变填充将朝左上方变化，可创建出光源在对象左边的图案。

(3) 其他选项

如果单击“图案填充和渐变色”对话框中位于右下角位置的小箭头，对话框则为图7-14所示形式，通过其可进行对应的设置。

其中，“孤岛检测”复选框确定是否进行孤岛检测以及孤岛检测的方式。“边界保留”选项组选项组用于指定是否将填充边界保留为对象，并确定其对象类型。

AutoCAD 2013 允许将实际上并没有完全封闭的边界用作填充边界。如果在“允许的间隙”文本框中指定了值，该值就是 AutoCAD 确定填充边界时可以忽略的最大间隙，即如果边界有间隙，且各间隙均小于或等于设置的允许值，那么这些间隙均会被忽略，AutoCAD 将对应的边界视为封闭边界。

如果在“允许的间隙”编辑框中指定了值，当通过“拾取点”按钮指定的填充边界为非封闭边界、且边界间隙小于或等于设定的值时，AutoCAD 会打开“图案填充－开放边界警告”窗口，如果单击“继续填充此区域”行，AutoCAD 将对非封闭图形进行图案填充。

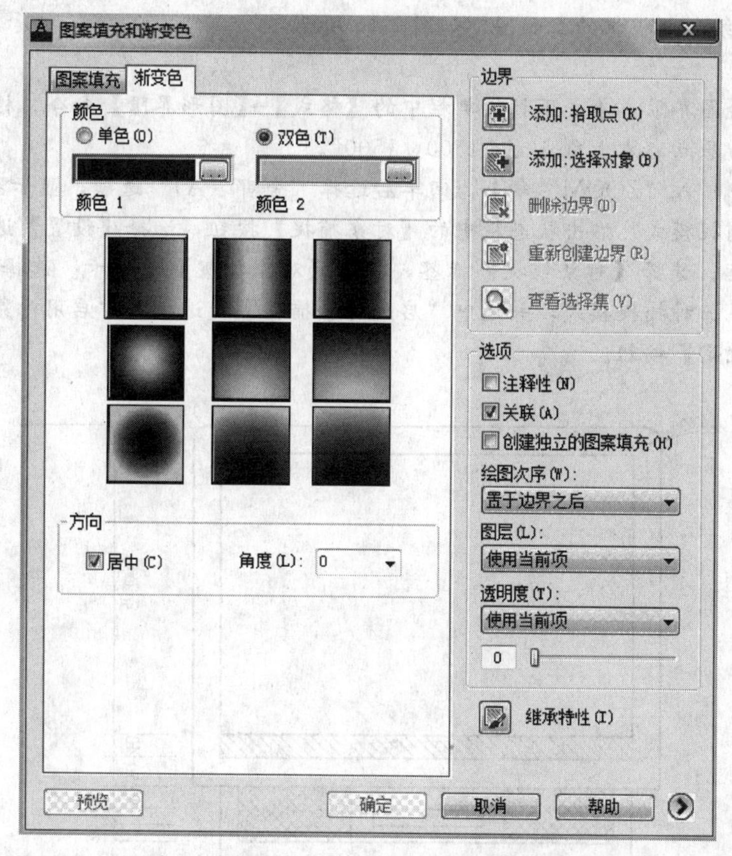

图 7-13 “图案填充和渐变色”对话框（渐变色）

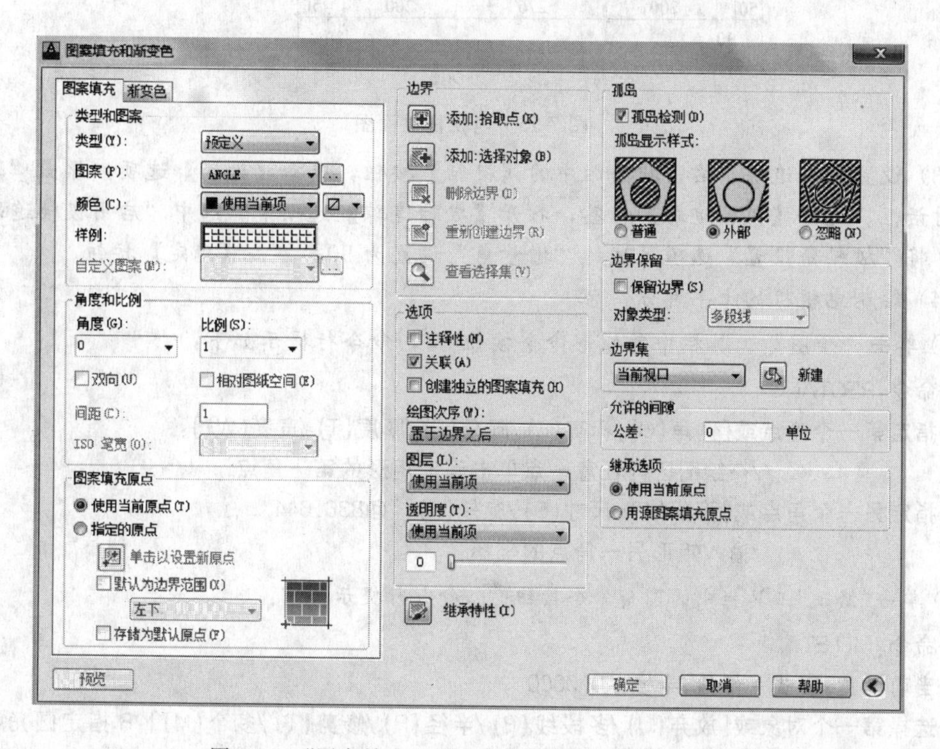

图 7-14 “图案填充和渐变色”对话框（其他选项）

【例 7-2】 绘制电视机的立面图，如图 7-15 所示。

步骤如下。

(1) 设置绘图界限　单击下拉菜单栏中的【格式】→【图形界限】命令，根据命令行提示指定左下角点为原点，右上角点为“1500，1500”。

在命令行中输入“ZOOM”命令，回车后选择“全部（A)”选项，显示图形界限。

(2) 设置捕捉模式　右击状态栏中的【对象捕捉】按钮，选择【设置】选项，弹出“草图设置”对话框。选择【对象捕捉】标签，打开【对象捕捉】选项卡。选择“端点”、“交点”和“延伸”三种捕捉模式，并选中“启用对象捕捉”复选框和“启用对象捕捉追踪”复选框，单击【确定】按钮。

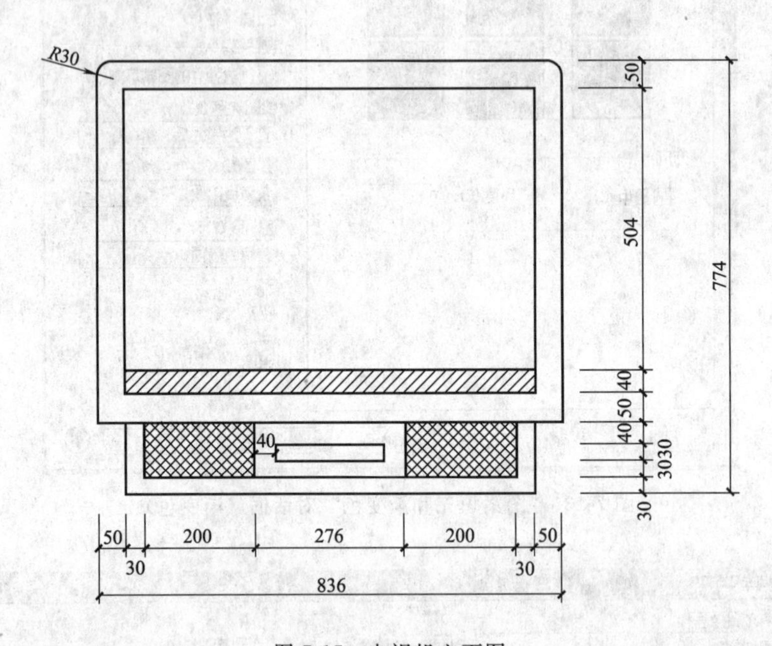

图 7-15　电视机立面图

(3) 设置极轴追踪　右击状态栏中的【极轴】按钮，选择【设置】选项，弹出“草图设置”对话框。选择【极轴追踪】标签，打开【极轴追踪】选项卡。选中“启用极轴追踪”复选框，将“极轴角设置”选项区域的“增量角”设置为 90，单击【确定】按钮。

(4) 绘制电视机的上半部分

① 单击“绘图”工具栏中的矩形命令按钮，命令行提示如下：

➤命令：RECTANG

➤指定第一个角点或[倒角(C)/标高(E)/圆角(F)/厚度(T)/宽度(W)]：

//在绘图区内任意一点单击确定矩形的第一角点

➤指定另一个角点或[面积(A)/尺寸(D)/旋转(R)]：@836,644

//输入矩形另一角点的坐标

② 单击“修改”工具栏中的圆角命令按钮，命令行提示如下：

➤命令：FILLET

➤当前设置：模式 = 修剪，半径 = 0.0000

➤选择第一个对象或[放弃(U)/多段线(P)/半径(R)/修剪(T)/多个(M)]：R 指定圆角半径＜0.0000＞：30

//选择“半径(R)”选项并指定圆角半径为30

➤选择第一个对象或[放弃(U)/多段线(P)/半径(R)/修剪(T)/多个(M)]:M

//选择“多个(M)”选项

➤选择第一个对象或[放弃(U)/多段线(P)/半径(R)/修剪(T)/多个(M)]:

//选择矩形的左端线段

➤选择第二个对象,或按住Shift键选择要应用角点的对象:　//选择矩形的上端线段

➤选择第一个对象或[放弃(U)/多段线(P)/半径(R)/修剪(T)/多个(M)]:

//选择矩形的上端线段

➤选择第二个对象,或按住Shift键选择要应用角点的对象:　//选择矩形的右端线段

➤选择第一个对象或[放弃(U)/多段线(P)/半径(R)/修剪(T)/多个(M)]:　//回车

③ 单击“修改”工具栏中的偏移命令按钮,命令行提示如下:

➤命令:OFFSET

➤当前设置:删除源=否　图层=源　OFFSETGAPTYPE=0

➤指定偏移距离或[通过(T)/删除(E)/图层(L)]＜1.0000＞:　50　//输入偏移距离50

➤选择要偏移的对象,或[退出(E)/放弃(U)]＜退出＞:　//选择大矩形

➤指定要偏移的那一侧上的点,或[退出(E)/多个(M)/放弃(U)]＜退出＞:

//在矩形内部任意一点单击

➤选择要偏移的对象,或[退出(E)/放弃(U)]＜退出＞:　//回车

④ 单击“绘图”工具栏中的直线命令按钮,命令行提示如下:

➤命令:LINE

➤指定第一点:40

//沿小矩形左下角点 *A* 垂直向上极轴方向输入距离40

➤指定下一点或[放弃(U)]:　//沿水平向右方向捕捉与小矩形的交点

➤指定下一点或[放弃(U)]:　//回车

⑤ 单击“绘图”工具栏中的图案填充命令按钮,弹出“图案填充和渐变色”对话框,如图7-16所示。在“类型和图案”选项区域中,单击“图案”下拉列表框右侧的按钮,弹出“填充图案选项板”对话框,如图7-17所示。单击【ANSI】标签,选择【ANSI】选项卡,从中选择“ANSI31”填充类型。单击【确定】按钮,回到“图案填充和渐变色”对话框。在“角度和比例”选项区域中,将“比例”下拉列表框的值设为5。单击“边界”选项区域的拾取点按钮,进入绘图区域,在将要填充图案的封闭图形的内部任意一点单击,单击右键选择【确定】选项。

绘图结果如图7-18所示。

(5) 绘制电视机的下半部分

① 单击“绘图”工具栏中的直线命令按钮,命令行提示如下:

➤命令:LINE

➤指定第一点:50　//沿B点水平向右方向追踪距离为50的 *C* 点

➤指定下一点或[放弃(U)]:130　//沿垂直向下方向输入距离130

➤指定下一点或[放弃(U)]:736　//沿水平向右方向输入距离736

➤指定下一点或[闭合(C)/放弃(U)]:　//沿垂直向上方向捕捉与大矩形的交点

➤指定下一点或[闭合(C)/放弃(U)]:　//回车,输入上一次直线命令

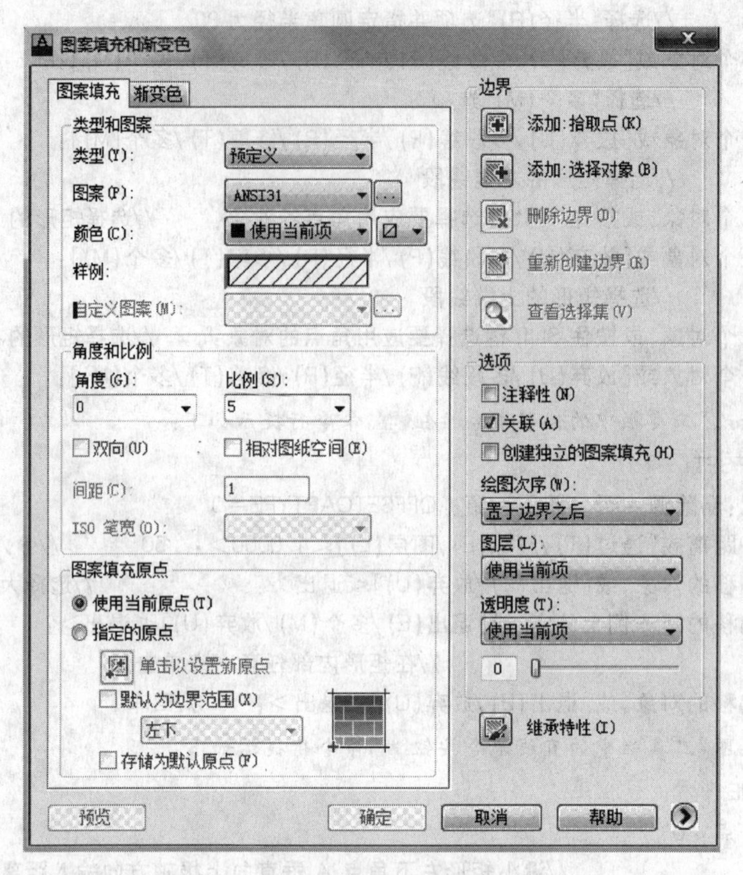

图 7-16 “图案填充和渐变色”对话框

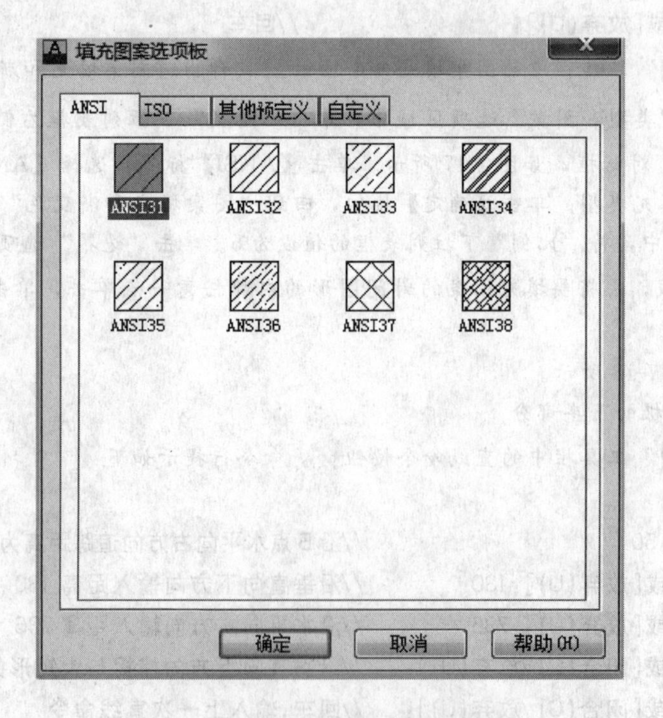

图 7-17 “填充图案选项板”对话框

➤命令:LINE 指定第一点:30　　　　　　//沿 C 点水平向右方向追踪距离为 30 的 D 点
➤指定下一点或[放弃(U)]:100　　　　　//沿垂直向下方向输入距离 100
➤指定下一点或[放弃(U)]:676　　　　　//沿水平向右方向输入距离 676
➤指定下一点或[闭合(C)/放弃(U)]:　　//沿垂直向上方向捕捉与大矩形的交点
➤指定下一点或[闭合(C)/放弃(U)]:　　//回车
➤命令:LINE　　　　　　　　　　　　　//回车,输入上一次直线命令
➤指定第一点:200　　　　　　　　　　//沿 D 点水平向右方向追踪距离为 200 的 E 点
➤指定下一点或[放弃(U)]:　　　　　　//沿垂直向下方向捕捉交点
➤指定下一点或[放弃(U)]:　　　　　　//回车
➤命令:　　　　　　　　　　　　　　　//回车,输入上一次直线命令
➤LINE 指定第一点:276　　　　　　　　//沿 E 点水平向右方向追踪距离为 276 的 F 点
➤指定下一点或[放弃(U)]:　　　　　　//沿垂直向下方向捕捉交点
➤指定下一点或[放弃(U)]:　　　　　　//回车

绘图结果如图 7-19 所示。

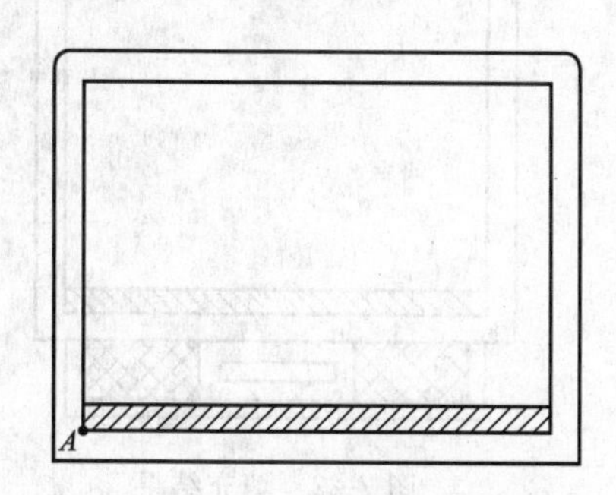

图 7-18　电视机上半部分绘制结果

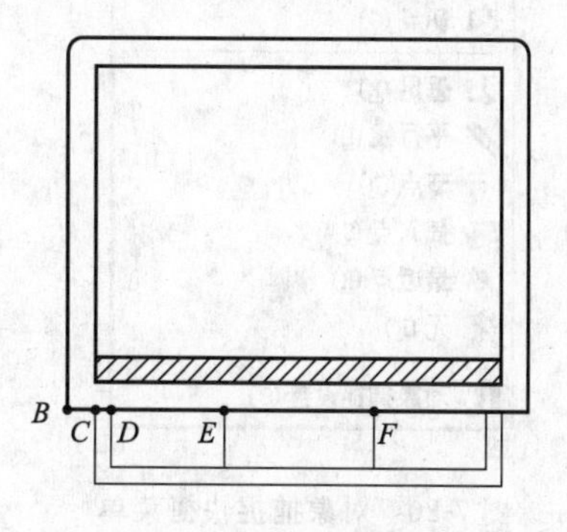

图 7-19　直线绘制结果

② 单击“绘图”工具栏中的矩形命令按钮，命令行提示如下:

➤命令:RECTANG

➤指定第一个角点或[倒角(C)/标高(E)/圆角(F)/厚度(T)/宽度(W)]:from 基点:＜偏移＞:@40,-40　　//按住 Shift 键并单击右键,弹出对象捕捉快捷菜单,选择“自”选项,如图 7-20 所示,捕捉 E 点作为基点,并输入相对坐标@40,-40

➤指定另一个角点或[面积(A)/尺寸(D)/旋转(R)]:D　　　//选择“尺寸(D)”选项
➤指定矩形的长度＜10.0000＞:196　　　　　　　　　//输入矩形长度 196
➤指定矩形的宽度＜10.0000＞:30　　　　　　　　　　//输入矩形宽度 30
➤指定另一个角点或[面积(A)/尺寸(D)/旋转(R)]:　　　//确定矩形方向

绘图结果如图 7-21 所示。

③ 填充图案。

单击“绘图”工具栏中的图案填充命令按钮，弹出“图案填充和渐变色”对话框。在“类型和图案”选项区域中，单击“图案”下拉列表框右侧的...按钮，弹出“填充图案选项板”对话框。单击【ANSI】标签，选择【ANSI】选项卡，从中选择“ANSI37”填充

类型。单击【确定】按钮，回到“图案填充和渐变色”对话框。在“角度和比例”选项区域中，将“比例”下拉列表框的值设为 5。单击“边界”选项区域的拾取点按钮，进入绘图区域，在将要填充图案的封闭图形的内部任意一点单击，单击右键选择【确定】选项。

绘图结果如图 7-22 所示。

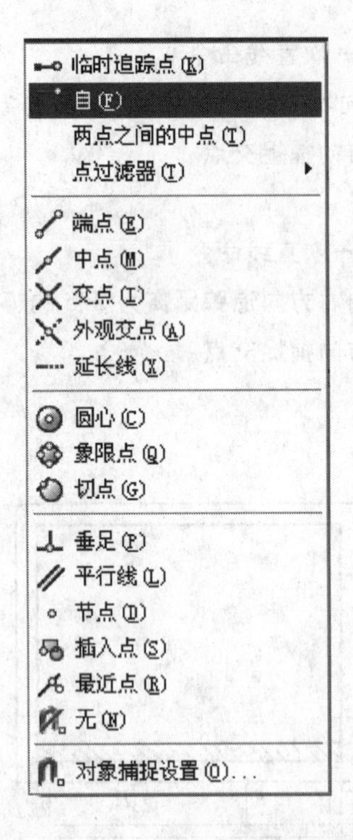

图 7-20 对象捕捉快捷菜单

图 7-21 矩形绘制结果

图 7-22 填充结果

实例小结 本实例主要讲解“捕捉自”捕捉方式的使用方法。捕捉模式分为两种形式，通过“草图设置”对话框中的【对象捕捉】选项卡设置的对象捕捉模式为运行捕捉模式，即始终处于运行状态，直到关闭为止；按住键盘上的【Shift】或【Ctrl】键并右击，从弹出的快捷菜单中选择需要的对象捕捉方式，称为覆盖捕捉模式，这种模式仅对本次捕捉操作有效。

7.6 编辑图案

AutoCAD 2013“编辑图案填充”工具主要用于修改现有的图案填充对象，例如修改现有图案填充的图案、比例和角度等。

在 AutoCAD 2013 命令行中输入“HATCHEDIT”并按空格键执行命令；或在 AutoCAD 2013 常用工具栏中单击选择【修改】按钮，从打开的下拉列表中选择（编辑图案填充）按钮。

执行 HATCHEDIT 命令，AutoCAD 提示：

➢选择关联填充对象：

在该提示下选择已有的填充图案，AutoCAD 弹出如图 7-23 所示的“图案填充编辑”对话框。

对话框中只有以正常颜色显示的选项用户才可以操作。该对话框中各选项的含义与“图案填充和渐变色”对话框中各对应项的含义相同。利用此对话框，用户就可以对已填充的图案进行诸如更改填充图案、填充比例、旋转角度等操作。

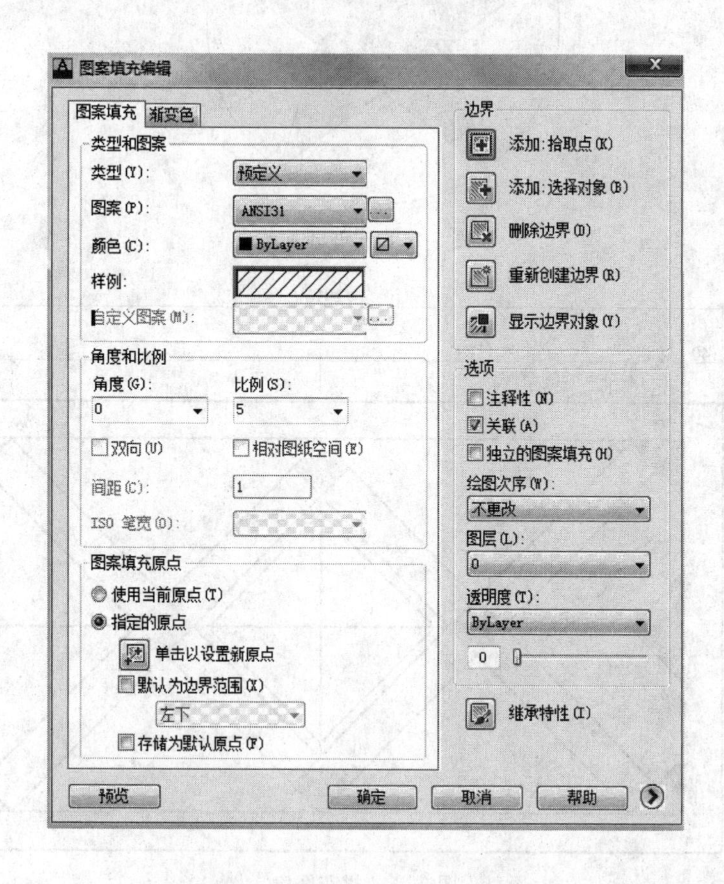

图 7-23 “图案填充编辑”对话框

小　结

本章介绍了 AutoCAD 2013 的块与属性功能。块是图形对象的集合，通常用于绘制复杂、重复的图形。一旦将一组对象定义成块，就可以根据绘图需要将其插入到图中的任意指定位置，即将绘图过程变成了拼图，从而能够提高绘图效率。属性是从属于块的文字信息，是块的组成部分。用户可以为块定义多个属性，并且可以控制这些属性的可见性。

本章介绍了 AutoCAD 2013 的填充图案功能。当需要填充图案时，首先应该有对应的填充边界。可以看出，即使填充边界没有完全封闭，AutoCAD 也会将位于间隙设置内的非封闭边界看成封闭边界给予填充。此外，用户还可以方便地修改已填充的图案，根据已有图案及其设置填充其他区域（即继承特性）。

思考与练习题

1. 绘制图 7-24 五角星图案。
2. 绘制图 7-25 拼花图案。

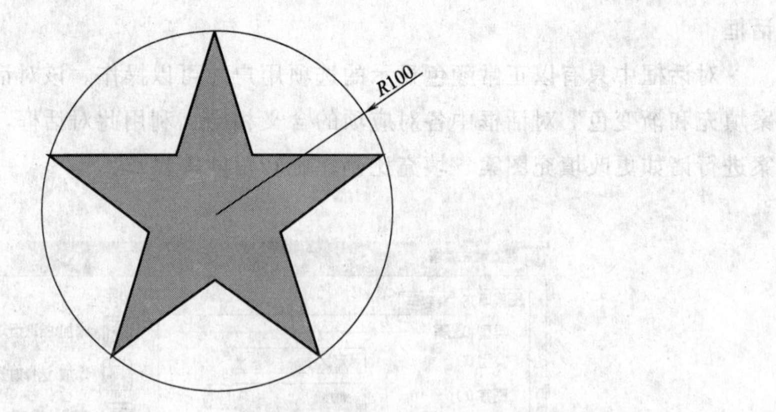

图 7-24 五角星图案

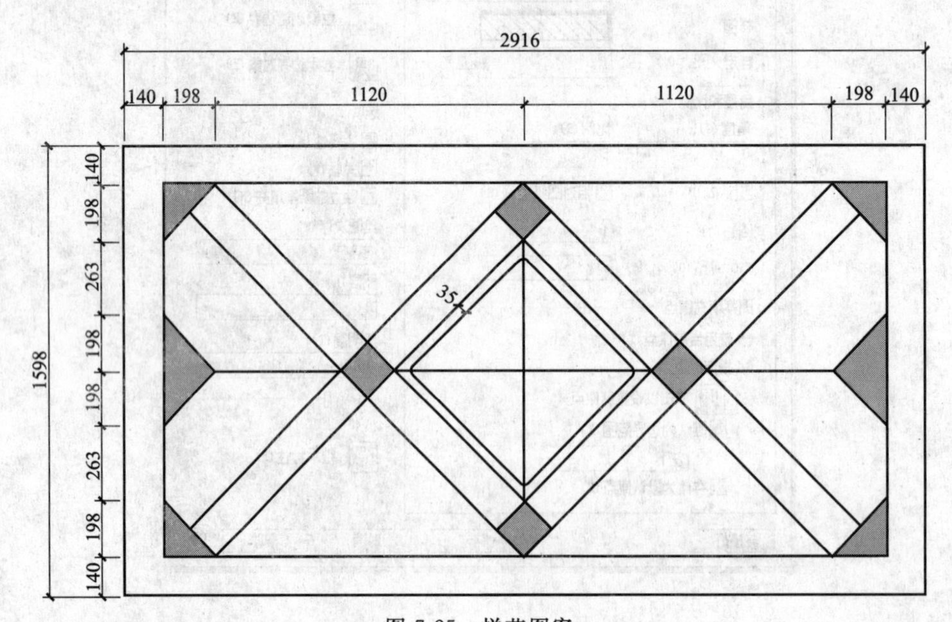

图 7-25 拼花图案

第8章 标注文字、创建表格

➢本章要点

文字样式

标注文字

编辑文字

创建表格

8.1 文字样式

AutoCAD 图形中的文字是根据当前文字样式标注的。文字样式说明所标注文字使用的字体以及其他设置，如字高、字颜色、文字标注方向等。AutoCAD 2013 为用户提供了默认文字样式 STANDARD。当在 AutoCAD 中标注文字时，如果系统提供的文字样式不能满足国家制图标准或用户的要求，则应首先定义文字样式。

命令：STYLE

❖或在 AutoCAD 2013 工具栏中单击【注释】，在弹出的下拉列表中单击 (文字样式) 按钮。

❖在命令行中输入“STYLE”命令。

单击对应的工具栏按钮，或选择【格式】→【文字样式】命令，即执行 STYLE 命令，AutoCAD 弹出如图 8-1 所示的“文字样式”对话框。

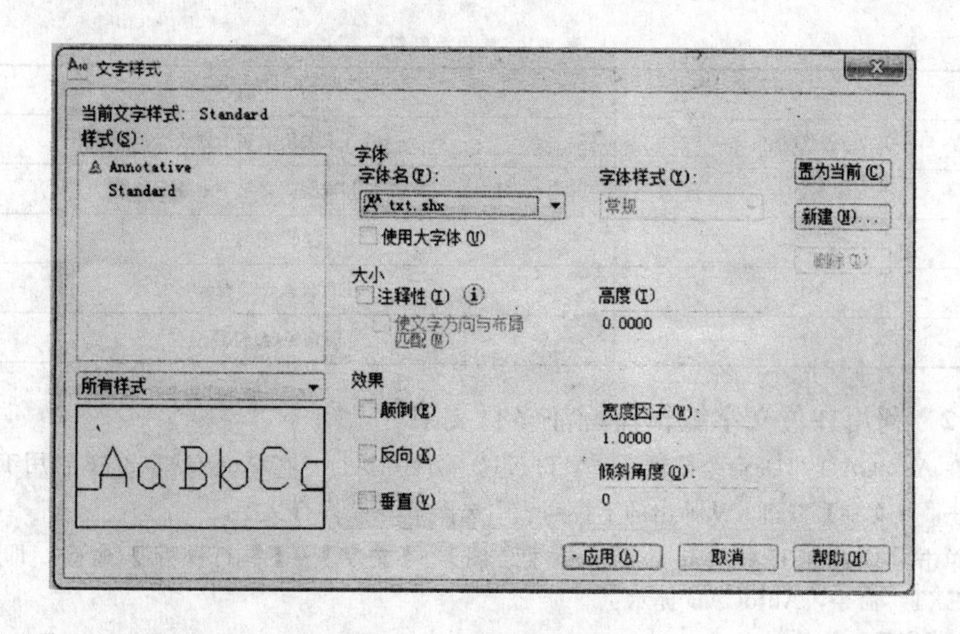

图 8-1 “文字样式”对话框

对话框中，“样式”列表框中列有当前已定义的文字样式，用户可从中选择对应的样式作为当前样式或进行样式修改。“字体”选项组用于确定所采用的字体。“大小”选项组用于指定文字的高度。“效果”选项组用于设置字体的某些特征，如字的宽高比（即宽度比例）、倾斜角度、是否倒置显示、是否反向显示以及是否垂直显示等。预览框组用于预览所选择或所定义文字样式的标注效果。【新建】按钮用于创建新样式。【置为当前】按钮用于将选定的样式设为当前样式。【应用】按钮用于确认用户对文字样式的设置。单击【关闭】按钮，AutoCAD 关闭“文字样式”对话框。

8.2 标注文字

8.2.1 用 DTEXT 命令标注文字

命令：DTEXT

选择【绘图】→【文字】→【单行文字】命令，即执行 DTEXT 命令，AutoCAD 提示：

➢当前文字样式： 文字 35 当前文字高度： 2.5000

➢指定文字的起点或 [对正（J）/样式（S）]：

第一行提示信息说明当前文字样式以及字高度。第二行中，“指定文字的起点”选项用于确定文字行的起点位置。用户响应后，AutoCAD 提示：

➢指定高度：(输入文字的高度值)

➢指定文字的旋转角度 <0>：(输入文字行的旋转角度)

而后，AutoCAD 在绘图屏幕上显示出一个表示文字位置的方框，用户在其中输入要标注的文字后，按两次【Enter】键，即可完成文字的标注。

注意：在绘图过程中，经常会用到一些特殊的符号，如直径符号、正负公差符号、度符号等，对于这些特殊的符号，AutoCAD 提供了相应的控制符来实现其输出功能，如表 8-1 所示。

表 8-1 常用控制符

控 制 符	功 能
%%O	打开或关闭文字上划线
%%U	打开或关闭文字下划线
%%D	度(°)符号
%%P	正负公差(±)符号
%%C	圆直径(ϕ)符号

8.2.2 利用在位文字编辑器标注多行文字

在 AutoCAD 2013 命令行输入“MTEXT”命令并执行；在 AutoCAD 2013 常用工具栏中单击【文字】按钮，从弹出的下拉列表中选择多行文字多行文字。

单击对应的工具栏按钮，或选择【绘图】→【文字】→【单行文字】命令，即执行“MTEXT”命令，AutoCAD 提示：

➢指定第一角点：

在此提示下指定一点作为第一角点后，AutoCAD 继续提示：

➢指定对角点或 [高度(H)/对正(J)/行距(L)/旋转(R)/样式(S)/宽度(W)]：

如果响应默认项，即指定另一角点的位置，AutoCAD 弹出后面的图所示的在位文字编辑器。

由图 8-2 可以看出，在位文字编辑器由“文字格式”工具栏、水平标尺等组成，AutoCAD 2013 工具栏上有一些下拉列表框和按钮等，而位于水平标尺下面的方框则用于输入文字。用户可以调整此输入框的大小。下面介绍编辑器中主要项的功能。

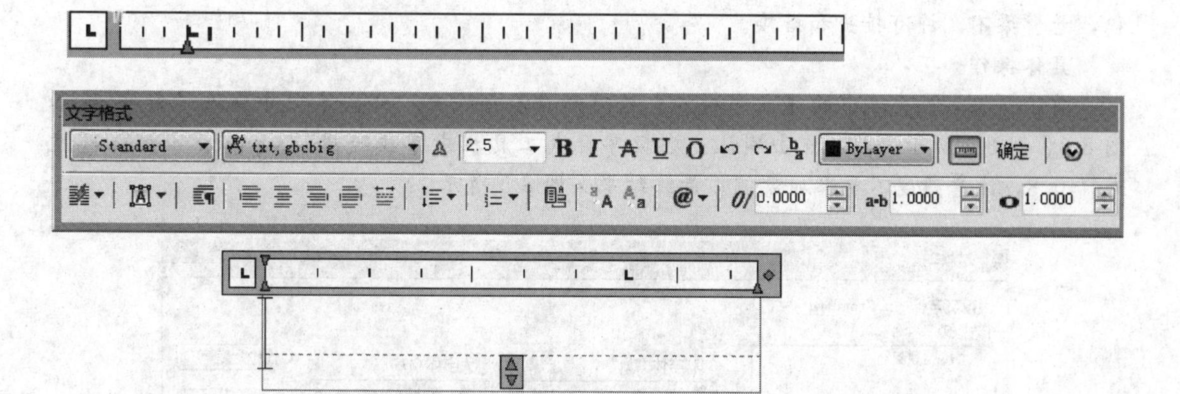

图 8-2 文字格式工具栏

(1) 倾斜角度

使输入或选定的字符倾斜一定的角度。用户可以输入－85 与 85 之间的数值来使文字倾斜对应的角度，其中倾斜角度值为正时符向右倾斜，为负时字符则向左倾斜。

(2) 追踪框

用于增大或减小所输入或选定字符之间的距离。1.0 设置是常规间距。当设置值大于 1 时会增大间距；设置值小于 1 时则减小间距。

(3) 宽度因子框

用于增大或减小输入或选定字符的宽度。设置值 1.0 表示字母为常规宽度。当设置值大于 1 时会增大宽度；设置值小于 1 时则减小宽度。

(4) 符号按钮

用于在光标位置插入符号或不间断空格。单击该按钮，AutoCAD 2013 弹出相应的列表。列表中列出了常用符号及控制符或 Unicode 字符串，用户可以根据需要从中选择。如果选择“其他”选项，则会显示出“字符映射表”对话框。

(5) 水平标尺

编辑器中的水平标尺与一般文字编辑器的水平标尺类似，用于说明、设置文本行的宽度，设置制表位，设置首行缩进和段落缩进等。通过拖曳文字编辑器中水平标尺上的首行缩进标记和段落缩进标记滑块，可以设置对应的缩进尺寸。如果在水平标尺上某位置单击鼠标左键，会在该位置设置对应的制表位。通过编辑器输入要标注的文字，并进行各种设置后，单击编辑器中的“确定”按钮，即可标注出对应的文字。

【例 8-1】 创建“数字”文字样式，要求其字体为“simplex. shx”，宽度比例为 0.8；用多行文字命令标注以下文字，要求用“Standard”样式，字体为“仿宋”，字高为 2.5，字体的宽度比例为 0.8。

设 计 要 求

1. 本工程所有现浇混凝土构件中受力钢筋的混凝土保护层厚度，梁、柱为 25mm，板厚 100mm；

2. 梁内纵向受力钢筋搭接和接头位置为图中有斜线的部位，每次接头为 25%钢筋总面积，悬臂梁不允许有接头和搭接。

具体操作如下：

单击【格式】菜单中的【文字样式】选【新建】项，在“样式名”中输入“数字”，如图 8-3、图 8-4 所示。然后点击确认。在数字样式工具栏中字体选择“simplex. shx”，宽度选择 0.8，注意高度不要添加数值。最终结果如图 8-5 所示。

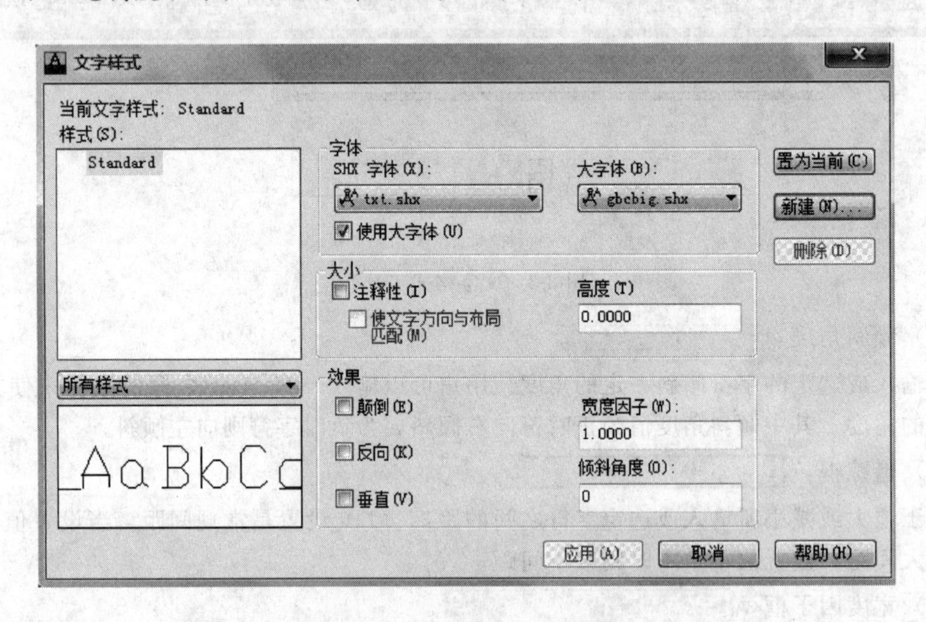

图 8-3 “文字样式”对话框

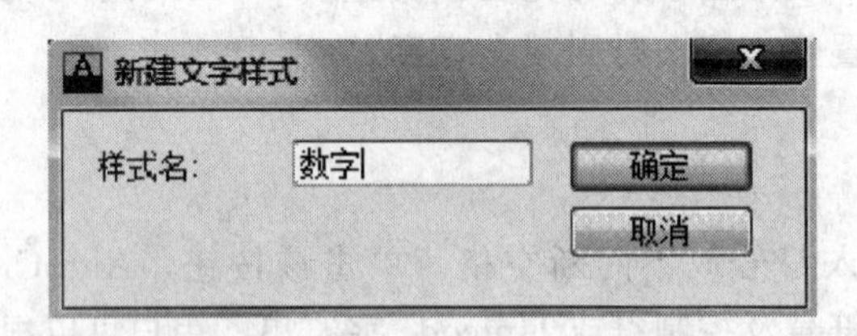

图 8-4 “新建文字样式”对话框

单击“绘图”工具栏中的多行文字命令按钮 A，命令行提示如下：

➢命令：MTEXT

➢当前文字样式：“Standard”当前文字高度：2.5

➢指定第一角点： //指定矩形框的第一角点

➢指定对角点或 [高度(H)/对正(J)/行距(L)/旋转(R)/样式(S)/宽度(W)]：

//指定矩形框的另一角点，弹出“文字格式”工具栏和文字窗口

在“文字格式”工具栏中，选择“Standard”文字样式，文字高度设置为 2.5。在文字窗口中输入相应的设计说明文字，如图 8-6 所示，单击【确定】按钮。

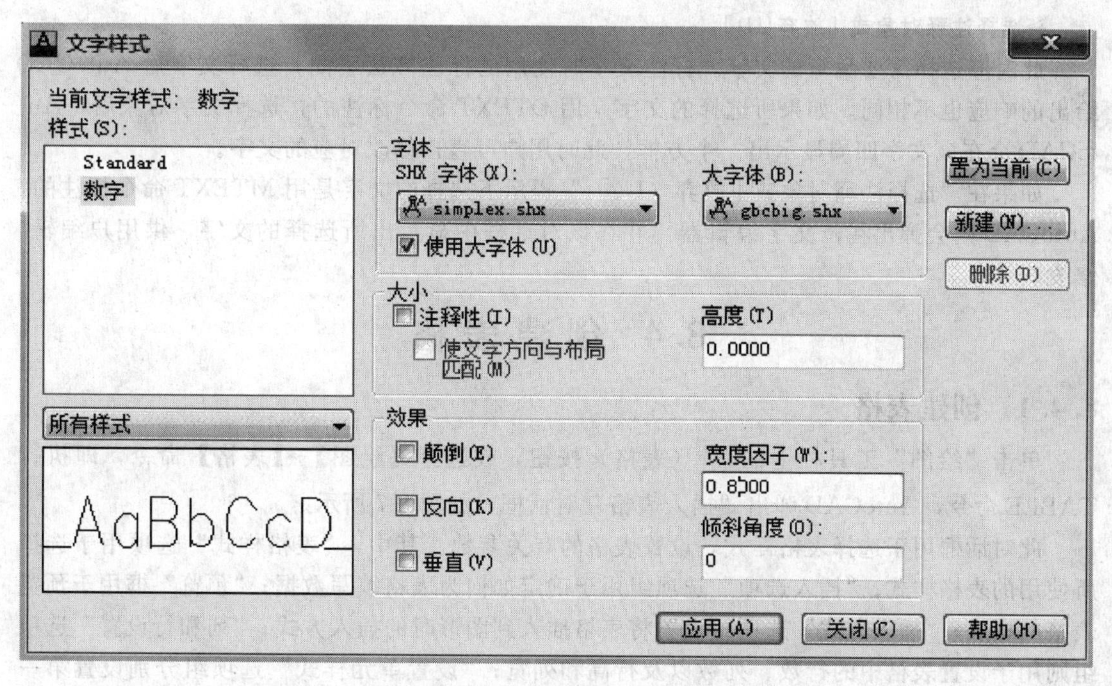

图 8-5 “文字样式”对话框

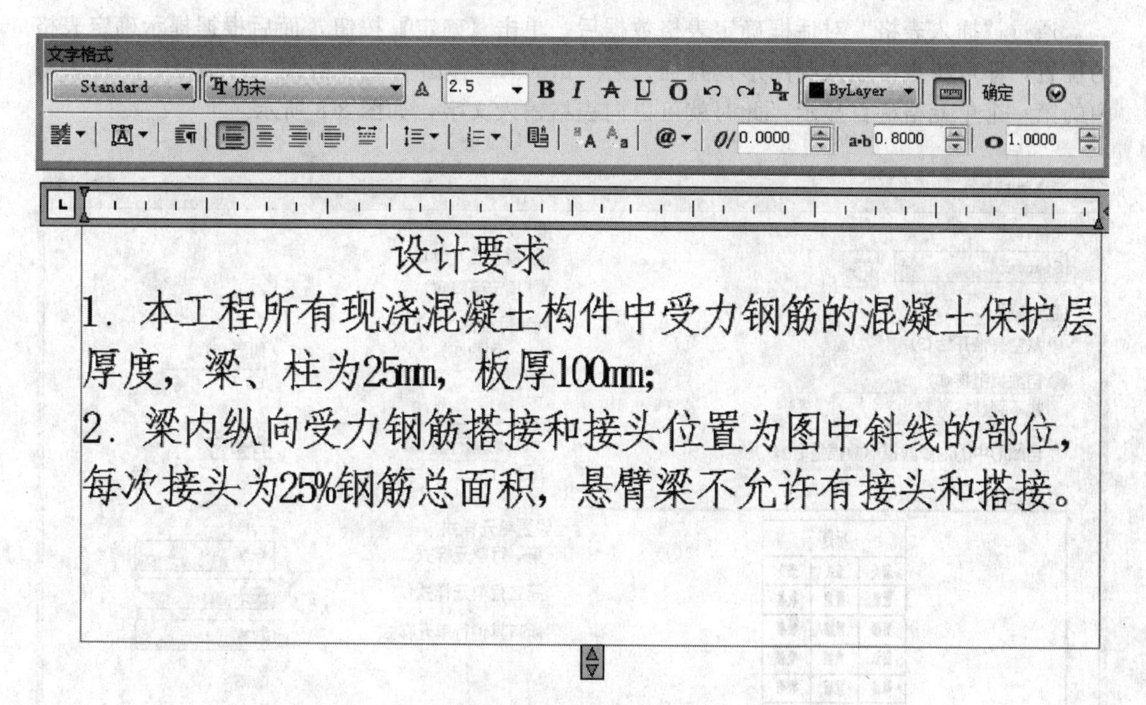

图 8-6 “文字格式”工具栏和文字窗口内容

8.3 编辑文字

命令：DDEDIT

单击“文字”工具栏上的（编辑文字）按钮，或选择【修改】→【对象】→【文字】→【编辑】命令，即执行“DDEDIT”命令，AutoCAD 提示：

➢选择注释对象或[放弃(U)]:

此时应选择需要编辑的文字。标注文字时使用的标注方法不同，选择文字后 AutoCAD 给出的响应也不相同。如果所选择的文字是用 DTEXT 命令标注的，选择文字对象后，AutoCAD 会在该文字四周显示出一个方框，此时用户可直接修改对应的文字。

如果在“选择注释对象或[放弃（U)]:”提示下选择的文字是用 MTEXT 命令标注的，AutoCAD 则会弹出在位文字编辑器，并在该对话框中显示出所选择的文字，供用户编辑、修改。

8.4 创建表格

8.4.1 创建表格

单击“绘图”工具栏上的▦（表格）按钮，或选择【绘图】→【表格】命令，即执行 TABLE 命令，AutoCAD 弹出“插入表格”对话框，如图 8-7 所示。

此对话框用于选择表格样式，设置表格的有关参数。其中，“表格样式”选项用于选择所使用的表格样式；“插入选项”选项组用于确定如何为表格填写数据；“预览”框用于预览表格的样式；“插入方式”选项组设置将表格插入到图形时的插入方式；“列和行设置”选项组则用于设置表格中的行数、列数以及行高和列宽；“设置单元样式”选项组分别设置第一行、第二行和其他行的单元样式。

通过“插入表格”对话框确定表格数据后，单击【确定】按钮，而后根据提示确定表格的位置，即可将表格插入到图形，且插入后 AutoCAD 弹出“文字格式”对话框，并将表格中的第一个单元格醒目显示，此时就可以向表格输入文字，如图 8-8 所示。

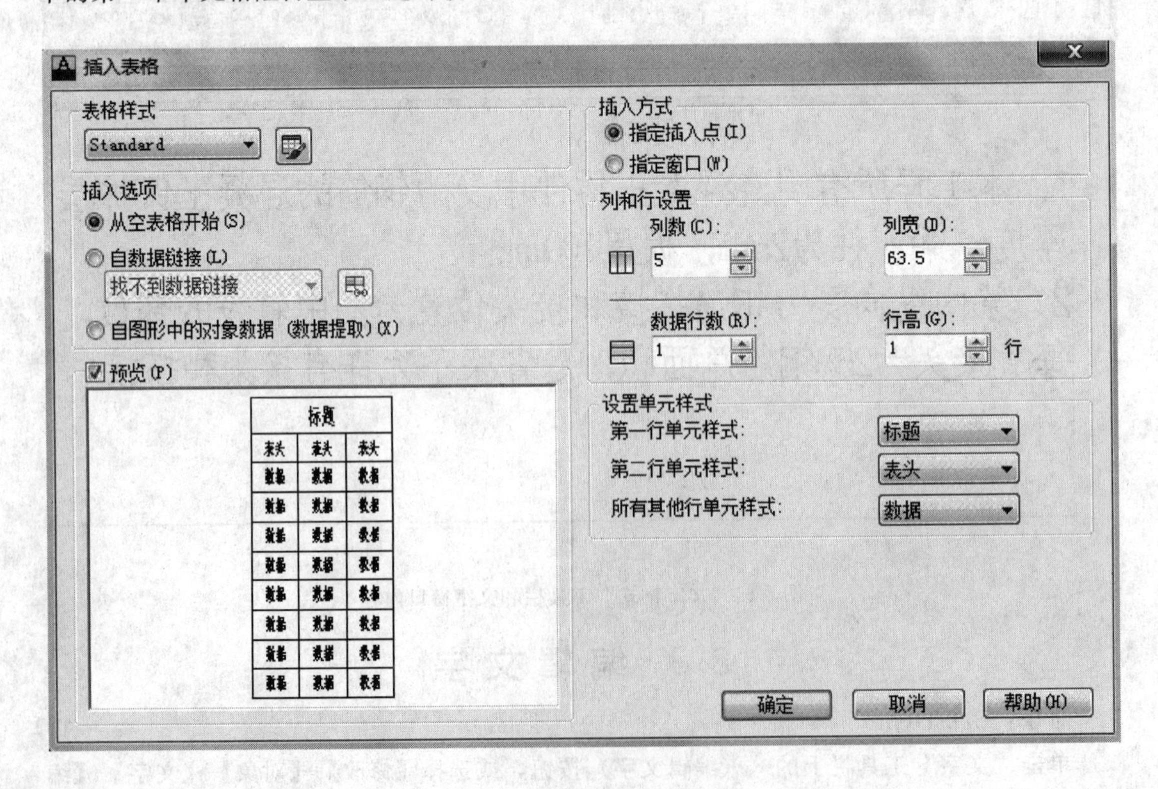

图 8-7 “插入表格”对话框

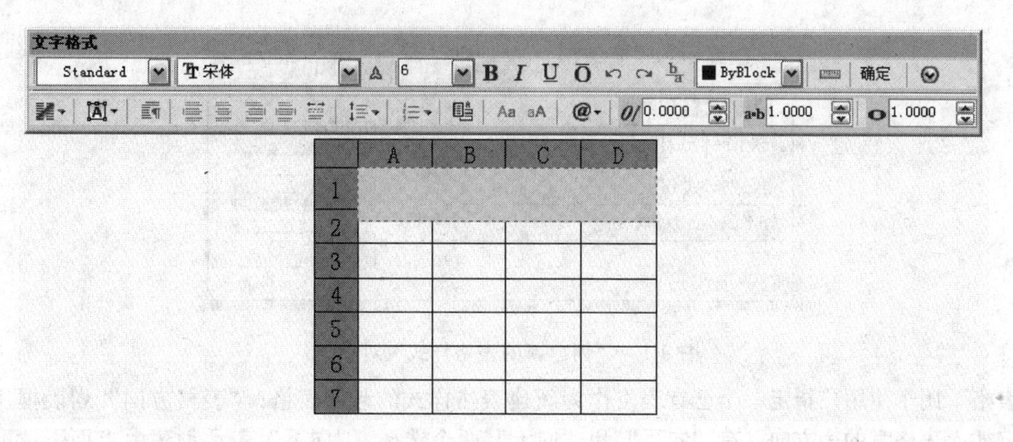

图 8-8 “文字格式”对话框

8.4.2 定义表格样式

单击“表格样式”工具栏上的（表格样式）按钮，或选择【格式】→【表格样式】命令，即执行 TABLESTYLE 命令，AutoCAD 弹出“表格样式”对话框，如图 8-9 所示。其中，“样式”列表框中列出了满足条件的表格样式；“预览”图片框中显示出表格的预览图像；【置为当前】和【删除】按钮分别用于将在“样式”列表框中选中的表格样式置为当前样式、删除选中的表格样式；【新建】、【修改】按钮分别用于新建表格样式、修改已有的表格样式。

如果单击“表格样式”对话框中的【新建】按钮，AutoCAD 弹出“创建新的表格样式”对话框，如图 8-10 所示。

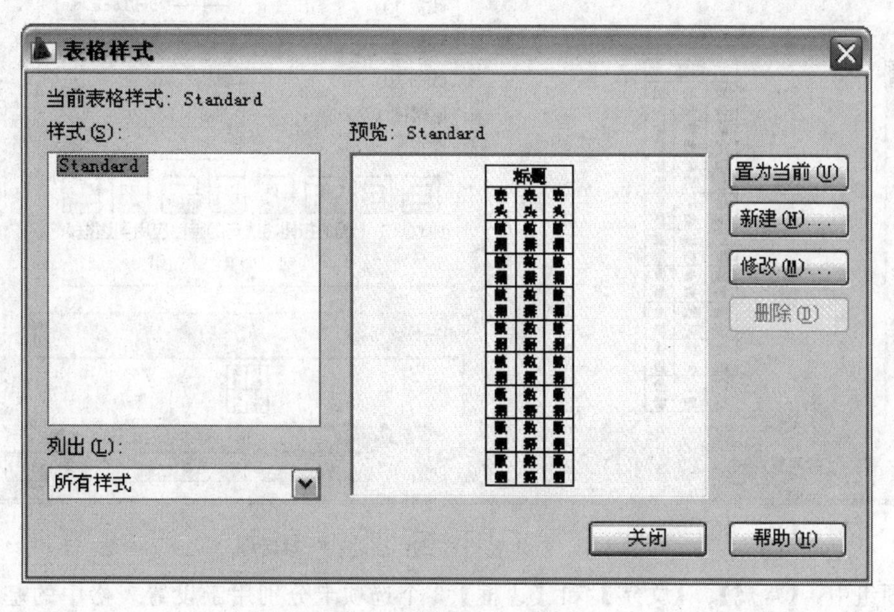

图 8-9 “表格样式”对话框

通过对话框中的“基础样式”下拉列表选择基础样式，并在“新样式名”文本框中输入新样式的名称后（如输入“表格 1”），单击【继续】按钮，AutoCAD 弹出“新建表格样式：表格 1”对话框，如图 8-11 所示。

对话框中，左侧有“起始表格”、“表格方向”下拉列表框和预览图像框三部分。其中，“起

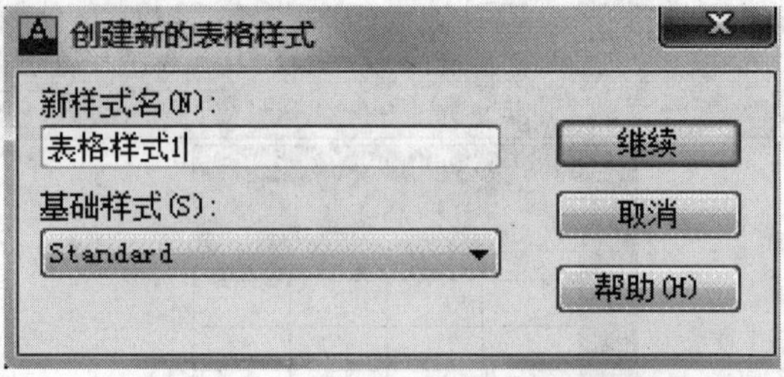

图 8-10 “创建新的表格样式”对话框

始表格”用于使用户指定一个已有表格作为新建表格样式的起始表格；“表格方向”列表框用于确定插入表格时的表方向，有“向下”和“向上”两个选择，“向下”表示创建由上而下读取的表，即标题行和列标题行位于表的顶部，“向上”则表示将创建由下而上读取的表，即标题行和列标题行位于表的底部；预览图像框用于显示新创建表格样式的表格预览图像。

“新建表格样式：表格 1”对话框的右侧有“单元样式”选项组等，用户可以通过对应的下拉列表确定要设置的对象，即在“数据”、“标题”和“表头”之间进行选择。

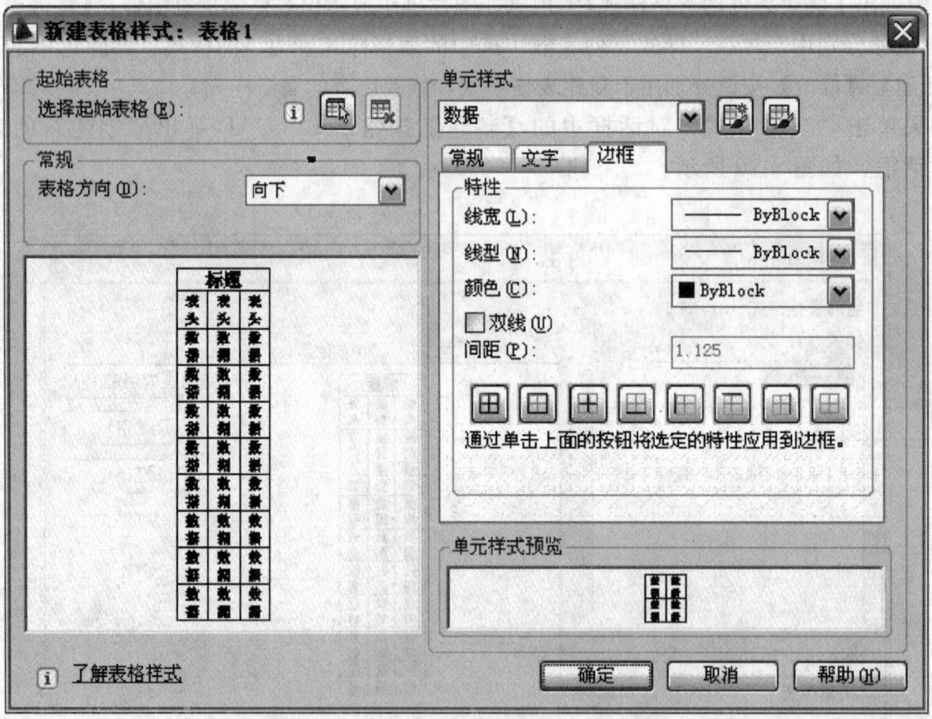

图 8-11 “新建表格样式：表格 1”对话框

选项组中，【常规】、【文字】和【边框】3 个选项卡分别用于设置表格中的基本内容、文字和边框。

完成表格样式的设置后，单击【确定】按钮，AutoCAD 返回到“表格样式”对话框，并将新定义的样式显示在“样式”列表框中。单击该对话框中的【确定】按钮关闭对话框，完成新表格样式的定义。

【例 8-2】 绘制如图 8-12 所示图纸目录表格。

序号	图别	图号	图名
1	首页	1	图纸目录 门窗统计表
2	首页	2	设计说明
3	建施	1	一层平面图
4	建施	3	二至五层平面图
5	建施	4	正立面图
6	建施	5	背立面图
7	建施	6	剖面图

图 8-12　图纸目录表格

图 8-13　“创建新的表格样式”对话框

图 8-14　“新建表格样式：表格样式 1”对话框

步骤如下。

(1) 新建表格样式　单击“样式”工具栏中的表格样式按钮，弹出“表格样式”对话框。单击【新建】按钮，弹出“创建新的表格样式”对话框，在“新样式名”文本框中输入“表格样式 1”，如图 8-13 所示，单击【继续】按钮，进入“新建表格样式：表格样式 1”对话框。单击“数据”选项卡，在【常规】项中将对齐设成正中，“文字样式”设置为“汉字”样式，“文字高度”设置为 6，“文字颜色”设成绿色，如图 8-14 所示。同样，单击【单击样式】中“表头”选项卡，在【常规】项中将对齐设成正中，将“文字样式”设置为“汉字”样式，“文字高度”设置为 6，“文字颜色”设成绿色。单击【单击样式】中“标题”选

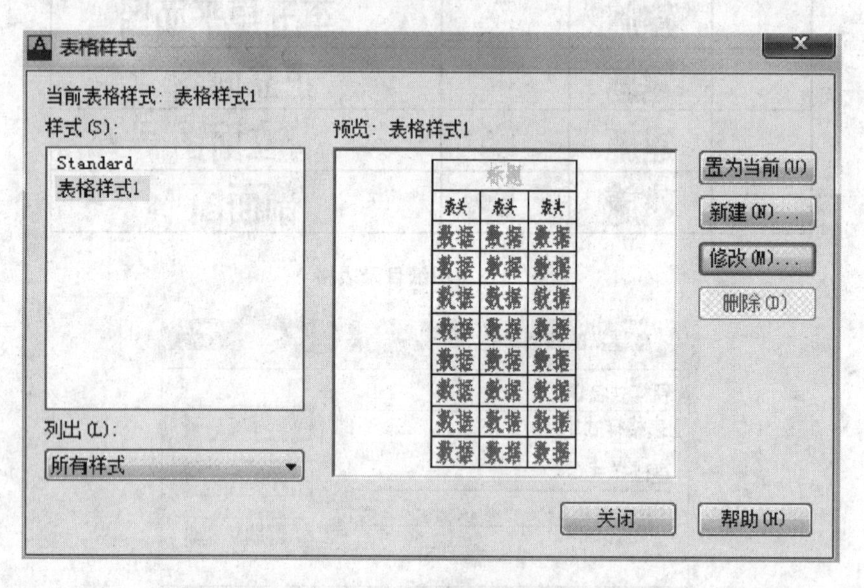

图 8-15　“表格样式”对话框

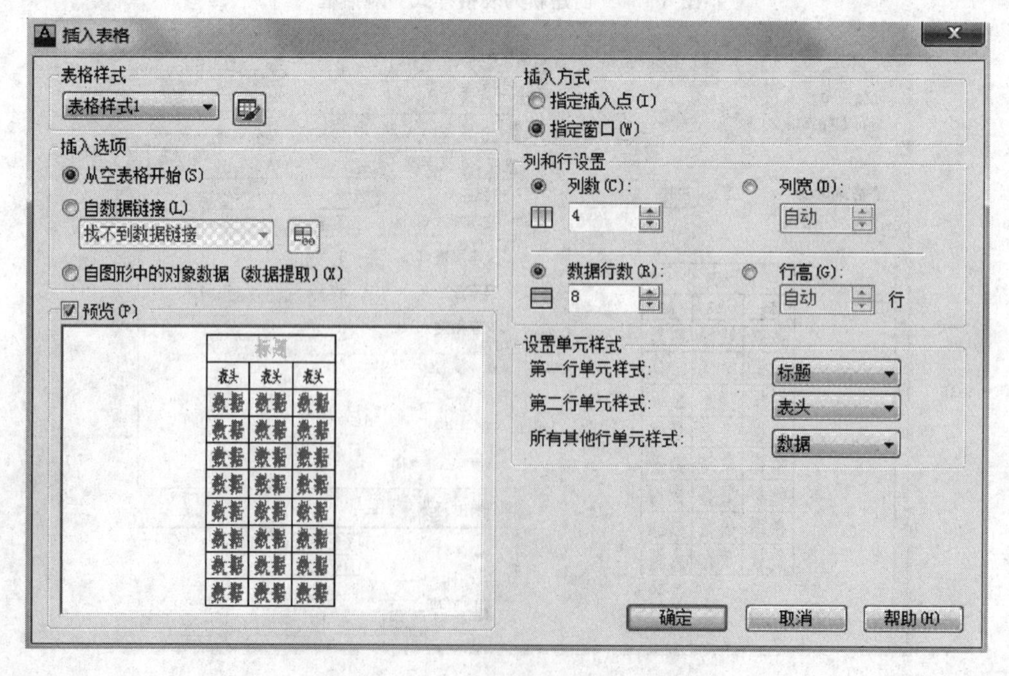

图 8-16　“插入表格”对话框

	A	B	C	D
1	某建筑楼房图纸目录表格			
2	序号	首页	图号	图名
3	1	首页	1	图纸目录、门窗统计表
4	2	首页	2	设计说明
5	3	建施	1	一层平面图
6	4	建施	3	二至五层平面图
7	5	建施	5	正立面图
8	6	建施	6	背立面图
9	7	建施	7	剖面图
10	8	建施	8	材料清单表

图 8-17　表格编辑状态图

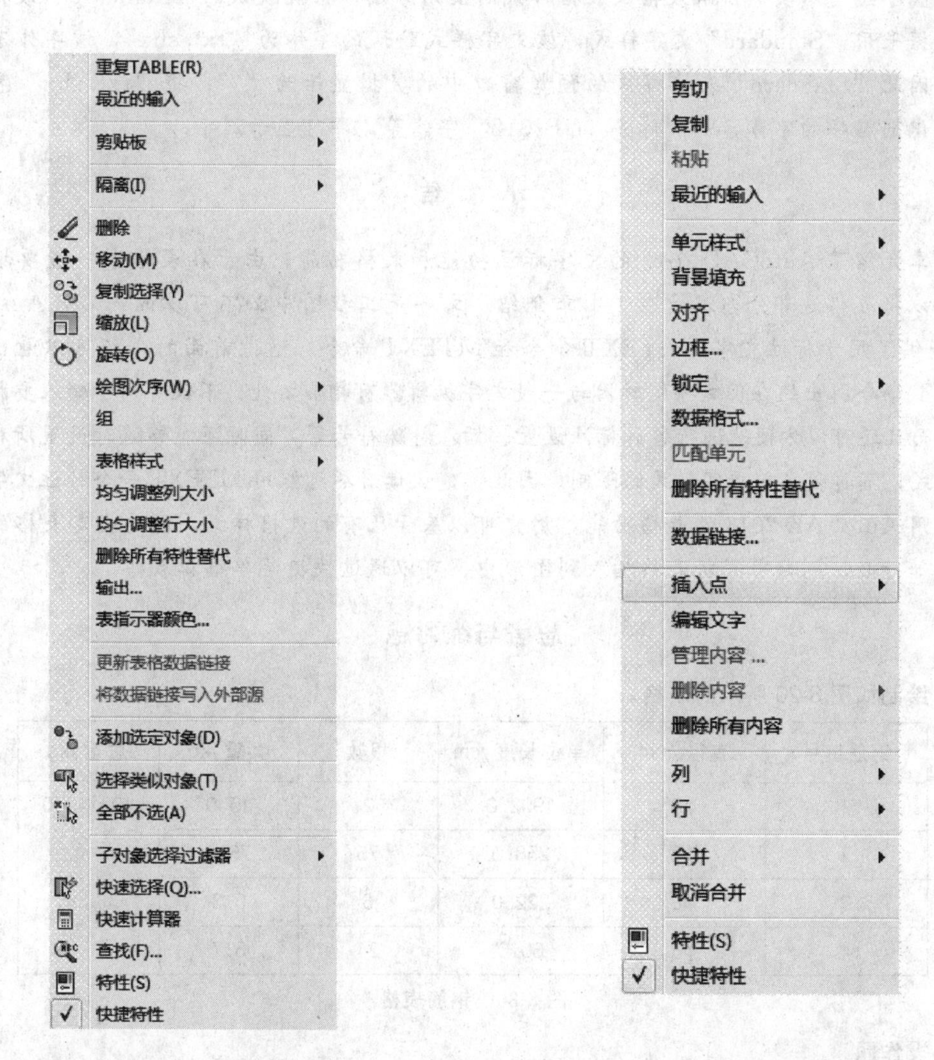

图 8-18　整个表格编辑快捷菜单　　　图 8-19　单元表格编辑快捷菜单

项卡，将“文字样式”设置为“汉字”样式，“文字高度”设置为 8，“文字颜色”设成黄色。单击【确定】按钮，返回“表格样式”对话框，如图 8-15 所示。从“样式”列表框中选择“表格样式 1”，单击【置为当前】按钮，将该表格样式置为当前样式。

(2) 绘制表格　单击“绘图”工具栏中的表格命令按钮，弹出“插入表格”对话框。设置列数为 4，数据行为 8 ，如图 8-16 所示。

单击【确定】按钮，到绘图区内适当位置单击左键，进入表格编辑状态，按照表格内容输入文字，单击【确定】按钮即可，结果如图 8-17 所示。

注意： 当选中整个表格时，会出现许多蓝色的夹点，拖动夹点就可以调整表格的行高和列宽。选中整个表格并单击鼠标右键，会弹出对整个表格编辑的快捷菜单，如图 8-18 所示，可以对整个表格进行复制、粘贴、均匀调整行大小及列大小等操作。当选中某个或某几个表格单元时，单击右键可弹出如图 8-19 所示的快捷菜单，可以进行插入行或列、删除行或列、删除单元内容、合并及拆分单元等操作。

实例小结　本实例讲解表格及表格样式的使用方法。系统默认的“Standard”表格样式中的数据采用“Standard”文字样式，该文字样式默认的字体为“txt. shx”，该字体不识别汉字，因此“Standard”表格样式的预览窗口中的数据显示为“?”，将“txt. shx”字体修改成能识别汉字的字体，如“仿宋 _ GB2312”字体等，即可显示汉字。

小　结

本章介绍了 AutoCAD 2013 的文字标注功能和表格功能。由于在表格中一般要填写文字，所以将表格这部分内容放在了本章介绍。文字是工程图中必不可少的内容，AutoCAD 2013 提供了用于标注文字的 DTEXT 命令和 MTEXT 命令。通过前面的介绍可以看出，由 MTEXT 命令引出的在位文字编辑器与一般文字编辑器有相似之处，不仅可用于输入要标注的文字，而且还可以方便地进行各种标注设置、插入特殊符号等，同时还能够随时设置所标注文字的格式，不再受当前文字样式的限制。因此，建议读者尽可能用 MTEXT 命令标注文字。

利用 AutoCAD 2013 的表格功能，用户可以基于已有的表格样式，通过指定表格的相关参数（如行数、列数等）将表格插入到图形中；可以通过快捷菜单编辑表格。

思考与练习题

1. 绘制如图 8-20 所示的表格。

钢筋编号	直径 /mm	单位长度 /cm	根数	共重 /kg	总重 /kg
1	ϕ8	1902.0	2	15.0	102.4000
2	ϕ8	258.0	75	76.4	
3	ϕ8	222.0	6	5.3	
4	ϕ8	60.0	24	5.7	

图 8-20　钢筋表格

2. 操作题

(1) 创建“数字”文字样式，要求其字体为“Simplex. shx”，宽度比例为 0.8。

(2) 用 MTEXT 命令输入以下文字，要求字体为“仿宋-GB2312”，字高为 50，字体的宽为 0.8。

设计要求

① 本工程所有现浇混凝土构件中受力钢筋的混凝土保护层厚度，梁、柱为 35mm，板厚 200mm。

② 梁内纵向受力钢筋搭接和接头位置为图中有斜线的部位，每次接头为 25% 钢筋总面积，悬臂梁不允许有接头和搭接。

(3) 创建如图 8-21 所示图表。要求字体采用“仿宋-GB2312”，字高为50，字体宽度比例为 0.8，其他参数自定。

门窗统计表			
序号	设计编号	规格	数
1	M−1	1300×2000	4
2	M−2	1000×2100	30
3	C−1	2400×1700	10
4	C−2	1800×1700	40

图 8-21　门窗统计表

第 9 章　尺寸标注、参数化绘图

➢本章要点

尺寸基本概念

定义尺寸标注样式

标注尺寸

多重引线标注

标注尺寸公差与形位公差

编辑尺寸

参数化绘图

9.1 基本概念

AutoCAD 中，一个完整的尺寸一般由尺寸线、延伸线（即尺寸界线）、尺寸文字（即尺寸数字）和尺寸箭头 4 部分组成，如图 9-1 所示。请注意：这里的“箭头”是一个广义的概念，也可以用短划线、点或其他标记代替尺寸箭头。

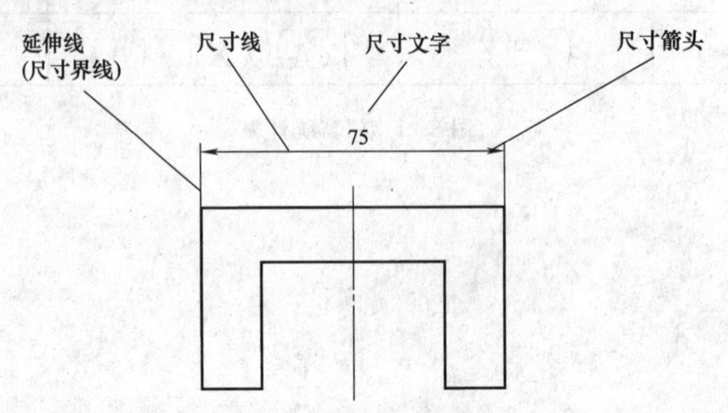

图 9-1　标注的基本结构

AutoCAD 2013 将尺寸标注分为线性标注、对齐标注、半径标注、直径标注、弧长标注、折弯标注、角度标注、引线标注、基线标注、连续标注等多种类型，而线性标注又分水平标注、垂直标注和旋转标注。

9.2 尺寸标注样式

尺寸标注样式（简称标注样式）用于设置尺寸标注的具体格式，如尺寸文字采用的样式；尺寸线、尺寸界线以及尺寸箭头的标注设置等，以满足不同行业或不同国家的尺寸标注要求。

定义、管理标注样式的命令是 DIMSTYLE。执行 DIMSTYLE 命令，AutoCAD 弹出如图 9-2 所示的“标注样式管理器”对话框。

其中，“当前标注样式”标签显示出当前标注样式的名称。“样式”列表框用于列出已有标注样式的名称。“列出”下拉列表框确定要在“样式”列表框中列出哪些标注样式。“预览”图片框用于预览在“样式”列表框中所选中标注样式的标注效果。“说明”标签框用于

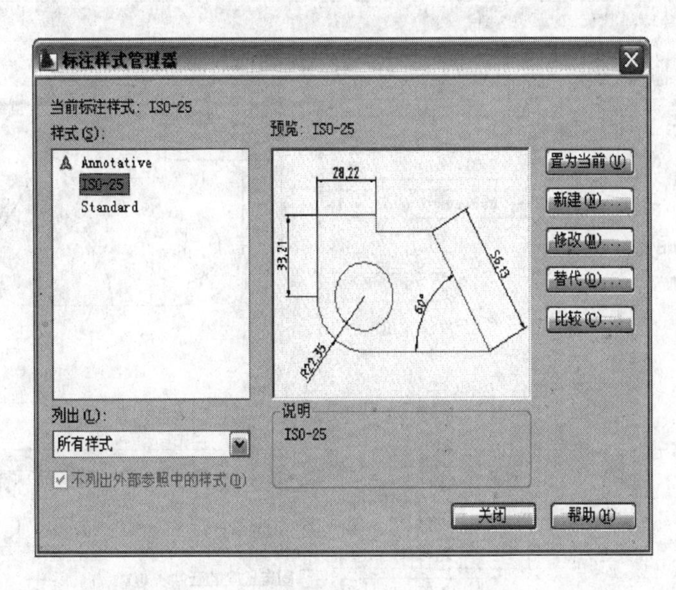

图 9-2 “标注样式管理器”对话框

显示在“样式”列表框中所选定标注样式的说明。【置为当前】按钮把指定的标注样式置为当前样式。【新建】按钮用于创建新标注样式。【修改】按钮则用于修改已有标注样式。【替代】按钮用于设置当前样式的替代样式。【比较】按钮用于对两个标注样式进行比较，或了解某一样式的全部特性。

下面介绍如何新建标注样式。

在“标注样式管理器”对话框中单击【新建】按钮，AutoCAD 弹出如图 9-3 所示“创建新标注样式”对话框。可通过该对话框中的“新样式名”文本框指定新样式的名称；通过“基础样式”下拉列表框样式用来创建新样式的基础样式；通过“用于”下拉列表框，可确定新建标注样式的适用范围。下拉列表中有“所有标注”、“线性标注”、“角度标注”、“半径标注”、“直径标注”、“坐标标注”和“引线和公差”等选择项，分别用于使新样式适于对应的标注。确定新样式的名称和有关设置后，单击【继续】按钮，AutoCAD 弹出“新建标注样式”对话框，如图 9-4 所示。

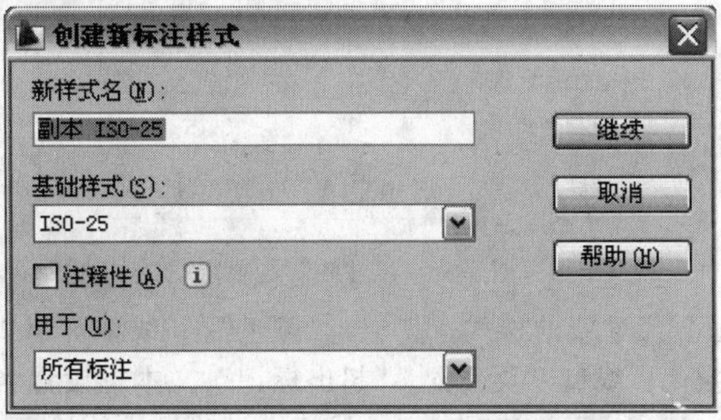

图 9-3 “创建新标注样式”对话框

在 AutoCAD 2013“标注样式管理器”中单击【新建】或【修改】按钮，都可以打开“标注样式”对话框，其中均有【线】、【符号和箭头】、【文字】、【调整】、【主单位】、【换算单位】和【公差】7 个选项卡，下面分别介绍这些选项卡的作用。

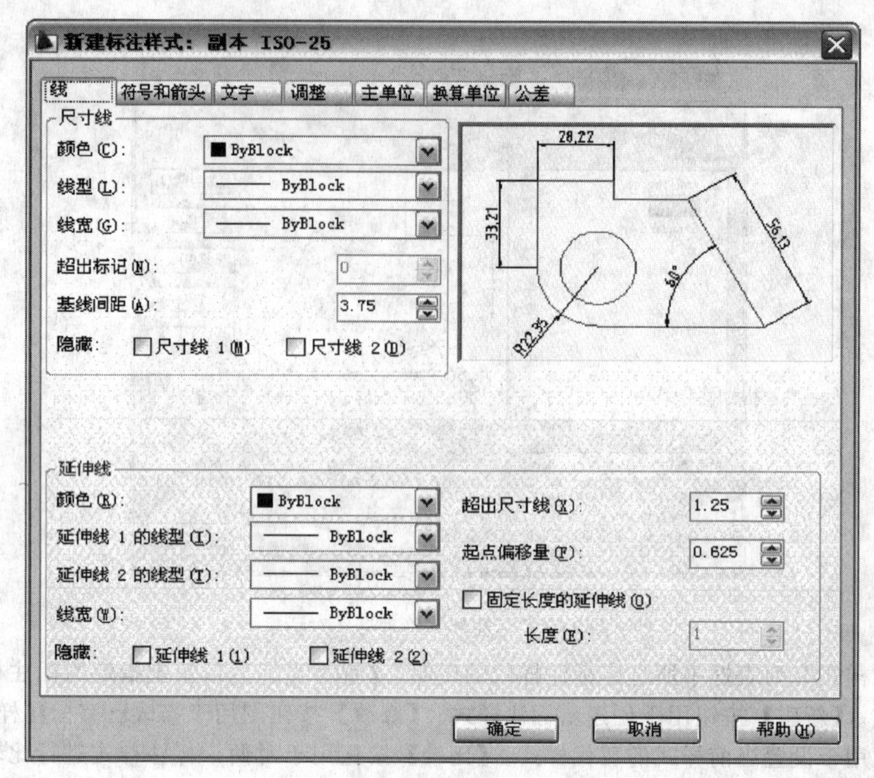

图 9-4 “新建标注样式”对话框

9.2.1 AutoCAD 2013【线】选项卡

【线】选项卡用于设置尺寸线和尺寸界线的格式与属性，如图 9-4 所示为与【线】选项卡对应的对话框。

下面介绍选项卡中主要项的功能。

(1)“尺寸线”选项组

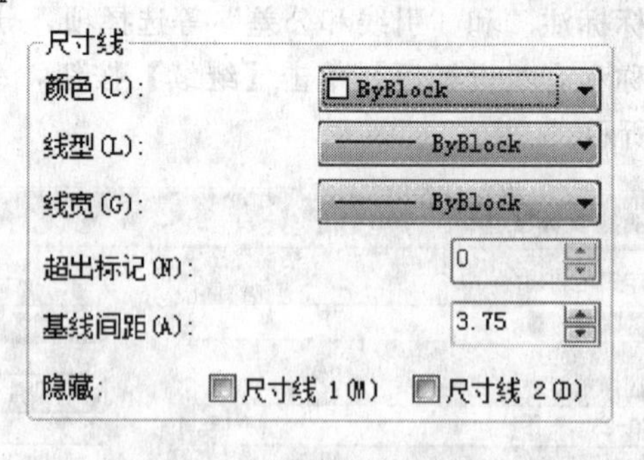

图 9-5 “尺寸线”选项组

如图 9-5 所示，设置尺寸线的样式。其中，“颜色”、“线型”和“线宽”下拉列表框分别用于设置尺寸线的颜色、线型以及线宽。“超出标记”文本框设置当尺寸“箭头”采用斜线、建筑标记、小点、积分或无标记时，尺寸线超出尺寸界线的长度。“基线间距”文本框设置当采用基线标注方式标注尺寸时，各尺寸线之间的距离。与“隐藏”项对应的“尺寸线 1”和“尺寸线 2”复选框分别用于确定是否在标注的尺寸上隐藏第一段尺寸线、第二段尺寸线以及对应的箭头，选中复选框表示隐藏。

(2)“尺寸界线”选项组

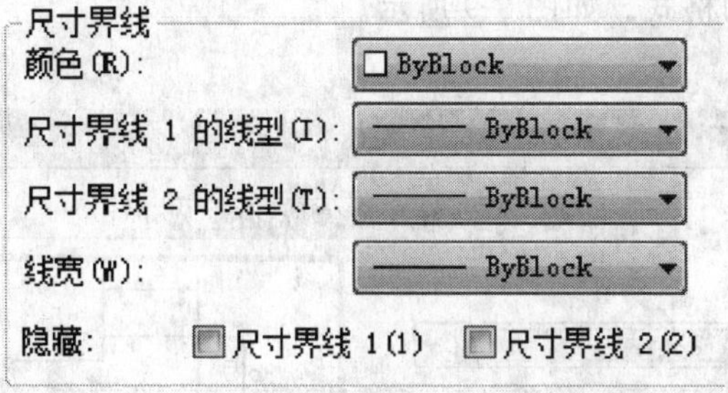

尺寸界线
颜色(R):　ByBlock
尺寸界线 1 的线型(I):　ByBlock
尺寸界线 2 的线型(T):　ByBlock
线宽(W):　ByBlock
隐藏:　尺寸界线 1(1)　尺寸界线 2(2)

图 9-6 “尺寸界线”选项组

如图 9-6 所示，该选项组用于设置尺寸界线的样式。其中，“颜色”“尺寸界线 1 的线型”、“尺寸界线 2 的线型”和“线宽”下拉列表框分别用于设置尺寸界线的颜色、两条尺寸界线的线型以及线宽。与“隐藏”项对应的“尺寸界线 1”和“尺寸界线 2”复选框分别确定是否隐藏第一条尺寸界线和第二条尺寸界线。选中复选框表示隐藏对应的尺寸界线。

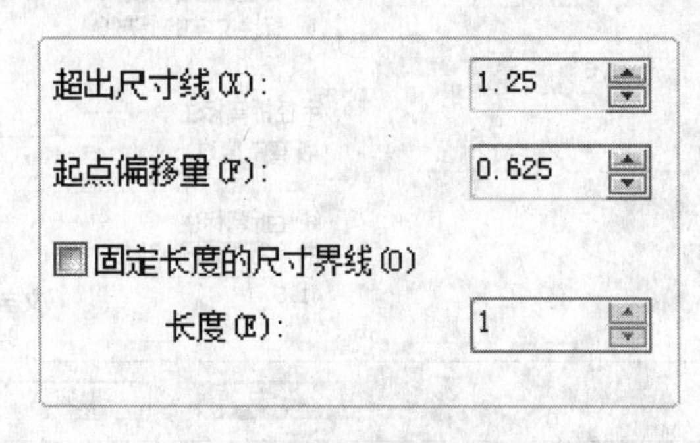

图 9-7 “超出尺寸线”组合框

如图 9-7 所示“超出尺寸线”组合框确定尺寸界线超出尺寸线的距离。“起点偏移量”组合框确定尺寸界线的起点相对于其定义点的偏移距离。“固定长度的尺寸界线”复选框可以使所标注的尺寸踩相同长度的尺寸界线。如果采用这种标注方式，应通过“长度”文本框指定尺寸界线的长度。

(3) AutoCAD 2013 预览窗口

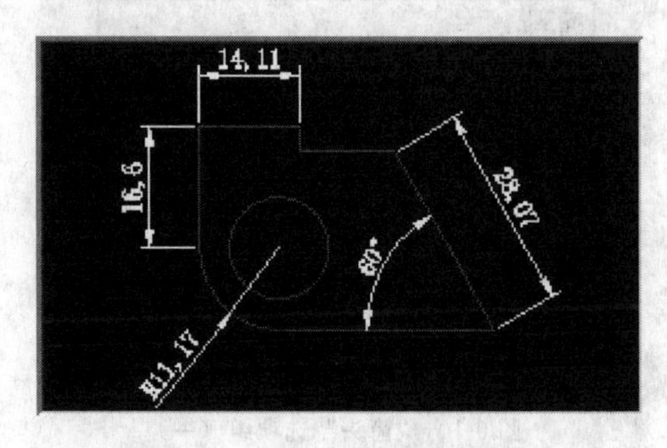

图 9-8 AutoCAD 2013 预览窗口

AutoCAD 2013 在位于对话框右上角的预览窗口内根据当前的样式设置显示出对应的标注效果示例。如图 9-8 所示。

9.2.2 AutoCAD 2013【符号和箭头】选项卡

【符号和箭头】选项卡用于设置尺寸箭头、圆心标记、折断标注、弧长符号、半径折弯标注和线性折弯标注等的格式。如图 9-9 所示。

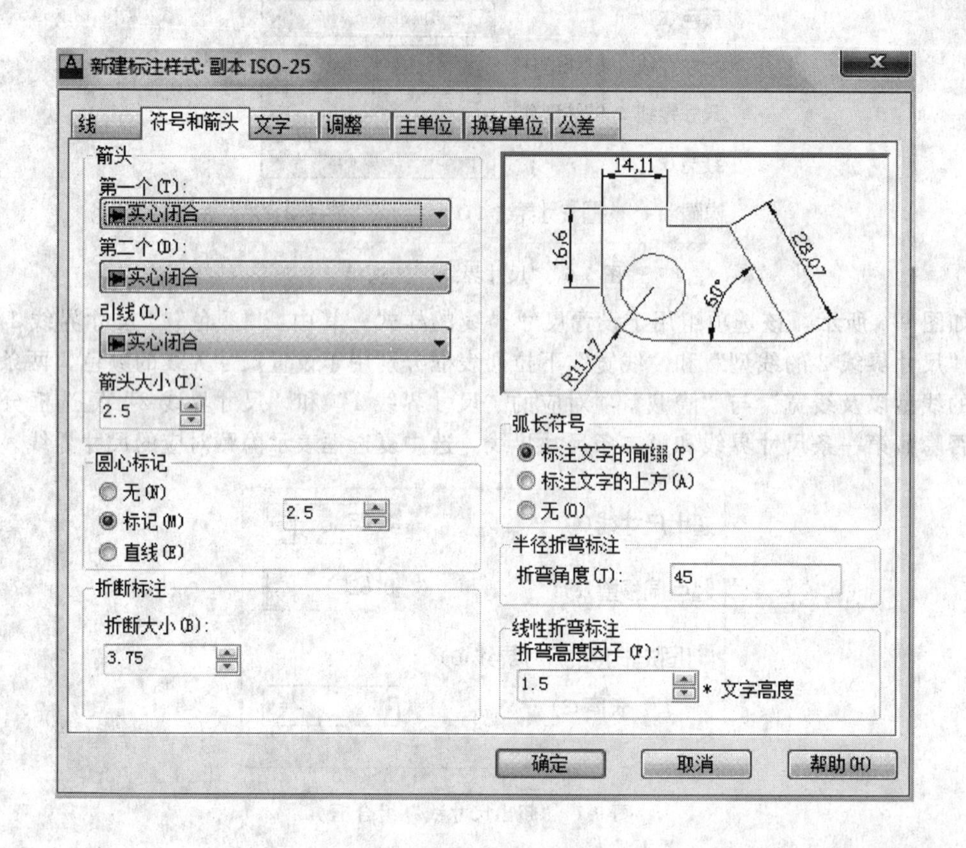

图 9-9 “符号和箭头”选项卡

(1) AutoCAD 2013“箭头”选项组

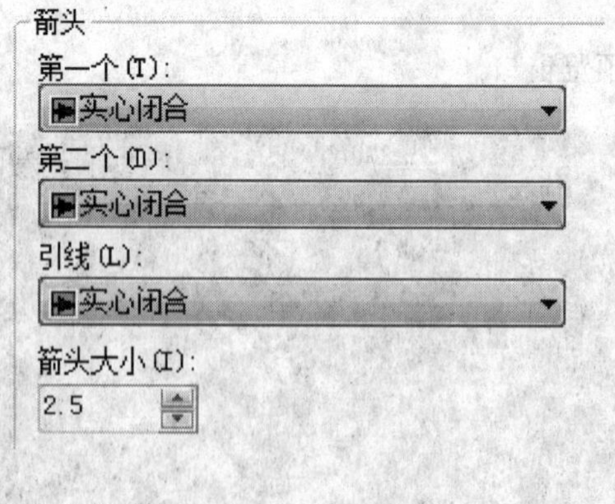

箭头
第一个(T):
实心闭合
第二个(D):
实心闭合
引线(L):
实心闭合
箭头大小(I):
2.5

图 9-10 “箭头”选项组(一)

如图 9-10 所示，该选项组用于确定尺寸线两端的箭头样式。其中，“第一个”下拉列表框用于确定线在第一端点处的样式。单击“第一个”下拉列表框右侧的小箭头，AutoCAD 2013 弹出下拉列表（如图 9-11 所示）中列出了 AutoCAD 2013 允许使用的尺寸线起始端的样式，供用户选择用户设置了尺寸线第一端的样式后，尺寸线的另一端也采用同样的样式。如果希望尺寸端的样式不一样，可以通过“第二个”下拉列表框设置尺寸线另一端的样式。

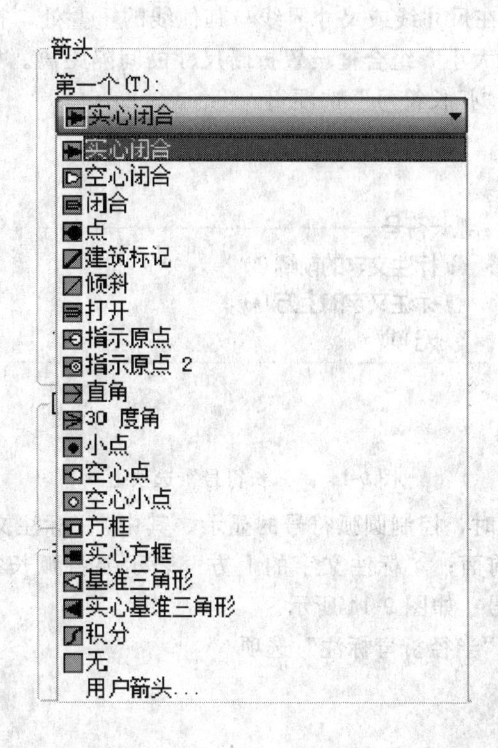

图 9-11 “箭头”选项组（二）

“引线”下拉列表框用于确定引线标注时，引线在起始点处的样式，从对应的下拉列表中选择即可。“箭头大小”文本框用于确定尺寸箭头的长度。

（2）AutoCAD 2013“圆心标记”选项组

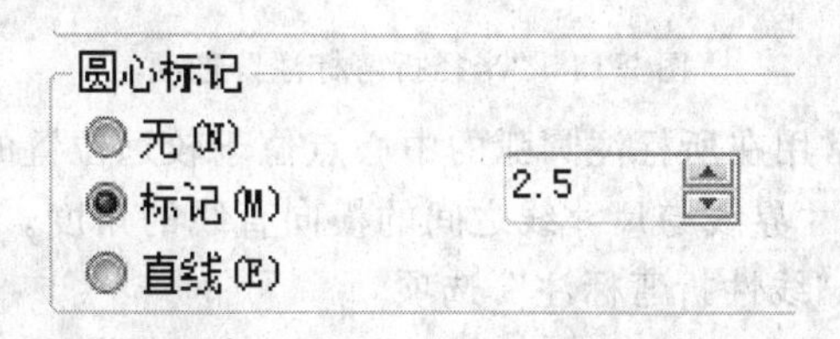

图 9-12 “圆心标记”选项组

当对圆或圆弧执行圆心标记操作时，此选项组用于确定圆心标记的类型大小。用户可以在“无”（无标记）、“标记”（显示标记）和“直线”（即显示为直线）之间选择。如图 9-12 所示。

“圆心标记”选项组中的组合框用于确定圆心标记的大小，在组合框中输入的值是圆心标记在圆心处的短十字线长度的一半。例如：如果将值设置为 2.5，那么圆心标记在圆心处的短十字线的长度是 5。

（3）“折断标注”选项

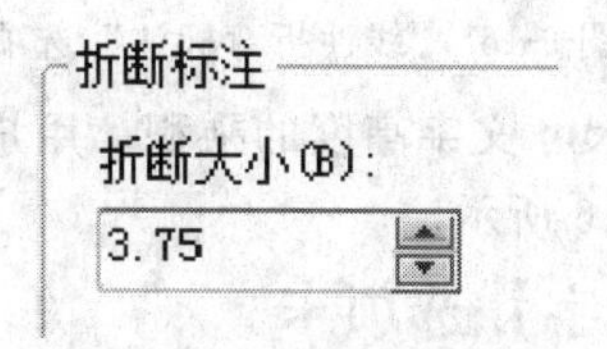

图 9-13 “折断标注”选项

AutoCAD 2013 允许在尺寸线或尺寸界线与其他线的重叠处，打断尺寸线或尺寸界线。用户可以通过“折断大小”组合框设置折断尺寸的间隔距离。如图 9-13 所示。

（4）AutoCAD 2013“弧长符号”选项组

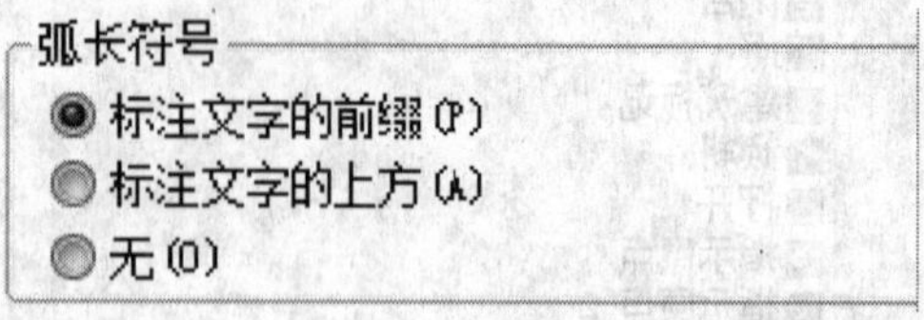

弧长符号
标注文字的前缀(P)
标注文字的上方(A)
无(O)

图 9-14 “弧长符号”选项组

为圆弧标注长度尺寸时，控制圆弧符号的显示。其中，“标注文字的前缀”表示要将弧长符号放在标注文字的前面；“标注文字的上方”表示要将弧长符号放在标注文字上方；“无”表示不显示弧长符号。如图 9-14 所示。

（5）AutoCAD 2013“半径折弯标注”选项

图 9-15 “半径折弯标注”选项

“半径折弯标注”通常用在所标注圆弧的中心点位于较远位置的情形。“折弯角度”文本框确定连接半径标注的尺寸界线与尺寸线之间的横向直线的角度。如图 9-15 所示。

（6）AutoCAD 2013“线性折弯标注”选项

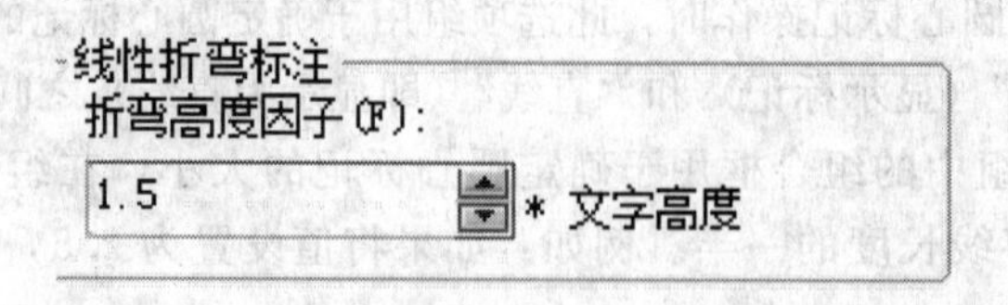

图 9-16 “线性折弯标注”选项

折弯高度为折弯高度因子与尺寸文字高度的乘积。用户可以在“折弯高度因子”组合框中输入折弯高度因子值。如图 9-16 所示。

9.2.3 AutoCAD 2013【文字】选项卡

【文字】选项卡用于设置尺寸文字的外观、位置以及对齐方式，如图 9-17 所示。

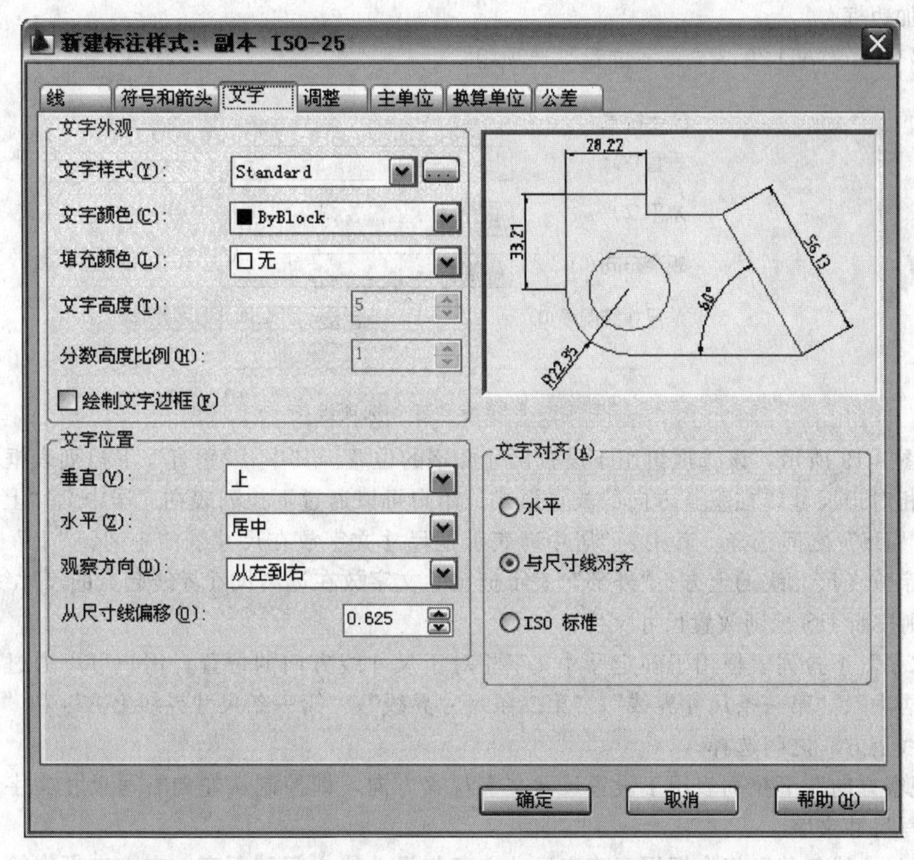

图 9-17 “文字”选项卡

(1) AutoCAD 2013“文字外观”选项组

文字外观
文字样式(Y): Standard
文字颜色(C): ByLayer
填充颜色(L): 无
文字高度(T): 2.5
分数高度比例(H): 1
绘制文字边框(F)

图 9-18 “文字外观”选项组

如图 9-18 所示，该选项组用于设置尺寸文字的样式等。其中，“文字样式”、“文字颜色”下拉列表框分别用于设置尺寸文字的样式与颜色。“填充颜色”下拉列表框用于设置文字的背景颜色。

“文字高度”组合框用于确定尺寸文字的高度。“分数高度比例”文本框用于设置尺寸文字中的分数相对于其他尺寸文字的缩放比例，AutoCAD 2013 将该比例值与尺寸文字高度的乘积作为所标记分数的高度（只有在【主单位】选项卡中选择了“分数”作为单位格式时，此选项才有效）。“绘制文字边框”复选框确定是否对尺寸文字加边框，选中复选框加边框，否则不加边框。

（2）AutoCAD 2013“文字位置”选项组

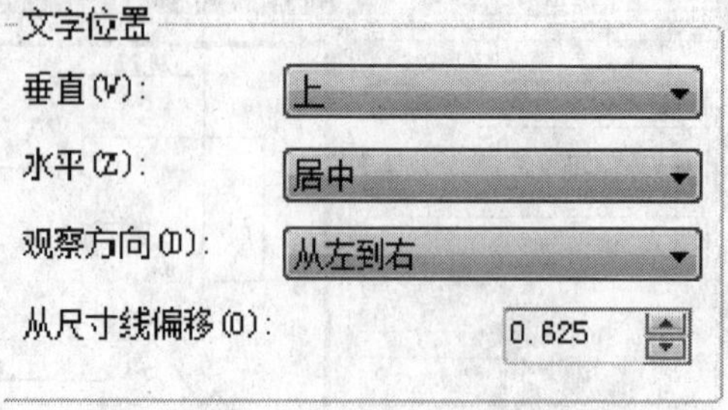

图 9-19 “文字位置”选项组

如图 9-19 所示，该选项组用于设置尺寸文字的位置。其中，“垂直”下拉列表框控制尺寸文字相对于尺寸线在垂直方向的放置形式。用户可以通过下拉列表在“居中”、“上”、“外部”和“JIS”之间选择。其中，“居中”表示把尺寸文字放在尺寸线的中间；“上”表示把尺寸文字放在尺寸线的上方；“外部”表示把尺寸文字放在远离尺寸界线起点的尺寸线一侧；“JIS”则按照 JIS 规则放置尺寸文字。

“水平”下拉列表框用于确定尺寸文字相对于尺寸线方向的位置。用户可以通过下拉列表在“居中”、“第一条尺寸界线”、“第二条尺寸界线”、“第一条尺寸界线上方”和“第二条尺寸界线上方”之间选择。

“观察方向”下拉列表用于设置尺寸文字观察方向，即控制从左向右写尺寸文字还是从右向左写尺寸文字。

“从尺寸线偏移”组合框用于确定尺寸文字与尺寸线之间的距离，在文本框中输入具体值即可。

（3）AutoCAD 2013“文字对齐”选项组

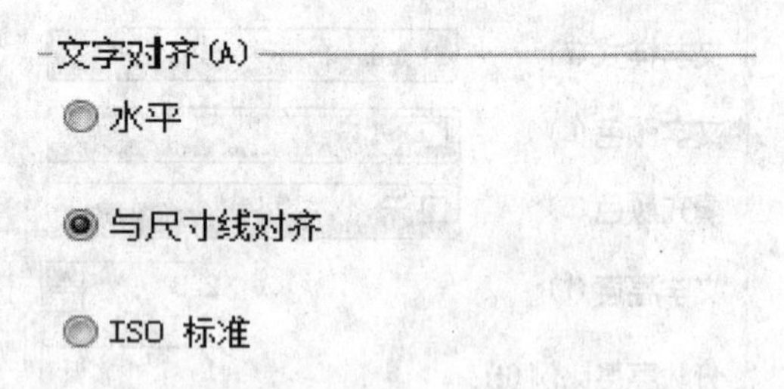

图 9-20 “文字对齐”选项组

如图 9-20 所示，此选项组用于确定尺寸文字的对齐方式。其中，“水平”单选按钮确定尺寸文字是否总是水平放置；“与尺寸线对齐”单选按钮确定尺寸文字方向是否要与尺寸线方向一致；“ISO 标准”单选按钮确定尺寸文字是否按 ISO 标准放置，即当尺寸文字位于尺寸界线之间时，文字方向与尺寸线方向一致，当尺寸文字在尺寸界线之外时，尺寸文字水平放置。

9.2.4 AutoCAD 2013【调整】选项卡

该选项卡用于控制尺寸文字、尺寸线、尺寸箭头等的位置以及其他一些特征。如图9-21 所示。

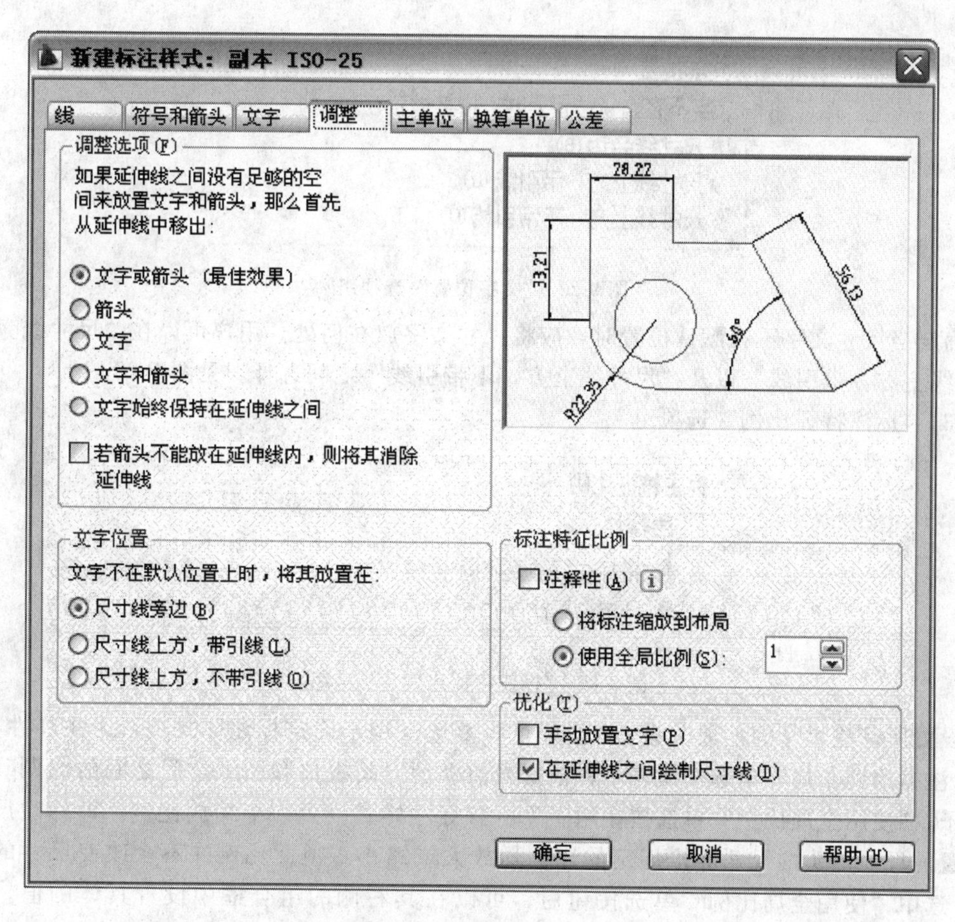

图 9-21 “调整”选项卡

(1) AutoCAD 2013“调整选项”选项组

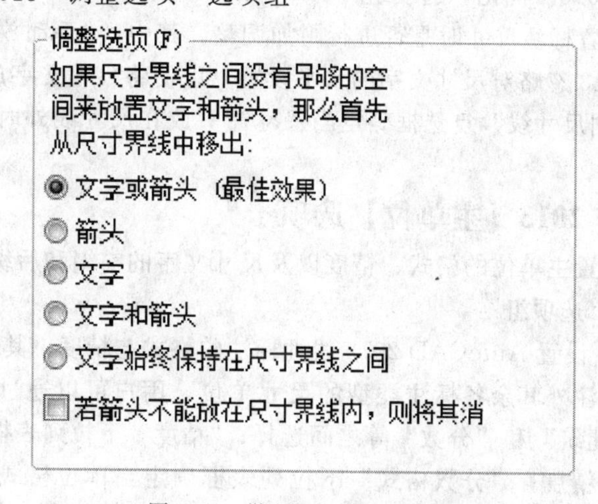

图 9-22 “调整选项”选项组

当在尺寸界线之间没有足够的空间同时放置尺寸文字和箭头时，确定首先要从尺寸界线之间移出尺寸文字还是箭头等的设置。用户可以通过该选项组中的各单选按钮进行选择。见图 9-22。

(2) AutoCAD 2013“文字位置”选项组

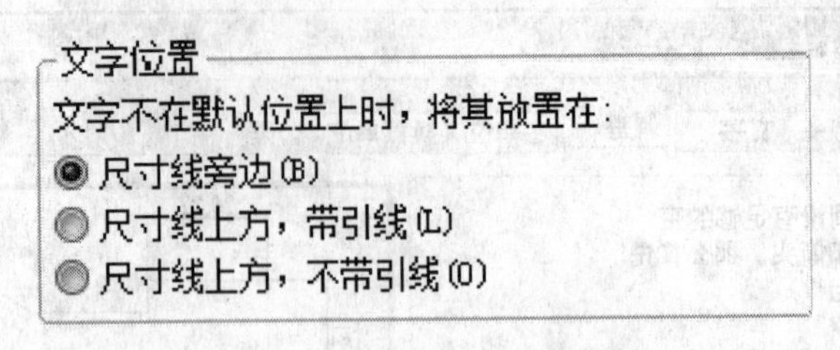

图 9-23 “文字位置”选项组

确定当尺寸文字不在默认位置时，应将尺寸文字放在何处。用户可以在“尺寸线旁边”、“尺寸线上方，带引线”以及“尺寸线上方，不带引线”之间选择。见图 9-23。

(3)“标注特征比例”选项组

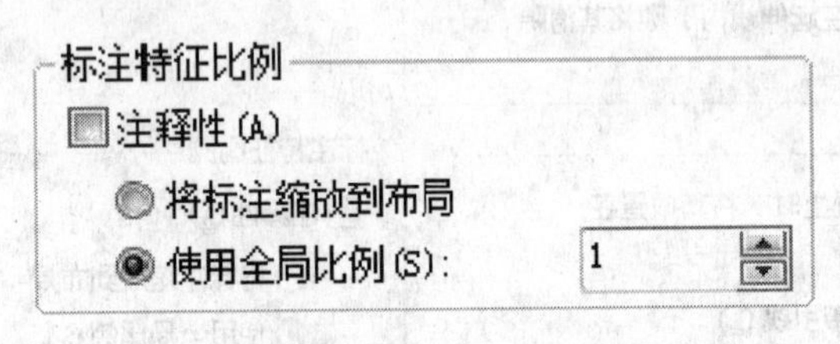

图 9-24 “标注特征比例”选项组

设置所标注尺寸的缩放关系。“注释性”复选框用于确定标注样式是否为注释性样式；“将标注缩放到布局”单选按钮表示将根据当前模型空间视口和图纸空间之间的比例确定比例因子；“使用全局比例”单选按钮用于为所有标注样式设置一个缩放比例，即标注尺寸时将设置的尺寸箭头的尺寸等按指定的比例均放大或缩小（但此比例并不会改变尺寸的测量值）。选中“使用全局比例”单选按钮后，可以在其右侧的组合框中设置具体的值。见图 9-24。

(4) AutoCAD 2013“优化”选项组

该选项组用于设置标注尺寸时是否进行附加调整。其中，“手动放置文字”复选框确定是否使 AutoCAD 2013 忽略对尺寸文字的水平设置，以便将尺寸文字放在用户指定的位置；“在尺寸界线之间绘制尺寸线”复选框确定当尺寸箭头放在尺寸线外时，是否在尺寸界线内绘制尺寸线。

9.2.5 AutoCAD 2013【主单位】选项卡

该选项卡用于设置主单位的格式、精度以及尺寸文字的前缀和后缀，如图 9-25 所示。

(1)“线性标注”选项组

如图 9-26 所示，设置 AutoCAD 2013 线性标注的格式与精度。其中，“单位格式”下拉列表框设置除角度标注外其余各标注类型的尺寸单位，用户可以通过下拉列表在“科学”、“小数”、“工程”、“建筑”和“分数”等之间选择；“精度”下拉列表框确定标注除角度尺寸之外的其他尺寸时的精度；“分数格式”下拉列表框确定当单位格式为分数形式时的标注格式。

“小数分隔符”下拉列表框确定当单位格式为小数形式时小数的分隔符形式；“舍入”文本框确定尺寸测量值（角度标注除外）的测量精度；“前缀”和“后缀”文本框分别用于确定尺寸文字的前缀和后缀，在文本框中输入具体内容即可。

“测量单位比例”子选项组用于确定测量单位的比例。其中，“比例因子”组合框用于确定测量尺寸的缩放比例。用户设置比例值后，AutoCAD 2013 实际标注出的尺寸值是测量值与该值之积。“仅应用到布局标注”复选框用于设置所确定的比例关系是否仅适用于布局。

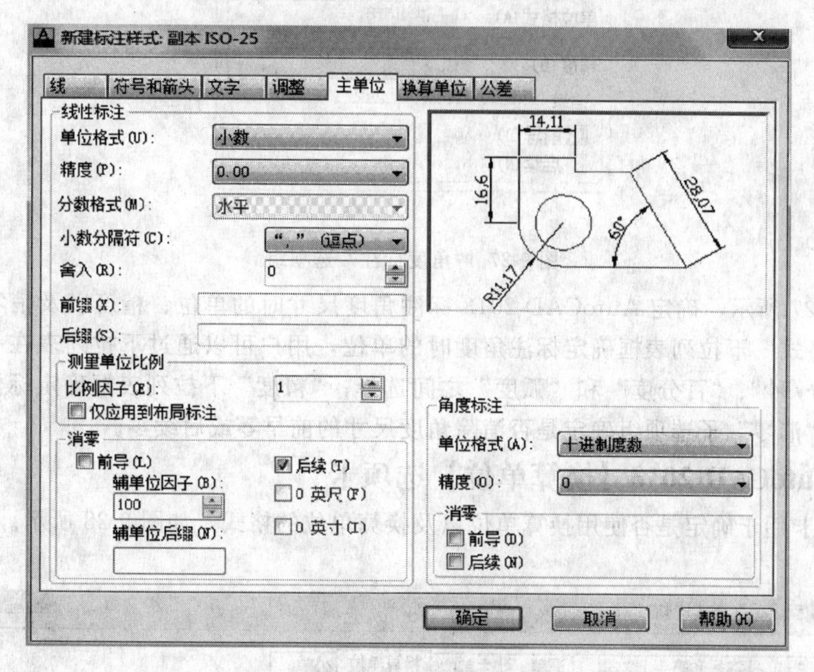

图 9-25 “主单位”选项卡

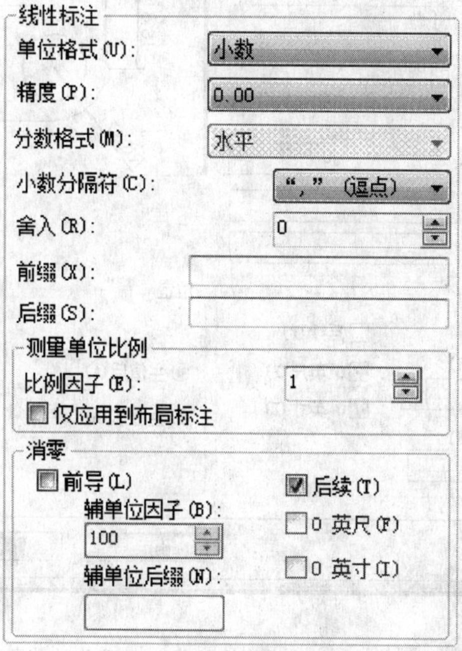

图 9-26 “线性标注”选项组

“消零”子选项组用于确定是否显示尺寸标注中的前导或后续零。

(2)“角度标注”选项组

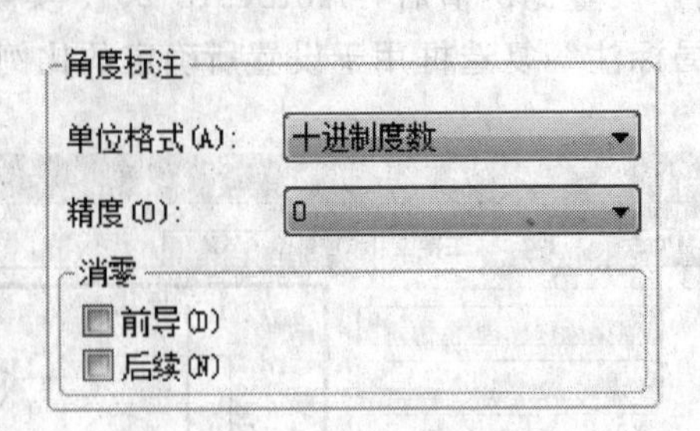

图 9-27 “角度标注”选项组

如图 9-27 所示，确定 AutoCAD 2013 标注角度尺寸时的单位、精度以及消零与否。其中，“单位格式”下拉列表框确定标注角度时的单位，用户可以通过下拉列表在“十进制度数”、“度/分/秒”、“百分度”和“弧度”之间选择；“精度”下拉列表框确定标注角度时的尺寸精度；“消零”子选项组确定是否消除角度尺寸的前早零或后续零。

9.2.6 AutoCAD 2013【换算单位】选项卡

该选项卡用于确定是否使用换算单位以及换算单位的格式，如图 9-28 所示。

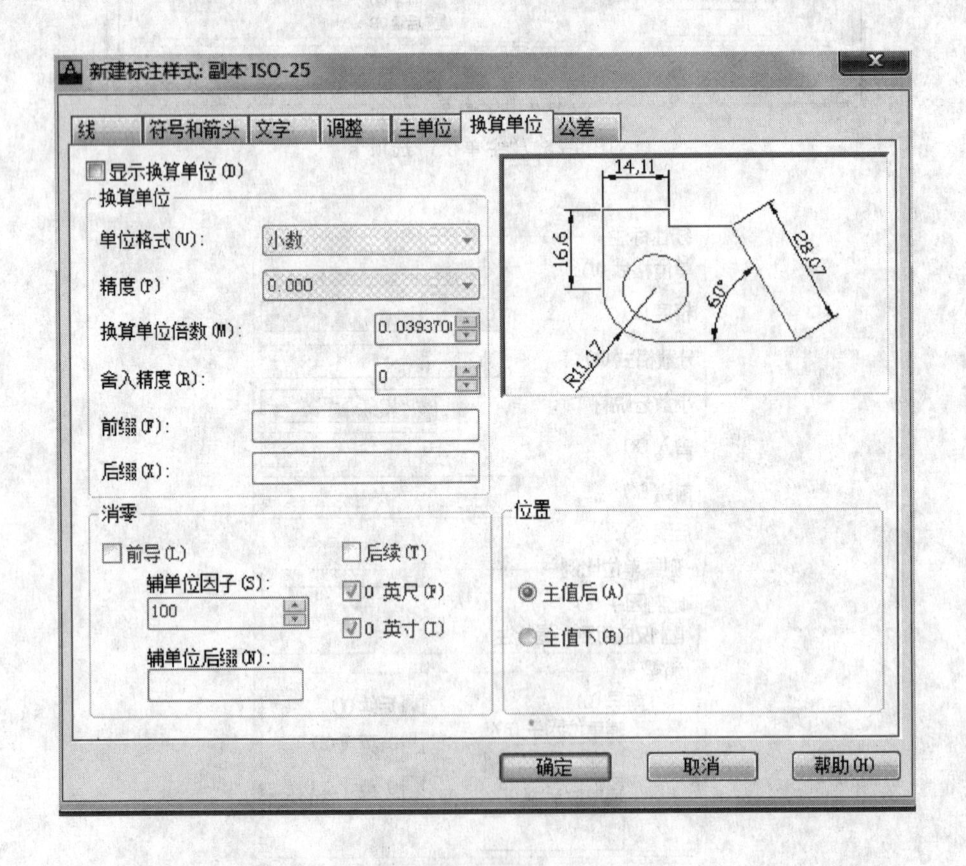

图 9-28 “换算单位”选项卡

（1）“显示换算单位”复选框

显示换算单位(D)，此复选框用于确定是否在标注的尺寸中显示换算单位。

（2）“换算单位”选项组

如图9-29所示，当显示换算单位时，设置除角度标注之外的所有标注类型的当前换算单位格式。其中，“单位格式”下拉列表框用于设置换算单位的单位格式；“精度”下拉列表框用于设置换算单位的精度（如换算单位为“小数”时的小数位数）；“换算单位倍数”组合框用于指定一个乘数，以作为主单位和换算单位之间的换算因子；“舍入精度”组合框设置除角度标注之外的所有标注类型的换算单位的舍入规则；“前缀”“后缀”文本框分别用于确定在换算标注文字中包含的前缀与后缀。

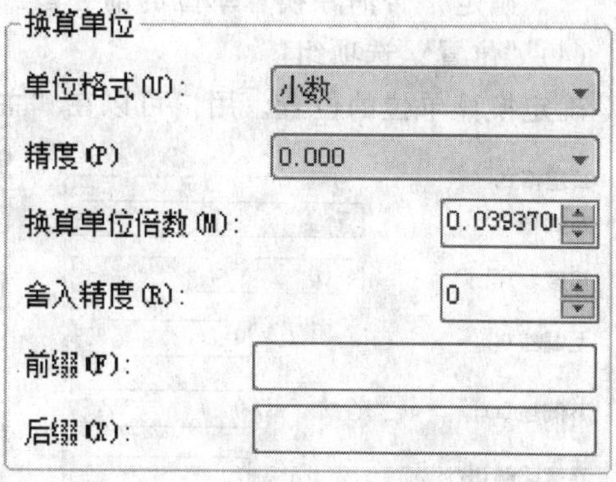

换算单位
单位格式(U): 小数
精度(P): 0.000
换算单位倍数(M): 0.0393701
舍入精度(R): 0
前缀(F):
后缀(X):

图9-29 “换算单位”选项组

（3）“消零”选项组

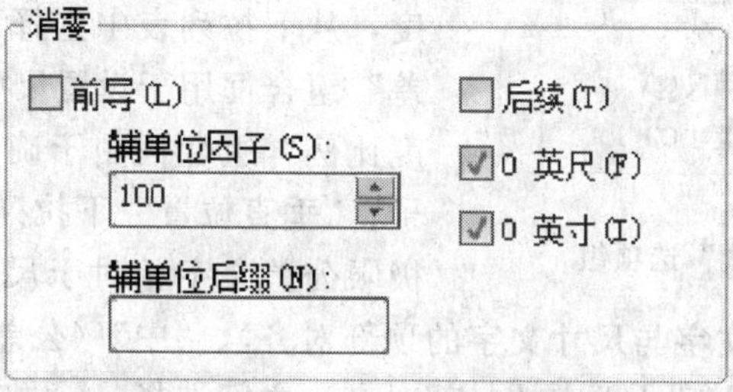

消零
前导(L)
辅单位因子(S): 100
辅单位后缀(N):
后续(T)
0 英尺(F)
0 英寸(I)

图9-30 “消零”选项组

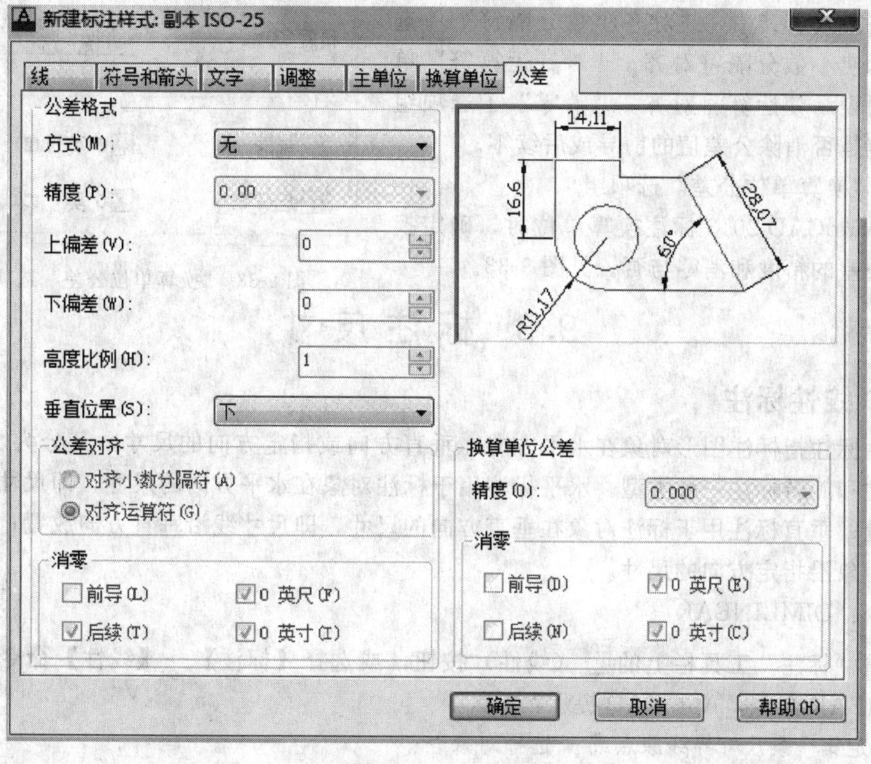

新建标注样式: 副本 ISO-25
线 | 符号和箭头 | 文字 | 调整 | 主单位 | 换算单位 | 公差
公差格式
方式(M): 无
精度(P): 0.00
上偏差(V): 0
下偏差(W): 0
高度比例(H): 1
垂直位置(S): 下
公差对齐
对齐小数分隔符(A)
对齐运算符(G)
消零
前导(L)　0 英尺(F)
后续(T)　0 英寸(I)
14,11
16,6
28,07
60°
R11,17
换算单位公差
精度(O): 0.000
消零
前导(D)　0 英尺(E)
后续(N)　0 英寸(C)
确定　取消　帮助(H)

图9-31 “公差”选项卡

确定是否消除换算单位的前导零或后续零。如图 9-30 所示。

（4）“位置”选项组

确定换算单位的位置。用户可以在“主值后”与“主值下”之间进行选择。

9.2.7 AutoCAD 2013【公差】选项卡

该选项卡用于确定是否标注公差，以及以何种方式标注，如图 9-31 所示。

（1）“公差格式”选项组

如图 9-32 所示，确定公差的 AutoCAD 2013 标注格式。其中，“方式”下拉列表框用于确定以何种方式标注公差。用户可以通过下拉列表在“无”、“对称”、“极限偏差”、“极限尺寸”和“基本尺寸”之间选择。

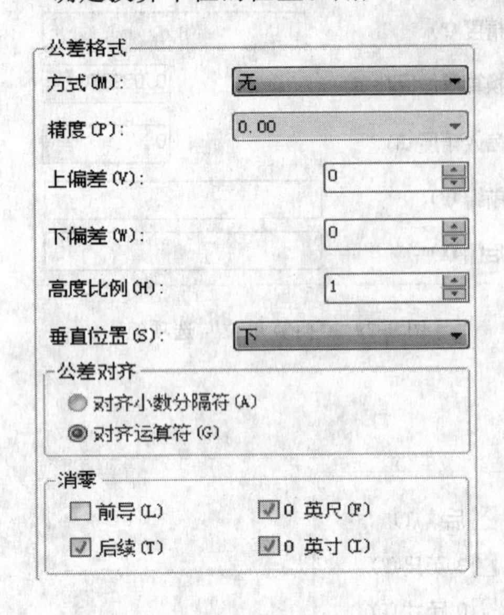

图 9-32 “公差格式”选项组

“精度”下拉列表框用于设置尺寸公差的精度，从下拉列表中选择即可；“上偏差”、“下偏差”组合框用于设置尺寸的上偏差、下偏差；“高度比例”组合框用于确定公差文字的高度比例因子；“垂直位置”下拉列表框用于控制对称公差和极限公差文字相对于尺寸文字的位置，可以通过下拉列表在“上”（公差文字与尺寸文字的顶部对齐）、“中”（公差文字与尺寸文字的中间对齐）和“下”（公差文字与尺寸文字的底部对齐）之间选择。

“公差对齐”子选项组用于控制公差值堆叠时的对齐方式。其中，“对齐小数分隔符”单选按钮表示使小数分隔符对齐；“对齐运算符”单选按钮则表示使运算符对齐。“消零”子选项组用于确定是否消除公差值的前导或后续零。

（2）“换算单位公差”选项组

当 AutoCAD 2013 标注换算单位时，确定换算单位公差的精度和消零与否。见图 9-33。

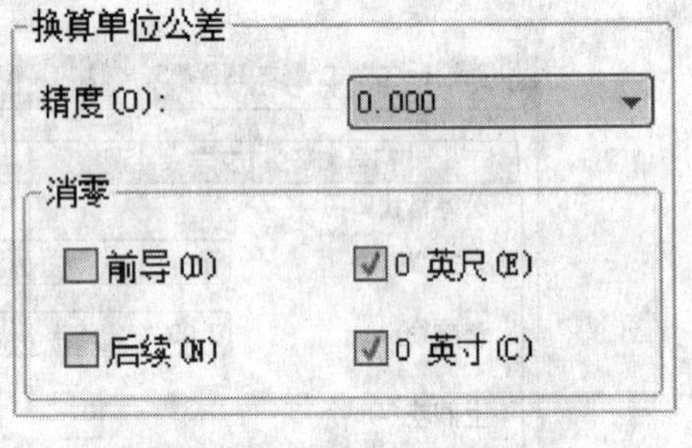

图 9-33 “换算单位公差”选项组

9.3 标注尺寸

9.3.1 线性标注

线性标注指标注图形对象在水平方向、垂直方向或指定方向的尺寸，又分为水平标注、垂直标注和旋转标注三种类型。水平标注用于标注对象在水平方向的尺寸，即尺寸线沿水平方向放置；垂直标注用于标注对象在垂直方向的尺寸，即尺寸线沿垂直方向放置；旋转标注则标注对象沿指定方向的尺寸。

命令：DIMLINEAR

单击“标注”工具栏上的（线性）按钮，或选择【标注】→【线性】命令，即执行 DIMLINEAR 命令，AutoCAD 提示：

➢指定第一条尺寸界线原点或＜选择对象＞：

在此提示下用户有两种选择，即确定一点作为第一条尺寸界线的起始点或直接按【Enter】

键选择对象。

(1) 指定第一条尺寸界线原点

如果在“指定第一条尺寸界线原点或 ＜选择对象＞：”提示下指定第一条尺寸界线的起始点，AutoCAD 提示：

➢指定第二条尺寸界线原点：(确定另一条尺寸界线的起始点位置)

➢指定尺寸线位置或

[多行文字 (M)/文字 (T)/角度 (A)/水平 (H)/垂直 (V)/旋转 (R)]：

其中，“指定尺寸线位置”选项用于确定尺寸线的位置。通过拖动鼠标的方式确定尺寸线的位置后，单击拾取键，AutoCAD 根据自动测量出的两尺寸界线起始点间的对应距离值标注出尺寸。

“多行文字”选项用于根据文字编辑器输入尺寸文字。“文字”选项用于输入尺寸文字。“角度”选项用于确定尺寸文字的旋转角度。“水平”选项用于标注水平尺寸，即沿水平方向的尺寸。“垂直”选项用于标注垂直尺寸，即沿垂直方向的尺寸。“旋转”选项用于旋转标注，即标注沿指定方向的尺寸。

(2) ＜选择对象＞

如果在“指定第一条尺寸界线原点或＜选择对象＞：”提示下直接按【Enter】键，即执行“＜选择对象＞”选项，AutoCAD 提示：

➢选择标注对象：

此提示要求用户选择要标注尺寸的对象。用户选择后，AutoCAD 将该对象的两端点作为两条尺寸界线的起始点，并提示：

➢指定尺寸线位置或

[多行文字 (M)/文字 (T)/角度 (A)/水平 (H)/垂直 (V)/旋转 (R)]：

对此提示的操作与前面介绍的操作相同，用户响应即可。

9.3.2　对齐标注

对齐标注指所标注尺寸的尺寸线与两条尺寸界线起始点间的连线平行。

命令：DIMALIGNED

单击“标注”工具栏上的 (对齐) 按钮，或选择【标注】→【对齐】命令，即执行 DIMALIGNED 命令，AutoCAD 提示：

➢指定第一条尺寸界线原点或 ＜选择对象＞：

在此提示下的操作与标注线性尺寸类似，不再介绍。

9.3.3　角度标注

标注角度尺寸。

命令：DIMANGULAR

单击“标注”工具栏上的 (角度) 按钮，或选择【标注】→【角度】命令，即执行 DIMANGULAR 命令，AutoCAD 提示：

➢选择圆弧、圆、直线或 ＜指定顶点＞：

➢选择第二条直线：

➢指定标注弧线位置或 [多行文字 (M)/文字 (T)/角度 (A)/象限点 (Q)]：

标注文字=43　　//圆弧的角度是 43 度

其中，圆弧的角度标注用于标注圆弧的包含角尺寸。圆的角度标注用于标注圆上某段圆弧的包含角。两条不平行直线之间的夹角是指两条直线之间的夹角。“根据三个点标注角度”选项则根据给定的三点标注出角度。

9.3.4 直径标注

为圆或圆弧标注直径尺寸。

命令：DIMDIAMETER

单击“标注”工具栏上的 （直径）按钮，或选择【标注】→【直径】命令，即执行 DIMDIAMETER，AutoCAD 提示：

➢选择圆弧或圆：(选择要标注直径的圆或圆弧)

➢指定尺寸线位置或 [多行文字 (M)/文字 (T)/角度 (A)]：

如果在该提示下直接确定尺寸线的位置，AutoCAD 按实际测量值标注出圆或圆弧的直径。也可以通过“多行文字（M)”、“文字（T)”以及“角度（A)”选项确定尺寸文字和尺寸文字的旋转角度。

9.3.5 半径标注

为圆或圆弧标注半径尺寸。

命令：DIMRADIUS

单击“标注”工具栏上的 （半径）按钮，或选择【标注】→【半径】命令，即执行 DIMRADIUS 命令，AutoCAD 提示：

➢选择圆弧或圆：(选择要标注半径的圆弧或圆)

➢指定尺寸线位置或 [多行文字 (M)/文字 (T)/角度 (A)]：

根据需要响应即可。

9.3.6 弧长标注

为圆弧标注长度尺寸。

命令：DIMARC

单击“标注”工具栏上的 （弧长）按钮，或选择【标注】→【弧长】命令，即执行 DIMARC 命令，AutoCAD 提示：

➢选择弧线段或多段线弧线段：(选择圆弧段)

➢指定弧长标注位置或 [多行文字 (M)/文字 (T)/角度 (A)/部分 (P)/引线 (L)]：

根据需要响应即可。

9.3.7 折弯标注

为圆或圆弧创建折弯标注。

命令：DIMJOGGED

单击“标注”工具栏上的 （折弯）按钮，或选择【标注】→【折弯】命令，即执行 DIMJOGGED 命令，AutoCAD 提示：

➢选择圆弧或圆：(选择要标注尺寸的圆弧或圆)

➢指定中心位置替代：(指定折弯半径标注的新中心点，以替代圆弧或圆的实际中心点)

➢指定尺寸线位置或 [多行文字 (M)/文字 (T)/角度 (A)]：(确定尺寸线的位置，或进行其他设置)

➤指定折弯位置：(指定折弯位置)

9.3.8　连续标注

连续标注指在标注出的尺寸中，相邻两尺寸线共用同一条尺寸界线。

命令：DIMCONTINUE

单击“标注”工具栏上的（连续）按钮，或选择【标注】→【连续】命令，即执行DIMCONTINUE命令，AutoCAD提示：

➤指定第二条尺寸界线原点或[放弃(U)/选择(S)]＜选择＞：

(1) 指定第二条尺寸界线原点　确定下一个尺寸的第二条尺寸界线的起始点。用户响应后，AutoCAD按连续标注方式标注出尺寸，即把上一个尺寸的第二条尺寸界线作为新尺寸标注的第一条尺寸界线标注尺寸，而后AutoCAD继续提示：

➤指定第二条尺寸界线原点或[放弃(U)/选择(S)]＜选择＞：

➤此时可再确定下一个尺寸的第二条尺寸界线的起点位置。当用此方式标注出全部尺寸后，在上述同样的提示下按[Enter]键或[Space]键，结束命令的执行。

(2) 该选项用于指定连续标注将从哪一个尺寸的尺寸界线引出。执行该选项，AutoCAD提示：

➤选择连续标注：

在该提示下选择尺寸界线后，AutoCAD会继续提示：

➤指定第二条尺寸界线原点或[放弃(U)/选择(S)]＜选择＞：

在该提示下标注出的下一个尺寸会以指定的尺寸界线作为其第一条尺寸界线。执行连续尺寸标注时，有时需要先执行“选择(S)”选项来指定引出连续尺寸的尺寸界线。

9.3.9　基线标注

基线标注指各尺寸线从同一条尺寸界线处引出。

命令：DIMBASELINE

单击“标注”工具栏上的（基线）按钮，或选择【标注】→【基线】命令，即执行DIMBASELINE命令，AutoCAD提示：

➤指定第二条尺寸界线原点或[放弃(U)/选择(S)]＜选择＞：

(1) 指定第二条尺寸界线原点　确定下一个尺寸的第二条尺寸界线的起始点。确定后AutoCAD按基线标注方式标注出尺寸，而后继续提示：

➤指定第二条尺寸界线原点或[放弃(U)/选择(S)]＜选择＞：

此时可再确定下一个尺寸的第二条尺寸界线起点位置。用此方式标注出全部尺寸后，在同样的提示下按【Enter】键或【Space】键，结束命令的执行。

(2) 选择(S)　该选项用于指定基线标注时作为基线的尺寸界线。执行该选项，AutoCAD提示：

➤选择基准标注：

在该提示下选择尺寸界线后，AutoCAD继续提示：

➤指定第二条尺寸界线原点或[放弃(U)/选择(S)]＜选择＞：

在该提示下标注出的各尺寸均从指定的基线引出。执行基线尺寸标注时，有时需要先执行“选择(S)”选项来指定引出基线尺寸的尺寸界线。

9.3.10 绘圆心标记

为圆或圆弧绘圆心标记或中心线。

命令：DIMCENTER

单击“标注”工具栏上的 （圆心标记）按钮，或选择【标注】→【圆心标记】命令，即执行 DIMCENTER 命令，AutoCAD 提示：

➢选择圆弧或圆：

在该提示下选择圆弧或圆即可。

9.3.11 多重引线标注

利用多重引线标注，用户可以标注（标记）注释、说明等。

命令：MLEADER

单击“多重引线”工具栏上的 （多重引线）按钮，即执行 MLEADER 命令，AutoCAD 提示：

➢指定引线箭头的位置或[引线基线优先 (L)/内容优先 (C)/选项 (O)]＜选项＞：

提示中，“指定引线箭头的位置”选项用于确定引线的箭头位置；“引线基线优先（L）”和“内容优先（C）”选项分别用于确定将首先确定引线基线的位置还是首先确定标注内容，用户根据需要选择即可；“选项（O）”项用于多重引线标注的设置，执行该选项，AutoCAD 提示：

➢输入选项[引线类型 (L)/引线基线 (A)/内容类型 (C)/最大节点数 (M)/第一个角度 (F)/第二个角度 (S)/退出选项 (X)]＜内容类型＞：

其中，“引线类型（L）”选项用于确定引线的类型；“引线基线（A）”选项用于确定是否使用基线；“内容类型（C）”选项用于确定多重引线标注的内容（多行文字、块或无）；“最大节点数（M）”选项用于确定引线端点的最大数量；“第一个角度（F）”和“第二个角度（S）”选项用于确定前两段引线的方向角度。

执行 MLEADER 命令后，如果在“指定引线箭头的位置或[引线基线优先（L）/内容优先（C）/选项（O）]＜选项＞：”提示下指定一点，即指定引线的箭头位置后，AutoCAD 提示：

➢指定下一点或[端点 (E)]＜端点＞：(指定点)

➢指定下一点或[端点 (E)]＜端点＞：

在该提示下依次指定各点，然后按【Enter】键，AutoCAD 弹出文字编辑器，如图 9-34 所示。

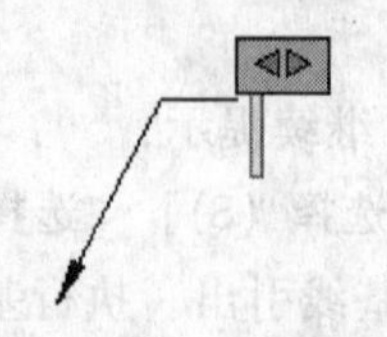

图 9-34 “文字格式”工具栏

通过文字编辑器输入对应的多行文字后，单击“文字格式”工具栏上的【确定】按钮，即可完成引线标注。

9.3.12 标注尺寸公差与形位公差

9.3.12.1 标注尺寸公差

AutoCAD 2013 提供了标注尺寸公差的多种方法。例如，利用前面介绍过的【公差】选项卡中，用户可以通过“公差格式”选项组确定公差的标注格式，如确定以何种方式标注公差以及设置尺寸公差的精度、设置上偏差和下偏差等。通过此选项卡进行设置后再标注尺寸，就可以标注出对应的公差。实际上，标注尺寸时，可以方便地通过在位文字编辑器输入公差。

9.3.12.2 标注形位公差

利用 AutoCAD 2013，用户可以方便地为图形标注形位公差。用于标注形位公差的命令是 TOLERANCE，利用“标注”工具栏上的 （公差）按钮或【标注】→【公差】命令可启动该命令。执行 TOLERANCE 命令，AutoCAD 弹出如图 9-35 所示的“形位公差”对话框。

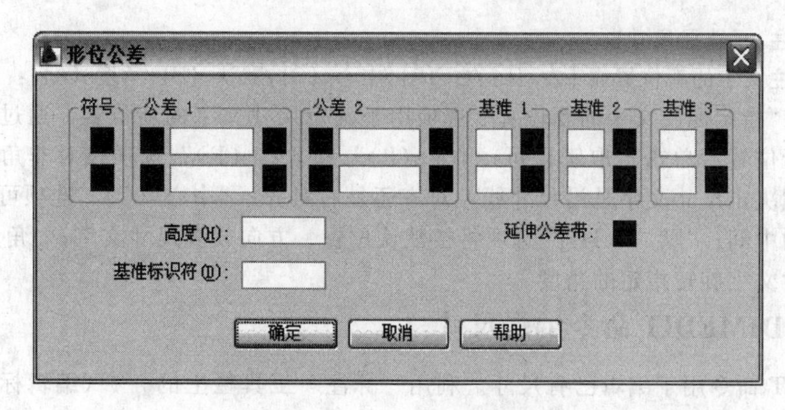

图 9-35 “形位公差”对话框

其中，“符号”选项组用于确定形位公差的符号。单击其中的小黑方框，AutoCAD 弹出如图 9-36 所示的“特征符号”对话框。用户可从该对话框确定所需要的符号。单击某一符号，AutoCAD 返回到“形位公差”对话框，并在对应位置显示出该符号。

另外“公差 1”、“公差 2”选项组用于确定公差。用户应在对应的文本框中输入公差值。此外，可通过单击位于文本框前边的小方框确定是否在该公差值前加直径符号；单击位于文本框后边的小方框，可从弹出的“包容条件”对话框中确定包容条件。“基准 1”、“基准 2”、“基准 3”选项组用于确定基准和对应的包容条件。

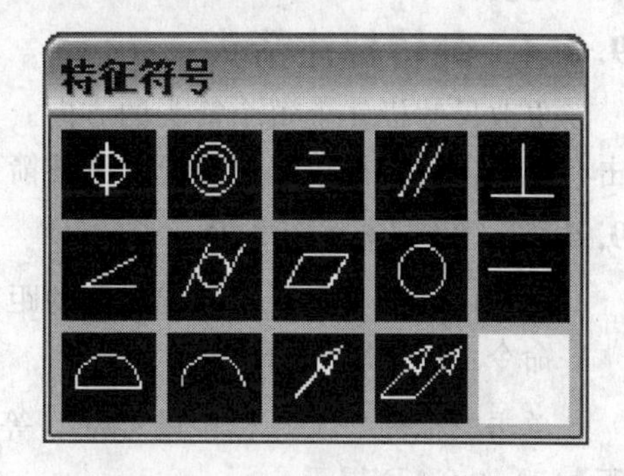

图 9-36 “特征符号”对话框

通过“形位公差”对话框确定要标注的内容后，单击对话框中的【确定】按钮，AutoCAD 切换到绘图屏幕，并提示：

➤输入公差位置：

在该提示下确定标注公差的位置即可。

9.4 编辑尺寸

9.4.1 修改尺寸文字

修改已有尺寸的尺寸文字。

命令：DDEDIT

执行 DDEDIT 命令，AutoCAD 提示：

➢选择注释对象或 [放弃 (U)]：

在该提示下选择尺寸，AutoCAD 弹出“文字格式”工具栏，并将所选择尺寸的尺寸文字设置为编辑状态，用户可直接对其进行修改，如修改尺寸值、修改或添加公差等。

9.4.2 修改尺寸文字的位置

修改已标注尺寸的尺寸文字的位置。

命令：DIMTEDIT

单击“标注”工具栏上的 （编辑文字标注）按钮，即执行 DIMTEDIT 命令，AutoCAD 提示：

➢选择标注：(选择尺寸)

➢指定标注文字的新位置或 [左 (L)/右 (R)/中心 (C)/默认 (H)/角度 (A)]：

提示中，“指定标注文字的新位置”选项用于确定尺寸文字的新位置，通过鼠标将尺寸文字拖动到新位置后单击拾取键即可；“左（L）”和“右（R）”选项仅对非角度标注起作用，它们分别决定尺寸文字是沿尺寸线左对齐还是右对齐；“中心（C）”选项可将尺寸文字放在尺寸线的中间；“默认（H）”选项将按默认位置、方向放置尺寸文字；“角度（A）”选项可以使尺寸文字旋转指定的角度。

9.4.3 用 DIMEDIT 命令编辑尺寸

DIMEDIT 命令用于编辑已有尺寸。利用“标注”工具栏上的 （编辑标注）按钮可启动该命令。执行 DIMEDIT 命令，AutoCAD 提示：

➢输入标注编辑类型 [默认 (H)/新建 (N)/旋转 (R)/倾斜 (O)] <默认>：

其中，“默认”选项会按默认位置和方向放置尺寸文字。“新建”选项用于修改尺寸文字。“旋转”选项可将尺寸文字旋转指定的角度。“倾斜”选项可使非角度标注的尺寸界线旋转一角度。

9.4.4 翻转标注箭头

更改尺寸标注上每个箭头的方向。具体操作是：首先，选择要改变方向的箭头，然后右击，从弹出的快捷菜单中选择“翻转箭头”命令，即可实现尺寸箭头的翻转。

9.4.5 调整标注间距

用户可以调整平行尺寸线之间的距离。

命令：DIMSPACE

单击“标注”工具栏中的 （等距标注）按钮，或选择菜单命令【标注】→【标注间距】，AutoCAD 提示：

➢选择基准标注：(选择作为基准的尺寸)

➢选择要产生间距的标注：(依次选择要调整间距的尺寸)

➢选择要产生间距的标注：↙

➢输入值或 [自动 (A)] ＜自动＞：

如果输入距离值后按【Enter】键，AutoCAD调整各尺寸线的位置，使它们之间的距离值为指定的值。如果直接按【Enter】键，AutoCAD会自动调整尺寸线的位置。

9.4.6　折弯线性

折弯线性指将折弯符号添加到尺寸线中。

命令：DIMJOGLINE

单击“标注”工具栏中的（折弯线性）按钮，或选择菜单命令【标注】→【折弯线性】，AutoCAD提示：

➢选择要添加折弯的标注或 [删除 (R)]：[选择要添加折弯的尺寸。“删除 (R)”选项用于删除已有的折弯符号]

➢指定折弯位置 (或按 ENTER 键)：

通过拖动鼠标的方式确定折弯的位置。

9.4.7　折断标注

折断标注指在标注或延伸线与其他线重叠处打断标注或延伸线。

命令：DIMBREAK

单击“标注”工具栏中的（折断标注）按钮，或选择菜单命令【标注】→【标注打断】，AutoCAD提示：

➢选择标注或 [多个 (M)]：[选择尺寸。可通过“多个 (M)”选项选择多个尺寸]

➢选择要打断标注的对象或 [自动 (A)/恢复 (R)/手动 (M)] ＜自动＞：

根据提示操作即可。

【例9-1】 标注如图9-37所示的基线尺寸标注。

步骤如下。

(1) 设置系统默认的“ISO-25”标注样式为当前尺寸标注样式。

(2) 线性标注

单击“标注”工具栏中的线性命令按钮，命令行提示如下：

➢命令：DIMLINEAR

➢指定第一条尺寸界线原点或 ＜选择对象＞：　　　　//捕捉 *A* 点

➢指定第二条尺寸界线原点：　　　　//捕捉 *B* 点

➢指定尺寸线位置或 [多行文字 (M)/文字 (T)/角度 (A)/水平 (H)/垂直 (V)/旋转 (R)]：
　　　　//在适当位置单击

标注文字 = 30　　　　//显示标注结果

(3) 基线标注

单击“标注”工具栏中的基线命令按钮，命令行提示如下：

➢命令：DIMBASELINE

➢指定第二条尺寸界线原点或 [放弃 (U)/选择 (S)] ＜选择＞：　　　　//捕捉 *C* 点

标注文字 = 60

➢指定第二条尺寸界线原点或 [放弃 (U)/选择 (S)] ＜选择＞：　　　　//捕捉 *D* 点

标注文字 = 90

➢指定第二条尺寸界线原点或 [放弃 (U) /选择 (S)] ＜选择＞：　　　　//回车

➤选择基准标注：　　　　　　　　　　　　　　　　　　//回车

结果如图 9-37 所示。

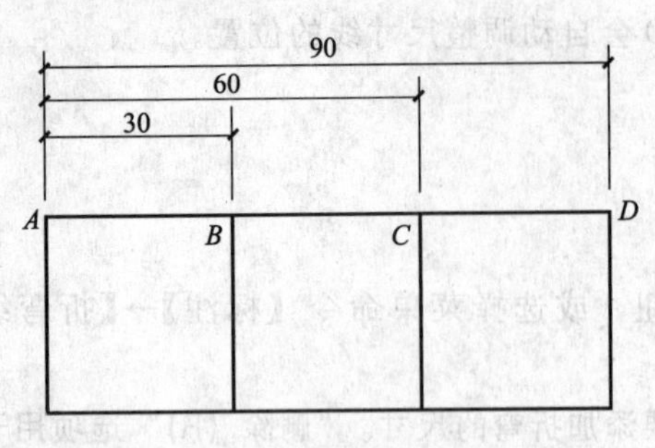

图 9-37　基线标注结果

【例 9-2】 标注如图 9-38 所示的连续尺寸标注。

步骤如下。

(1) 设置系统默认的“ISO-25”标注样式为当前尺寸标注样式。

(2) 运用线性标注命令标注 A 点和 B 点之间的尺寸，两条尺寸界线原点分别为 A 点和 B 点，标注文字为 30。

(3) 连续标注

单击“标注”工具栏中的连续命令按钮，命令行提示如下：

➤命令：DIMCONTINUE

➤指定第二条尺寸界线原点或［放弃（U）/选择（S）］<选择>：　　　　//捕捉 C 点

标注文字＝30

➤指定第二条尺寸界线原点或［放弃（U）/选择（S）］<选择>：　　　//捕捉 D 点

标注文字＝30

➤指定第二条尺寸界线原点或［放弃（U）/选择（S）］<选择>：　　　//回车

选择连续标注：

　　　　　　　　　　　　　　　　　　//回车

结果如图 9-38 所示。

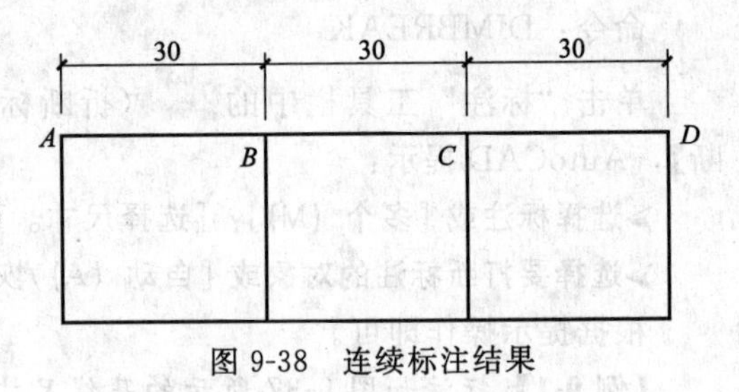

图 9-38　连续标注结果

小　结

本章介绍了 AutoCAD 2013 的标注尺寸功能。与标注文字一样，如果 AutoCAD 提供的尺寸标注样式不满足标注要求，那么在标注尺寸之前，应首先设置标注样式。当以某一样式标注尺寸时，应将该样式置为当前样式。AutoCAD 将尺寸标注分为线性标注、对齐标注、直径标注、半径标注、连续标注、基线标注和引线标注等多种类型。标注尺寸时，首先应清楚要标注尺寸的类型，然后执行对应的命令，再根据提示操作即可。此外，利用 AutoCAD 2013，用户可以方便地为图形标注尺寸公差和形位公差，可以编辑已标注的尺寸与公差。

思考与练习题

1. 思考题

(1) 如何建立一个新的标注样式？

(2) 标注样式中的全局比例有何作用？

(3) 线性标注和对齐标注有何区别？

(4) 基线标注和连续标注有何区别？

2. 绘图题

(1) 绘制图 9-39 并标注尺寸。

(2) 绘制图 9-40 衣柜的立面图并标注尺寸。

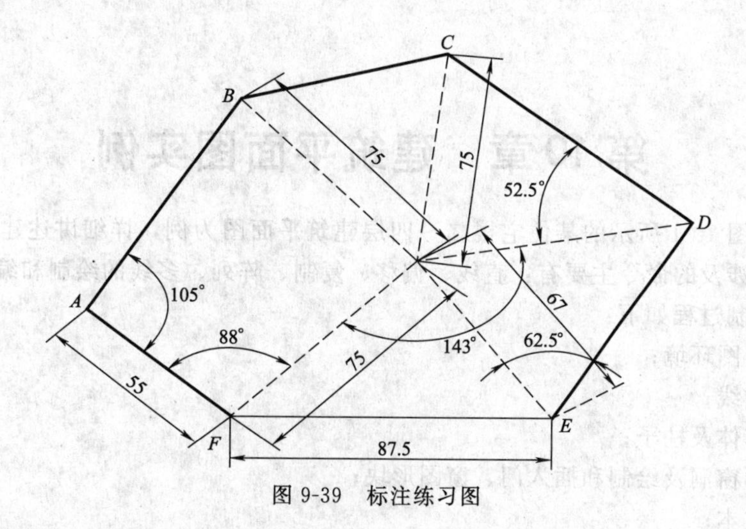

图 9-39　标注练习图

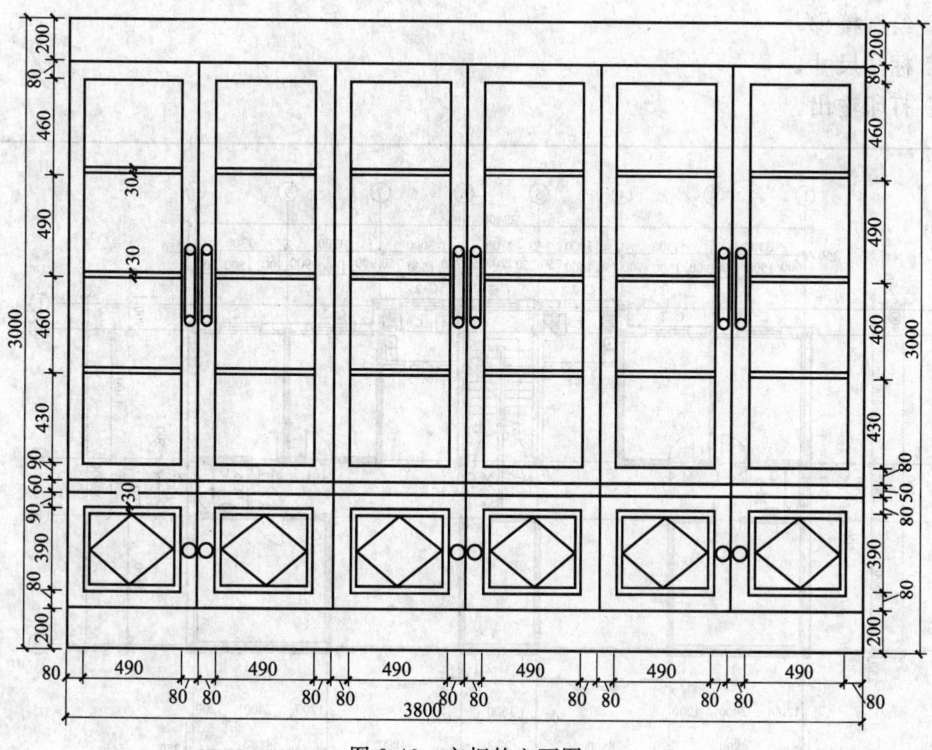

图 9-40　衣柜的立面图

第 10 章　建筑平面图实例

本章将以图 10-1 所示的某住宅楼二～四层建筑平面图为例，详细讲述建筑平面图的绘制过程。本章涉及的命令主要有：直线、偏移、复制、阵列、多线的绘制和编辑、块的定义和插入等。绘制过程如下：

① 设置绘图环境；

② 绘制轴线；

③ 绘制墙体及柱子；

④ 开门、窗洞及绘制和插入门、窗图形块；

⑤ 标注文本；

⑥ 绘制楼梯；

⑦ 标注尺寸；

⑧ 打印输出。

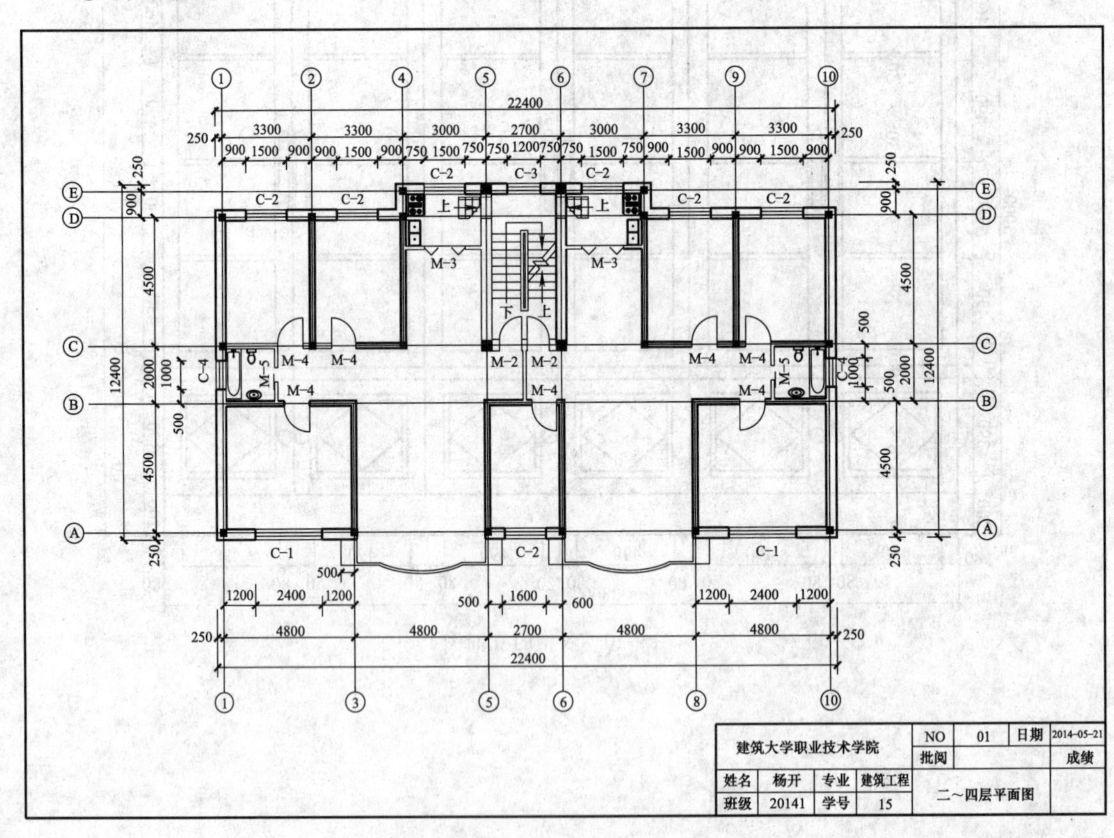

图 10-1　某住宅楼二～四层建筑平面图

10.1　设置绘图环境

（1）设置绘图单位　在“格式”菜单中选“单位”选项或输入命令 UNITS 进入单位

设置。

（2）设置绘图区域　单击下拉菜单中的【格式】→【图形界限】命令，命令行提示如下：

➢命令：LIMITS

➢重新设置模型空间界限：

➢指定左下角点或［开（ON）/关（OFF）］<0.0000，0.0000>：

➢指定右上角点 <42000.0000，29700.0000>：

➢命令：ZOOM

➢指定窗口的角点，输入比例因子（nX 或 nXP），或者［全部（A）/中心（C）/动态（D）/范围（E）/上一个（P）/比例（S）/窗口（W）/对象（O）］<实时>：all

（3）放大图框线　单击“修改”工具栏中的缩放命令按钮，命令行提示如下：

➢命令：SCALE

➢选择对象：指定对角点：找到 3 个　　　　//选择图框线和标题栏

➢选择对象：　　　　//单击鼠标右键

➢指定基点：0，0　　　　//指定 0，0 点为基点

➢指定比例因子或［复制（C）/参照（R）］<1.0000>：　100　　//指定比例因子为 100

注意：本例中采用 1∶1 的比例作图，而按 1∶100 的比例出图，所以设置的绘图范围宽 42000，长 29700。对应的图框线和标题栏需放大 100 倍。

（4）显示全部作图区域　在命令行中输入“ZOOM”命令并回车，选择“全部（A）”选项，显示幅面全部范围。

注意：按下状态栏中的【栅格】按钮，可以观察图纸的全部范围。

（5）修改图层　单击“图层”工具栏中的图层管理器按钮，弹出“图层特性管理器”对话框，可依绘图需要创建新图层或对原图层进行修改。具体图层设置如图 10-2 所示。

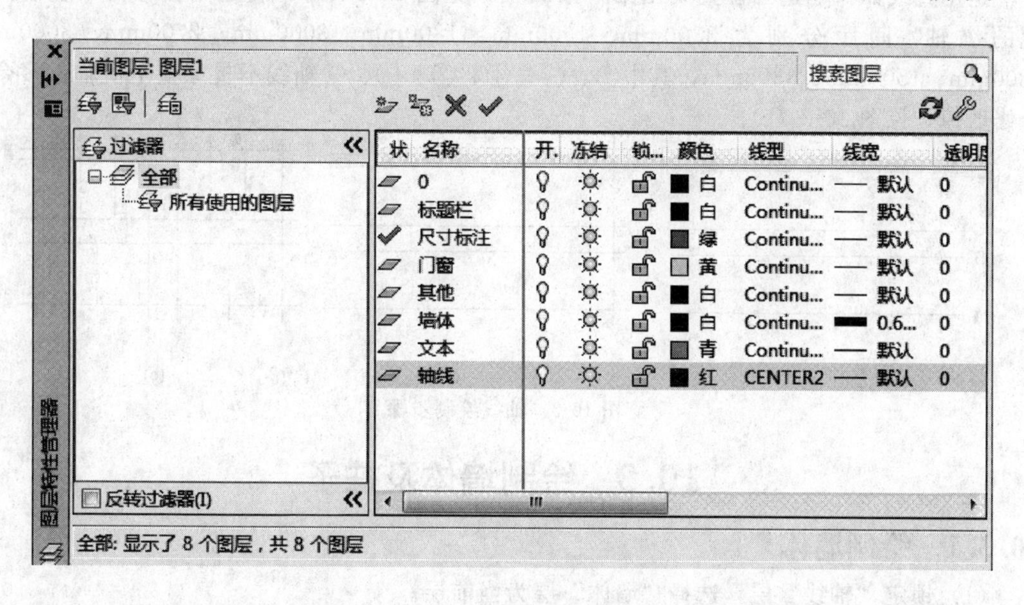

图 10-2　“图层特性管理器”对话框

注意：在绘图时可根据需要决定图层的数量及相应的颜色与线型。也可随时对图层及图层的颜色和线型等特性进行修改。

（6）设置线型比例　在命令行输入线型比例命令“LTS”并回车，将全局比例因子设置为 100。

（7）设置文字样式

① 单击“样式”工具栏中的文字样式命令按钮，弹出“文字样式”对话框。建立两个文字样式：“汉字”样式和“数字”样式。“汉字”样式采用“仿宋 _ GB2312”字体，宽度比例设为 0.8，用于填写工程做法、标题栏、会签栏、门窗列表中的汉字样式等；“数字”样式采用“Simplex. shx”字体，宽度比例设为 0.8，用于书写数字及特殊字符。

② 单击【关闭】按钮关闭“文字样式”对话框。

（8）设置标注样式　单击“样式”工具栏中的标注样式命令按钮，弹出“标注样式管理器”对话框，新建“建筑”标注样式，设置方法同前。

（9）完成设置并保存文件　打开“图形另存为”对话框，输入文件名字“住宅平面图”单击【保存】命令保存文件。

注意：虽然在开始绘图前，已经对图形单位、界限、图层等设置过了，但是在绘图过程中，仍然可以对它们进行重新设置，以避免在绘图时因设置不合理而影响绘图。

10.2 绘制轴线

（1）打开上一节存盘的文件“住宅平面图 . dwg”，将“轴线”层设置为当前层。打开正交方式，设置对象捕捉方式为“端点”和“交点”捕捉方式。

（2）绘制水平轴线。

运用直线命令在适当位置画出第一条横轴，再运用偏移命令复制出其他的横轴，间距分别为 4500mm、2000mm、4500mm、900mm，多余部分修剪掉，见图 10-3（a）。

（3）绘制纵向轴线。

运用直线命令在适当位置画出第一条纵轴，见图 10-3（b），再运用偏移命令复制出其他的纵轴，间距分别为 3300mm、1500mm、1800mm、3000mm、2700mm、3000mm、1800mm、1500mm、3300mm，其中②、③、④、⑦、⑧、⑨轴线不贯穿整个横轴，多余部分修剪掉，见图 10-3（c）。

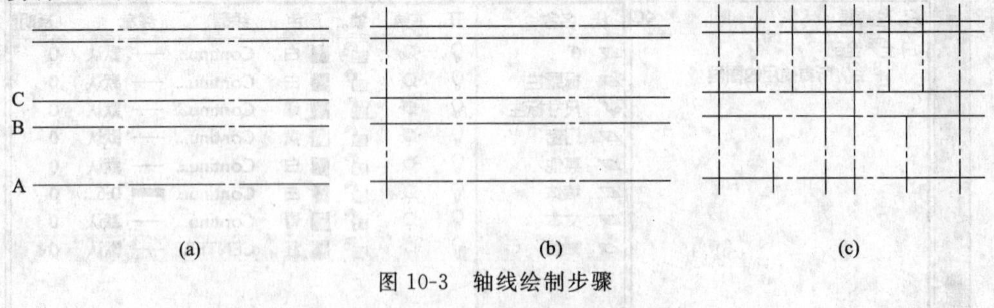

图 10-3　轴线绘制步骤

10.3 绘制墙体及柱子

10.3.1 绘制墙体

（1）锁定“轴线”层，选择“墙体”层为当前层。

（2）设置多线样式。其步骤如下。

① 单击下拉菜单栏中的【格式】→【多线样式】命令，弹出“多线样式”对话框（详见第 3 章 3.6.2）。

② 单击【新建】按钮，弹出“创建新的多线样式”对话框。在“新样式名”文本框中输入多线的名称“370”，单击【继续】按钮，弹出“新建多线样式：370”对话框，如图 10-4 所示。

③ 在“元素”文本框中，分别选中两条平行线，并在“偏移”文本框中分别输入偏移距离为“250”和“－120”。

④ 单击【确定】按钮，返回“多线样式”对话框，完成“370”墙体的设置。

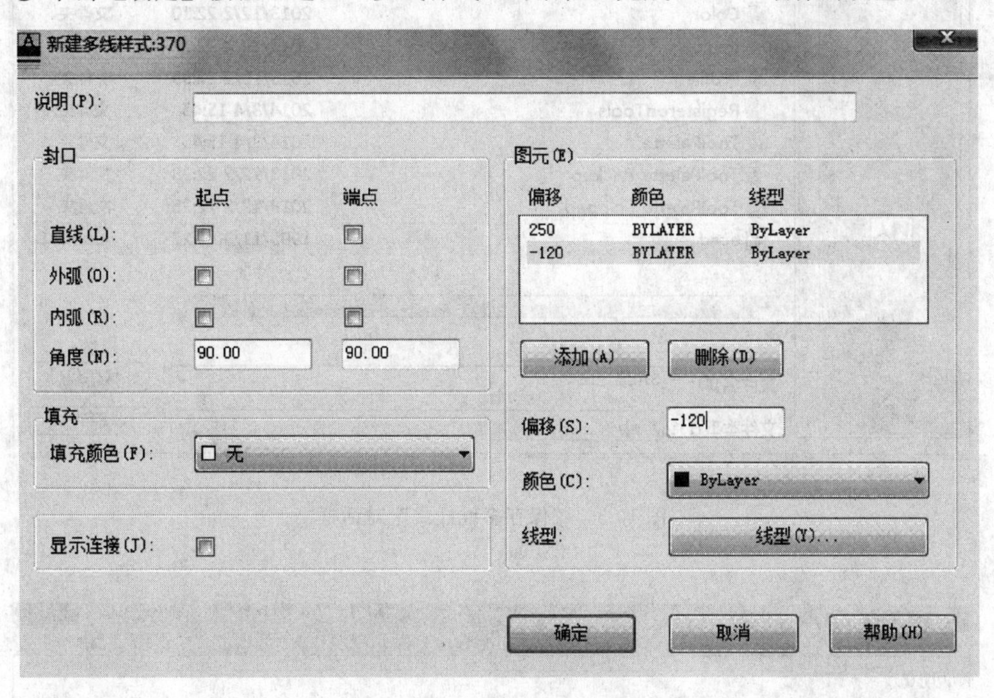

图 10-4　“370”墙体的设置

⑤ 单击【保存】按钮，弹出如图 10-5 所示的“保存多线样式”对话框，在“文件名”文本框中输入文件名“370 墙 . mln”，单击【保存】按钮，返回“多线样式”对话框。

⑥ 同样做法，可以设置名称为“180”、“60”和“370-1”的墙体样式，其“新建多线样式”对话框分别如图 10-6～图 10-8 所示。

注意：单击“多线样式”对话框中的【保存】按钮，将当前多线样式保存为“＊. mln”文件，则当前文件的多线样式能通过“多线样式”对话框中的【加载】按钮来加载，从而被其他文件使用。

(3) 绘制及修改墙体。其步骤如下。

1）绘制外墙线。先绘制外墙 $ABCDEFGHJK$，再绘制外墙 MN，这些节点均为轴线的交点如图 10-9 所示。

2）绘制内墙线。

① 绘制墙体 DJH。

② 绘制墙体 AB。

结果如图 10-10 所示。

图 10-5 “保存多线样式”对话框

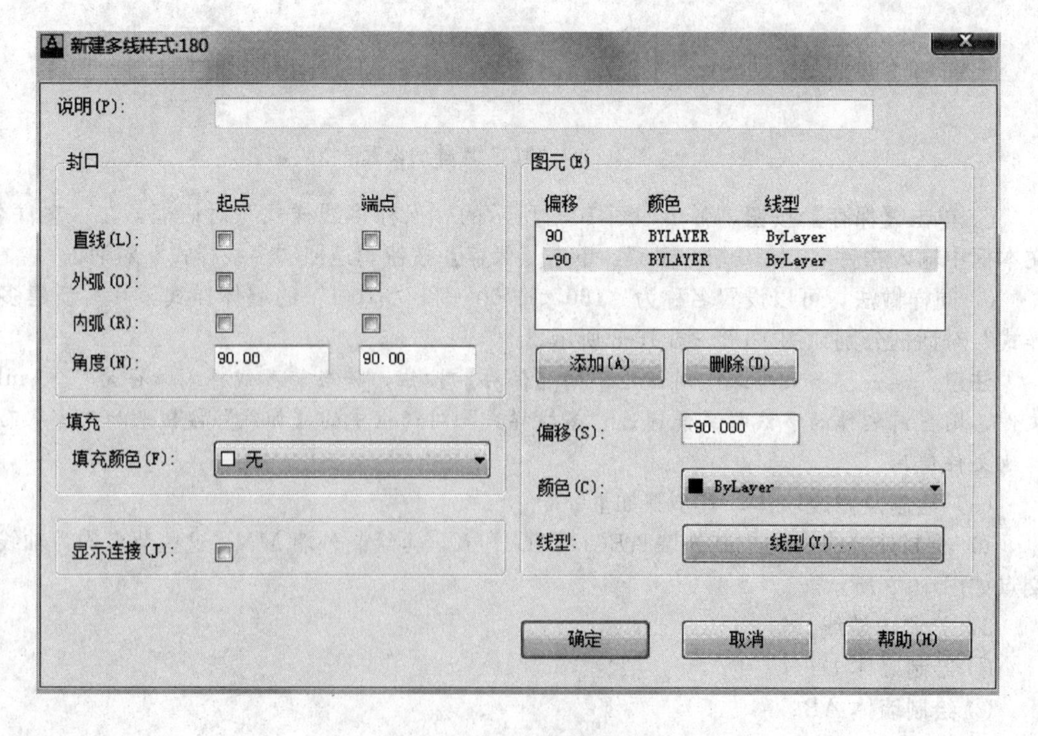

图 10-6 “180”墙体的设置

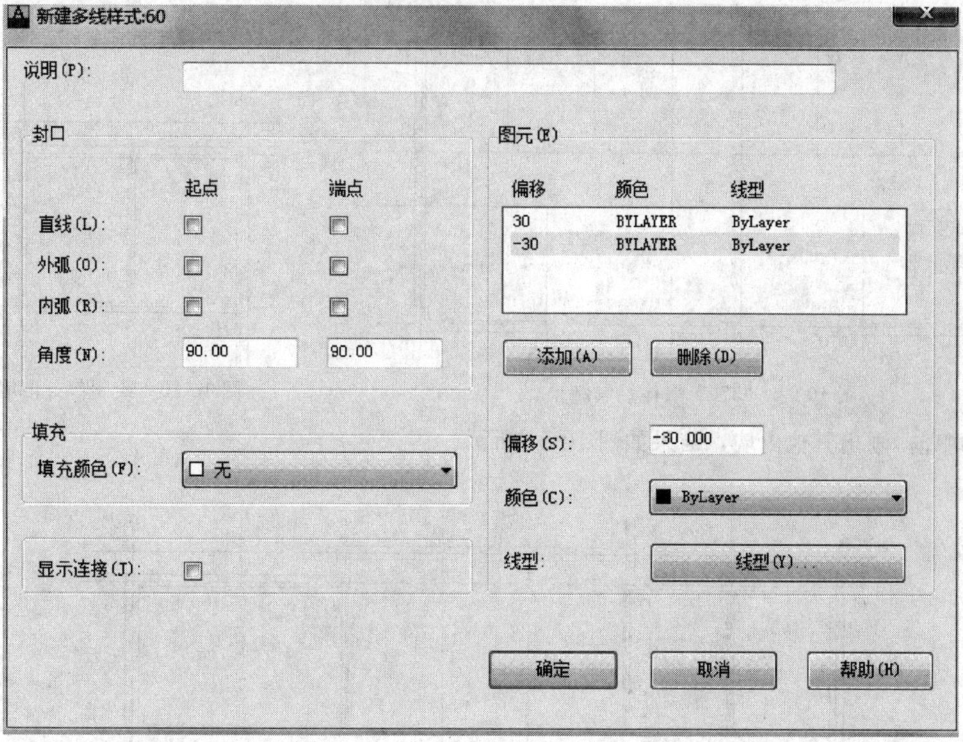

新建多线样式:60

说明(P):

封口

	起点	端点
直线(L):	☐	☐
外弧(O):	☐	☐
内弧(R):	☐	☐
角度(N):	90.00	90.00

填充

填充颜色(F): □ 无

显示连接(J): ☐

图元(E)

偏移	颜色	线型
30	BYLAYER	ByLayer
-30	BYLAYER	ByLayer

添加(A)　删除(D)

偏移(S): -30.000

颜色(C): ■ ByLayer

线型: 线型(Y)...

确定　取消　帮助(H)

图 10-7　“60”墙体的设置

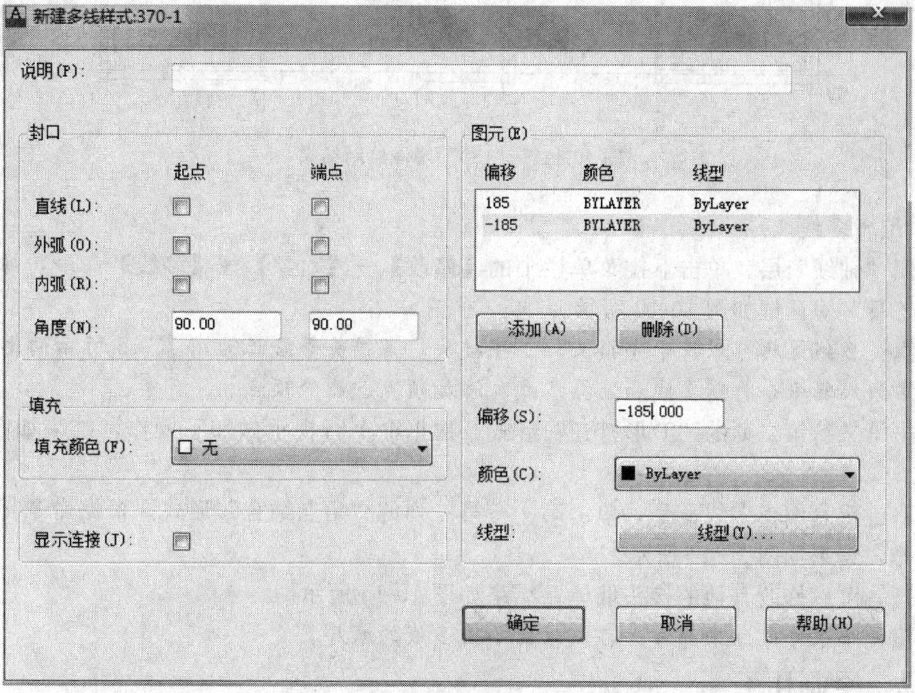

新建多线样式:370-1

说明(P):

封口

	起点	端点
直线(L):	☐	☐
外弧(O):	☐	☐
内弧(R):	☐	☐
角度(N):	90.00	90.00

填充

填充颜色(F): □ 无

显示连接(J): ☐

图元(E)

偏移	颜色	线型
185	BYLAYER	ByLayer
-185	BYLAYER	ByLayer

添加(A)　删除(D)

偏移(S): -185.000

颜色(C): ■ ByLayer

线型: 线型(Y)...

确定　取消　帮助(H)

图 10-8　“370-1”墙体的设置

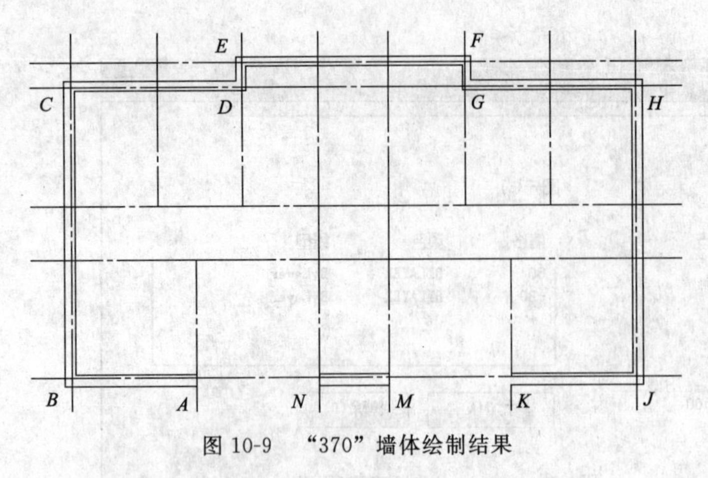

图 10-9 “370”墙体绘制结果

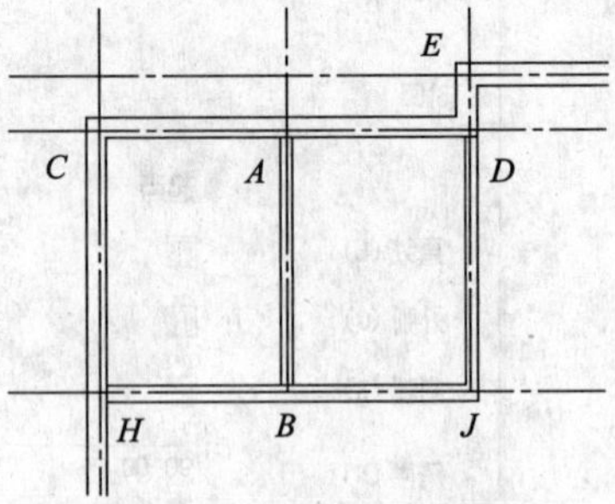

图 10-10 绘制部分内墙

同理，画出其他内墙，结果如图 10-11 所示。

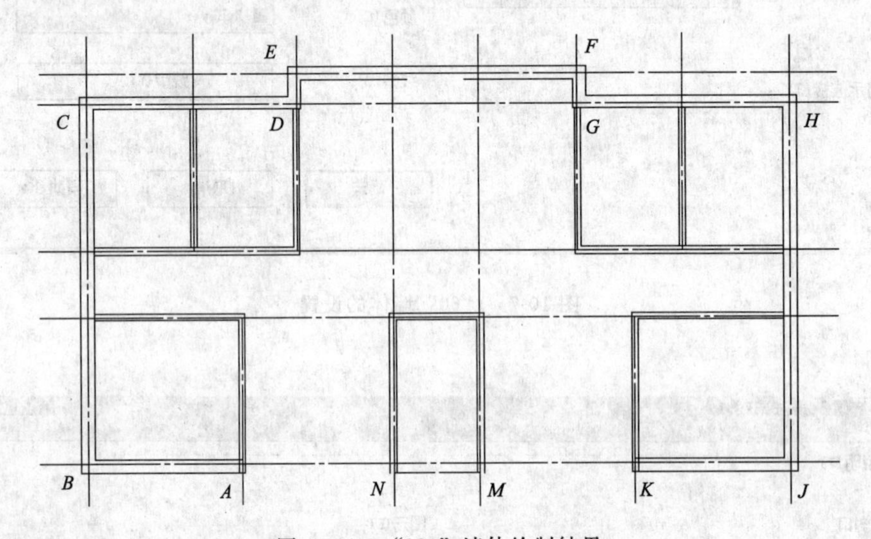

图 10-11 “180”墙体绘制结果

3）编辑多线。

关闭“轴线”层。单击下拉菜单栏中的【修改】→【对象】→【多线】命令，弹出“多线编辑工具”对话框如图 10-12 所示。

注意：多线编辑可以将十字接头、丁字接头、角接头等修正为图 10-15 所示的形式，还可以用多线编辑命令打断多线和连接多线、添加顶点、删除顶点。

单击第二行第二列的“T 形打开”形式，根据命令行提示做如下操作，结果如图 10-13 所示。

空格键重复编辑多线命令，单击第一行第三列的“角点结合”形式，根据命令行提示做如下操作，结果如图 10-14 所示。

同理，可以修改其他的接头墙体，结果如图 10-15 所示。

注意：如果修改结果异常，可以改变单击多线的顺序。

10.3.2 绘制柱子

绘制柱子步骤如下。

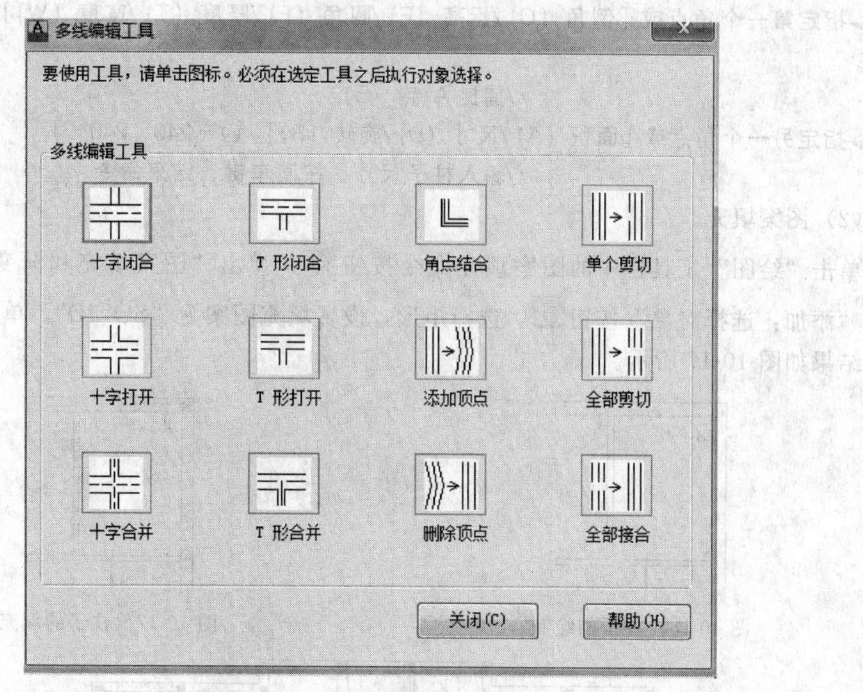

图 10-12　“多线编辑工具”对话框

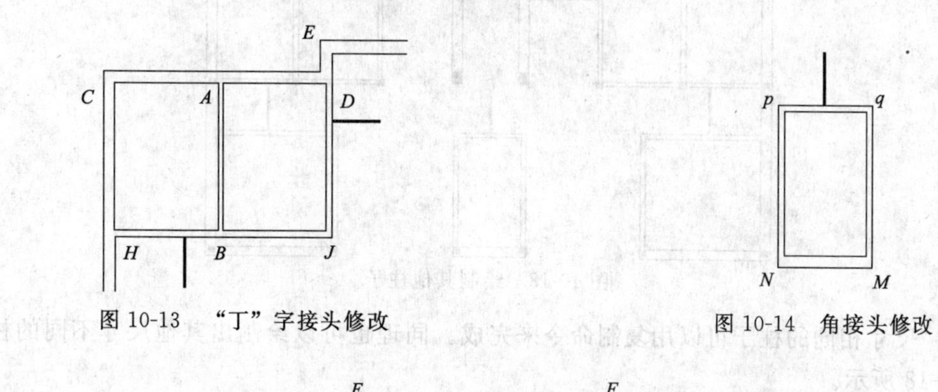

图 10-13　“丁”字接头修改　　图 10-14　角接头修改

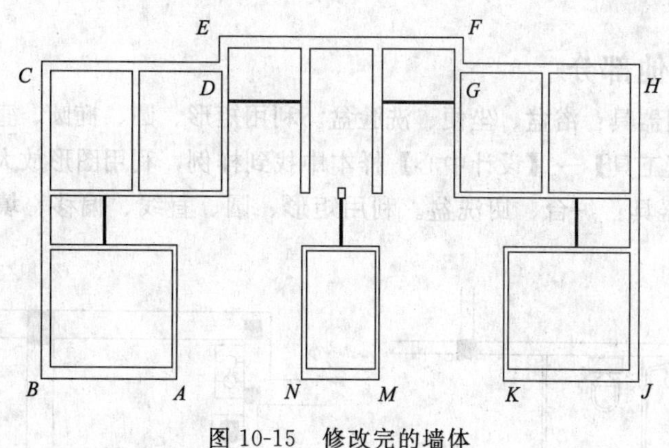

图 10-15　修改完的墙体

（1）绘制柱子轮廓线如图 10-16 所示。

单击“绘图”工具栏中的矩形命令按钮，命令行提示：

➢命令：RECTANG

➤指定第一个角点或［倒角（C）/标高（E）/圆角（F）/厚度（T）/宽度（W）］： ＜对象捕捉开＞

//捕捉 A 点

➤指定另一个角点或［面积（A）/尺寸（D）/旋转（R）］：@－240，240

//输入柱子尺寸，按回车键，结束命令

（2）图案填充。

单击“绘图”工具栏中的图案填充命令按钮，弹出“图案填充和渐变色”对话框，单击“添加：选择对象”按钮，选择矩形，设置填充图案为“SOLID”，单击【确定】按钮。结果如图 10-17 所示。

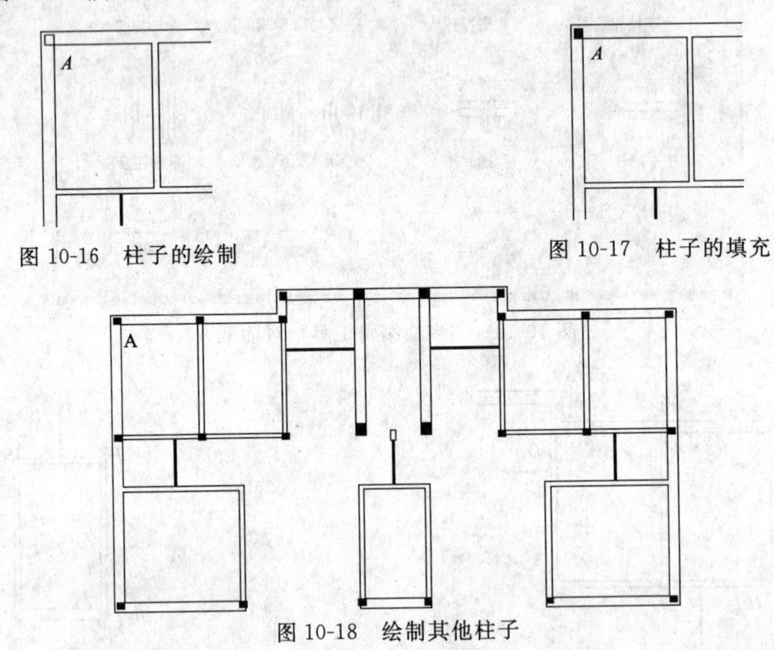

图 10-16 柱子的绘制

图 10-17 柱子的填充

图 10-18 绘制其他柱子

（3）尺寸相同的柱子可以用复制命令来完成。同理也可以绘制出其他尺寸不同的柱子，如图 10-18 所示。

10.3.3 绘制其他部分

（1）绘制卫生间器具：浴盆、坐便、洗脸盆。利用矩形、圆、椭圆、直线、圆角、偏移等命令完成。也可在【工具】→【设计中心】样本中找到样例，利用图形放大或缩小完成绘制。

（2）绘制厨房器具：炉台、厨洗盆。利用矩形、圆、直线、偏移、填充等命令完成。结果如图 10-19 所示。

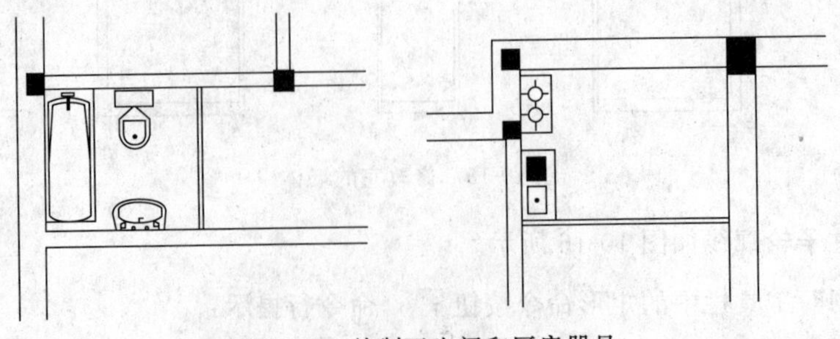

图 10-19 绘制卫生间和厨房器具

10.4　开门、窗洞及绘制和插入门、窗图形块

10.4.1　开门、窗洞口

10.4.1.1　开窗洞口

（1）单击“修改”工具栏中的分解命令按钮，根据命令行提示选择所有的墙体，将其分解成线段。

（2）单击“绘图”工具栏中的直线命令按钮，绘制直线 CB（图 10-20）。尺寸参考图 10-1。

（3）单击“修改”工具栏中的偏移命令按钮，偏移复制出窗洞口的另一端墙线 DE，如图 10-20 所示。

（4）单击“修改”工具栏中的修剪命令按钮，修剪窗洞口，结果如图 10-21 所示。

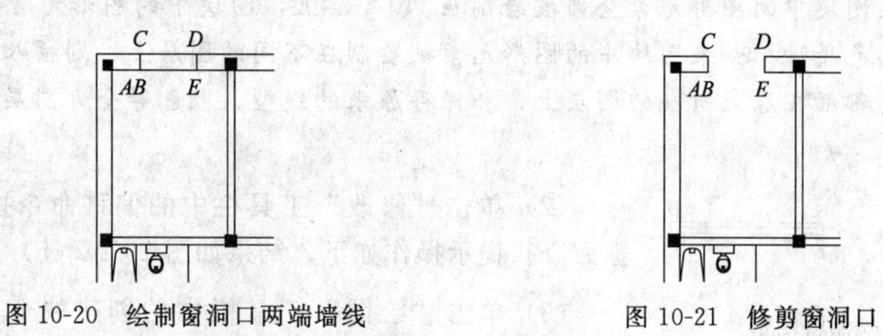

图 10-20　绘制窗洞口两端墙线　　　　图 10-21　修剪窗洞口

（5）同理，运用直线、偏移复制、剪切命令可以绘制出其他窗洞口，如图 10-22 所示。

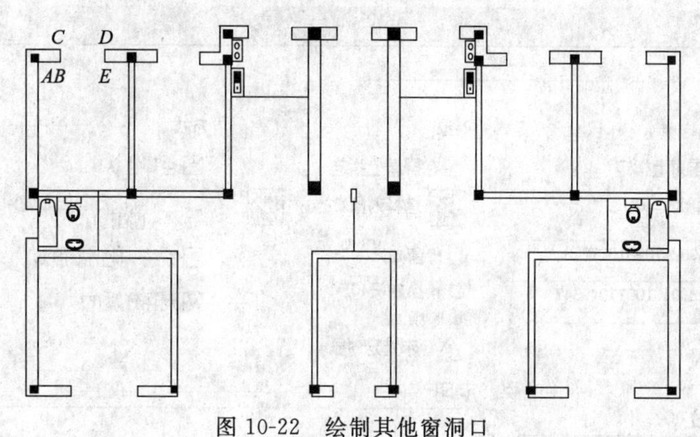

图 10-22　绘制其他窗洞口

10.4.1.2　开门洞口

门洞口的制作方法与窗洞口基本一致，主要运用直线命令绘制洞口两边的墙线，运用剪切命令来修剪洞口。修剪结果如图 10-23 所示。

10.4.2　绘制和插入门、窗图形块

10.4.2.1　绘制窗图形块

块是用户在块定义时指定的全部图形对象的集合。块一旦被定义，就以一个整体出现（除非将其分解）。块的主要作用有：建立图形库、节省存储空间、便于修改和重定义、定义非图形信息等。制作窗块的步骤如下。

（1）选择“0”层为当前层。运用直线命令在任意空白位置绘制一个长为 1000、宽为 100 的矩形，如图 10-24（a）所示。

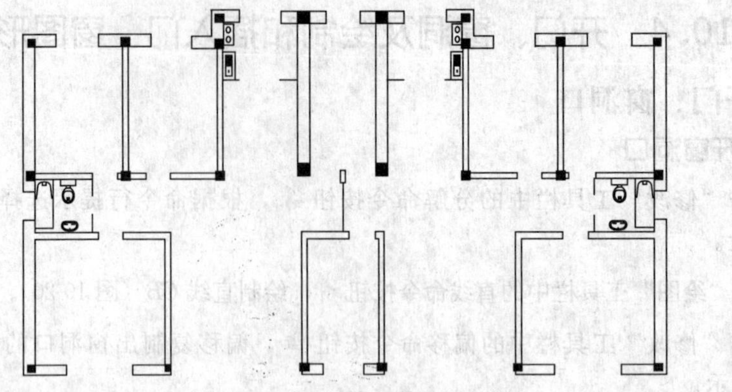

图 10-23 门洞口的形态及尺寸

注意：如果图块中的图形元素全部被绘制在“0”层上，图块中的图形元素继承图块插入层的线型和颜色属性；如果图块中的图形元素被绘制在不同的图层上，则插入图块时，图块中的图形元素都插在原来所在的图层上，并保存原来的线型、颜色等全部图层特性，与插入层无关。

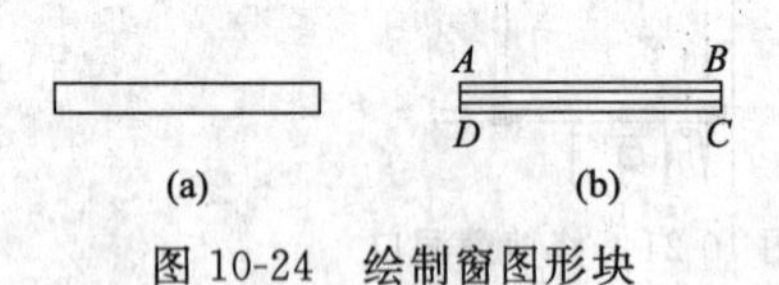

图 10-24 绘制窗图形块

(2) 单击“修改”工具栏中的偏移命令按钮，根据命令行提示操作如下，结果如图 10-24 (b) 所示。

(3) 单击“绘图”工具栏中的创建块命令按钮，弹出如图 10-25 所示的“块定义”对话框。

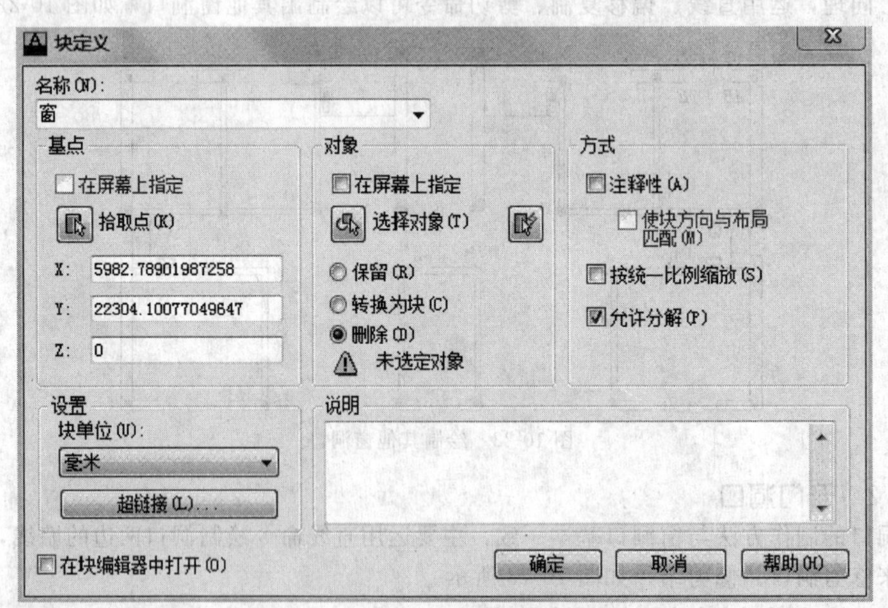

图 10-25 “块定义”对话框

10.4.2.2 绘制③～⑤轴线和⑥～⑧轴线之间的阳台窗

(1) 关闭“0”层，打开“轴线”层，选择当前层为“墙体”层。

(2) 设置“90”墙多线。

① 单击下拉菜单栏中的【格式】→【多线样式】命令，弹出“多线样式”对话框。

② 单击【新建】按钮，弹出“创建新的多线样式”对话框。在“新样式名”文本框中输入

多线的名称“90”，单击【继续】按钮，弹出“新建多线样式：90”对话框，如图 10-26 所示。

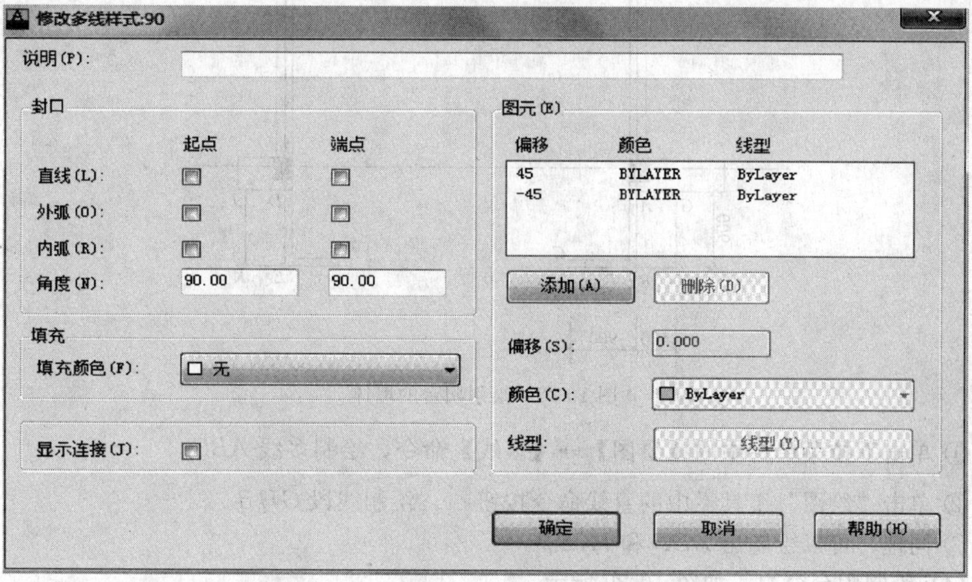

图 10-26 “新建多线样式：90”对话框设置

③ 在“元素”选项区域中，分别设置两条平行线的偏移距离。

④ 单击【确定】按钮，返回“多线样式”对话框，完成“90”墙体的设置。

⑤ 单击【保存】按钮，弹出如图 10-27 所示的“保存多线样式”对话框，在“文件名”文本框中输入文件名“90 墙 . mln”，单击【保存】按钮，返回“多线样式”对话框。

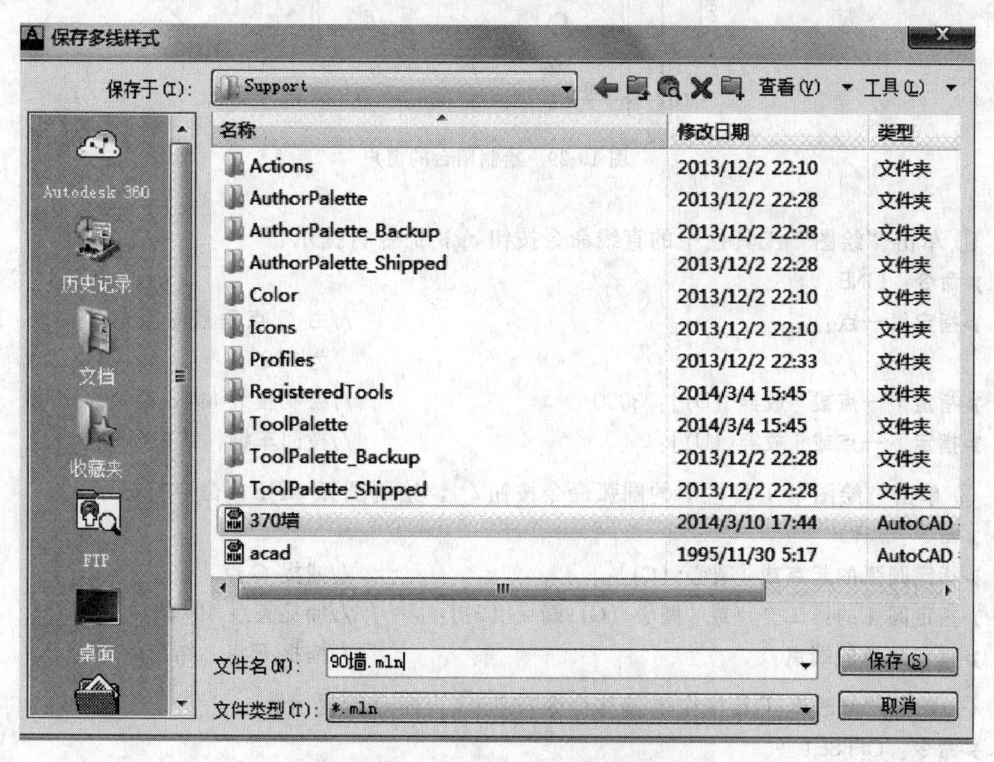

图 10-27 “保存多线样式”对话框

(3) 绘制阳台墙体，如图 10-28 所示。

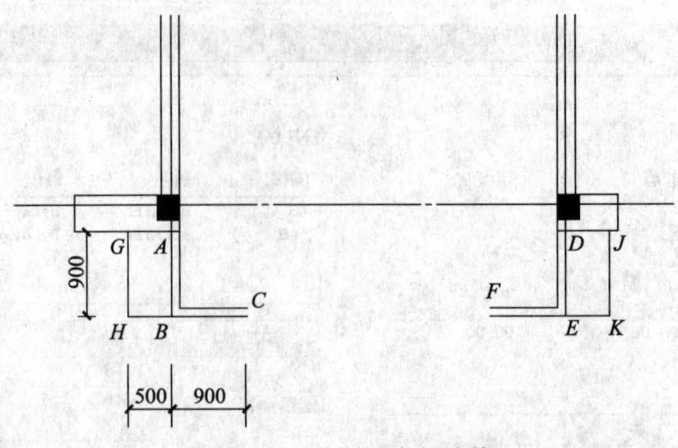

图 10-28 绘制阳台的墙体

① 单击下拉菜单栏中的【绘图】→【多线】命令，绘制多线 ABC。

② 单击“绘图”工具栏中的直线命令按钮，绘制线段 GHB。

③ 同理，可以绘制出 DEF 和 JKE。

(4) 绘制阳台窗户，如图 10-29 所示。

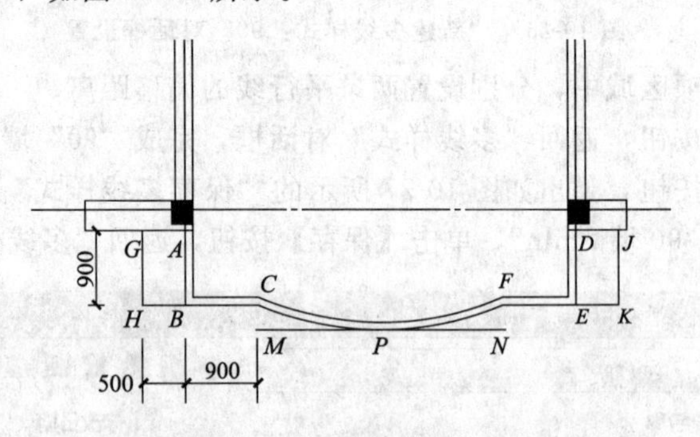

图 10-29 绘制阳台的窗户

① 单击“绘图”工具栏中的直线命令按钮，命令行提示：

➢命令：LINE

➢指定第一点： //由 C 点垂直向下追踪点 M，距离为 300

➢指定下一点或［放弃（U）］：3000 //绘制直线 MN，距离为 3000

➢指定下一点或［放弃（U）］： //按回车键，结束命令

② 单击“绘图”工具栏中的圆弧命令按钮，绘制圆弧 CPF，命令行提示：

➢命令：ARC

➢指定圆弧的起点或［圆心（C）］： //捕捉 C 点

➢指定圆弧的第二个点或［圆心（C）/端点（E）］： //捕捉直线 MN 的中点 P

➢指定圆弧的端点： //捕捉 F 点，结束命令

③ 单击“修改”工具栏中的偏移命令按钮，命令行提示：

➢命令：OFFSET

➢当前设置：删除源＝否 图层＝源 OFFSETGAPTYPE＝0

➤指定偏移距离或［通过（T）/删除（E）/图层（L）］＜90.0000＞：90　//输入两弧线间的距离

➤选择要偏移的对象，或［退出（E）/放弃（U）］＜退出＞：　//选择圆弧 *CPF*

➤指定要偏移的那一侧上的点，或［退出（E）/多个（M）/放弃（U）］＜退出＞：　//在圆弧 *CPF* 的上侧单击鼠标左键

➤选择要偏移的对象，或［退出（E）/放弃（U）］＜退出＞：　//按回车键，结束命令

④ 最后，用直线命令将其封口，再用删除命令将直线 *MN* 删除。

10.4.2.3　插入窗图形块

（1）关闭“轴线”层，将“门窗”层设置为当前层。单击“绘图”工具栏中的插入块命令按钮，弹出如图 10-30 所示的“插入”对话框。

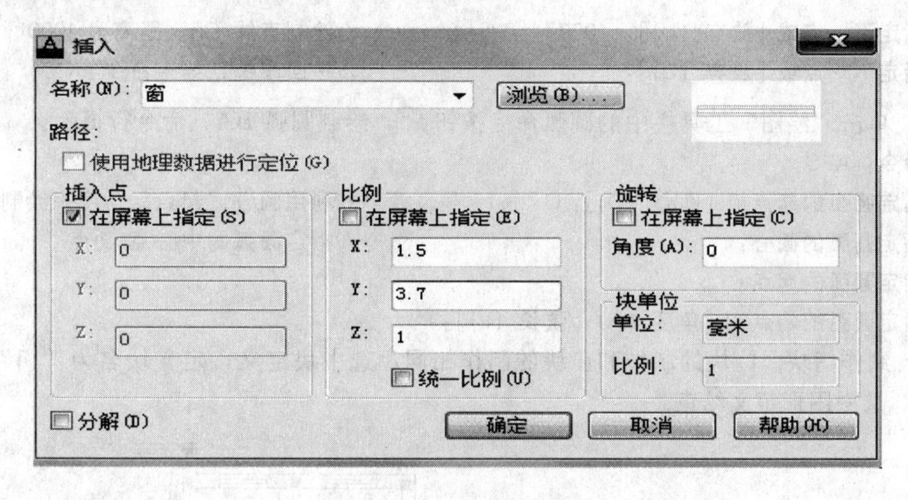

图 10-30　“插入”对话框

（2）在“名称”下拉列表中选择“窗”，在“比例”选项组中，“X”比例因子输入 1.5，“Y”比例因子输入 3.7。

（3）单击【确定】按钮，捕捉窗洞口右下角的 *A* 点作为插入基点，插入窗“C-2”，结果如图 10-31 所示。

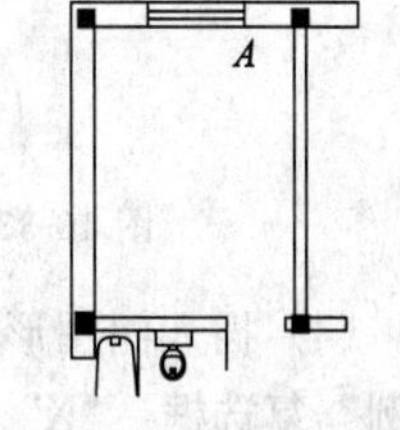

图 10-31　插入一个窗块

（4）同样做法，可以插入另外三个窗，即“C-1”、“C-3”和“卫生间窗”，“C-1”的“X”和“Y”方向比例因子分别为 2.4 和 3.7，“C-3”的“X”和“Y”方向比例因子分别为 1.2 和 3.7，“卫生间窗”的“X”和“Y”方向比例因子分别为 1 和 3.7，旋转角度为 90°。对于相同尺寸的窗，可以运用复制命令绘制，结果如图 10-32 所示。

10.4.2.4　绘制门图形块

门块主要由直线和圆弧组成，可以做成 45°的圆弧，也可以做成 90°的圆弧。本例采用 90°圆弧，如图 10-33 所示。其操作步骤如下。

（1）选择“0”层为当前层。单击“绘图”工具栏中的直线命令按钮，命令行提示：

➤命令：LINE

➤指定第一点：　//在绘图区任选一点 *O* 点

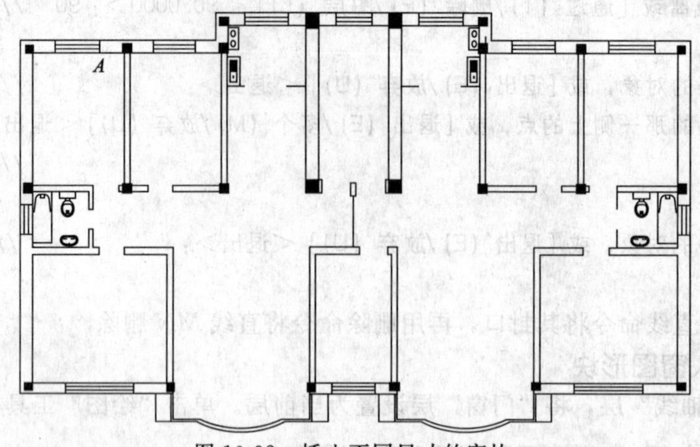

图 10-32 插入不同尺寸的窗块

➤指定下一点或［放弃（U）］：1000　　　　//绘制直线 OB，距离为 1000

➤指定下一点或［放弃（U）］：　　　　//按回车键，结束命令

（2）单击“绘图”工具栏中的圆弧命令按钮，绘制圆弧 BA，命令行提示：

➤命令：ARC

➤指定圆弧的起点或［圆心（C）］：C　　　　//利用圆心、起点、角度来绘制圆弧

➤指定圆弧的圆心：　　　　//指定圆弧的中心点 O 点

➤指定圆弧的起点：

➤指定圆弧的端点或［角度（A）/弦长（L）］：

（3）制作门块。门块的制作和窗块的制作相同，选中块定义，定义块名为“门”，基点为 O 点，选中图形定义结束。

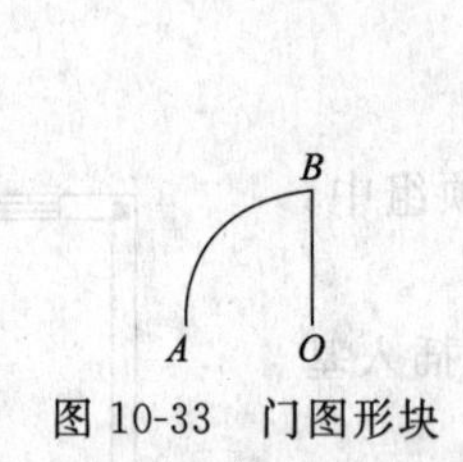

图 10-33 门图形块

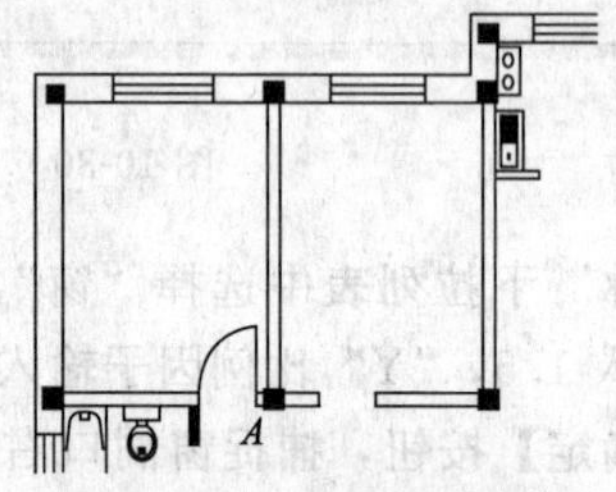

图 10-34 插入门后的结果

（4）插入门图形块。选择块插入操作命令，选择门块，在“比例”选项组中，选择“统一比例”复选框，“X”比例因子输入 0.9。选中 A 点把门块插入到指定位置，如图 10-34 所示。

10.4.2.5 其他门

对于其他的门，如果尺寸相同，可通过复制、镜像命令生成其他图块；如果尺寸不同，则运用插入块命令插入，如图 10-35 所示。

卫生间处有一个推拉门，直接用直线命令画出。最终的绘制结果如图 10-36 所示。另外一户的卫生间门可以用镜像命令来完成。

10.4.2.6 绘制厨房门

如图 10-37 所示的 AB 与 CD。绘制步骤如下。

➤命令：LINE

➤指定第一个点：　　//捕捉 A 点

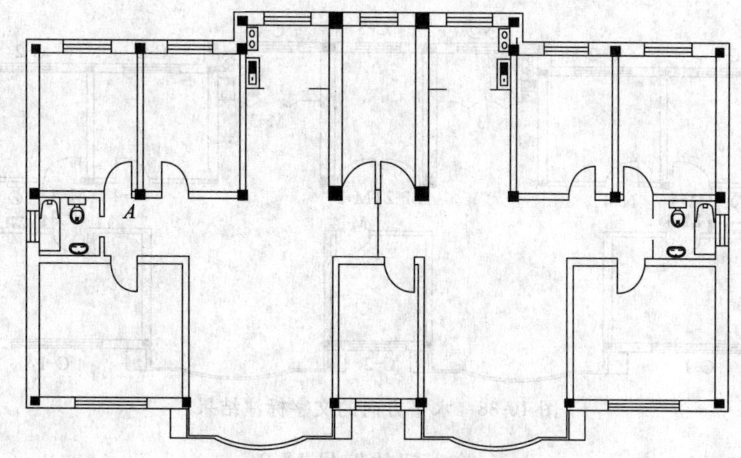

图 10-35　插入全部门后的结果

➢指定下一点或［放弃（U）］：375　//运用极轴捕捉－45°

➢指定下一点或［放弃（U）］：375　//运用极轴捕捉＋45°

➢指定下一点或［闭合（C）/放弃（U）］：

同理，另外一户的厨房门可以用复制命令来完成，如图 10-37 所示。

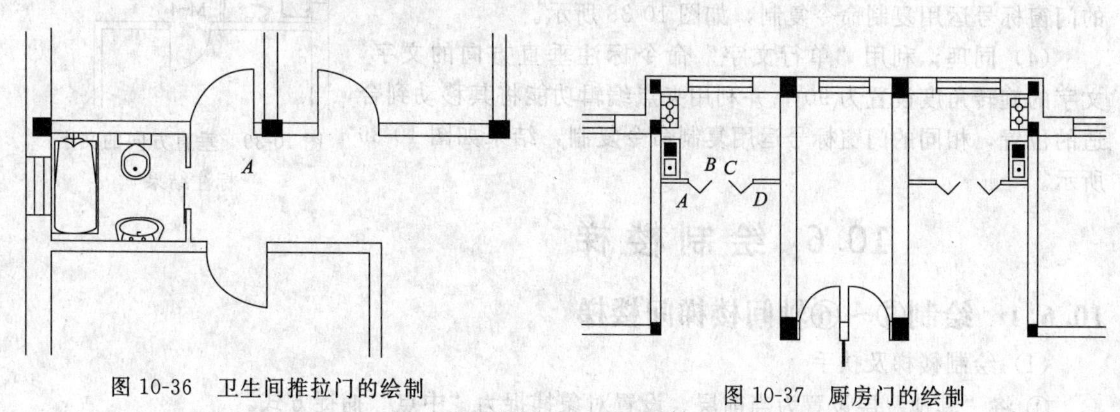

图 10-36　卫生间推拉门的绘制

图 10-37　厨房门的绘制

10.5　标注文本

（1）将“文本”层设置为当前层，“数字”样式设置为当前的文字样式。

（2）在命令行中输入单行文字命令“TEXT”，回车后命令行提示如下：

➢命令：TEXT

➢当前文字样式：　数字　当前文字高度：　2.5000

➢指定文字的起点或［对正（J）/样式（S）］：　//在绘图区内的任意空白处单击鼠标左键

➢指定高度＜2.5000＞：350　//输入文字的高度 350

➢指定文字的旋转角度＜0＞：　//回车，确定旋转角度为 0

➢输入文字：C-1　//输入窗的编号 C-1

➢输入文字：C-2　//输入窗的编号 C-2

➢输入文字：C-3　//输入窗的编号 C-3

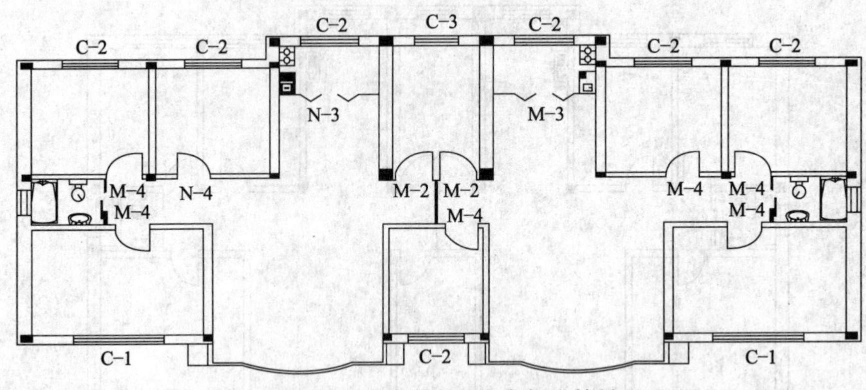

图 10-38 水平方向的文字标注结果

➤输入文字：M-2　　　　　　　//输入门的编号 M-2

➤输入文字：M-3　　　　　　　//输入门的编号 M-3

➤输入文字：M-4　　　　　　　//输入门的编号 M-4

➤输入文字：　　　　　　　　　//按回车键，结束命令

(3) 利用夹点编辑功能将以上文字移到合适的位置，相同的门窗标号运用复制命令复制，如图 10-38 所示。

(4) 同理，利用“单行文字”命令标注垂直方向的文字，文字的旋转角度设置为 90°，并利用夹点编辑功能将其移动到合适的位置，相同的门窗标号运用复制命令复制，结果如图 10-39 所示。

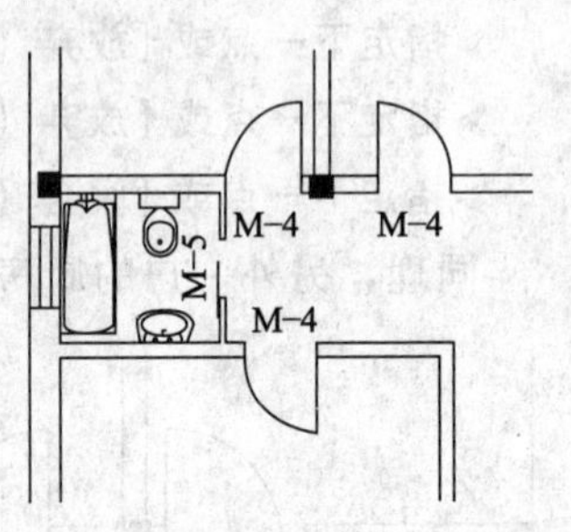

图 10-39 垂直方向的文字标注结果

10.6 绘制楼梯

10.6.1 绘制⑤～⑥轴间楼梯间楼梯

(1) 绘制楼梯及扶手

① 将“其他”层设置为当前层。设置对象捕捉为“中点”捕捉方式。

② 单击“绘图”工具栏中的矩形命令按钮，绘制一个长为 60、宽为 2600 的矩形。矩形的第一角点由窗 C-3 中点向下追踪 1380，第二角点坐标为@ 60，－2600，如图 10-40 所示。

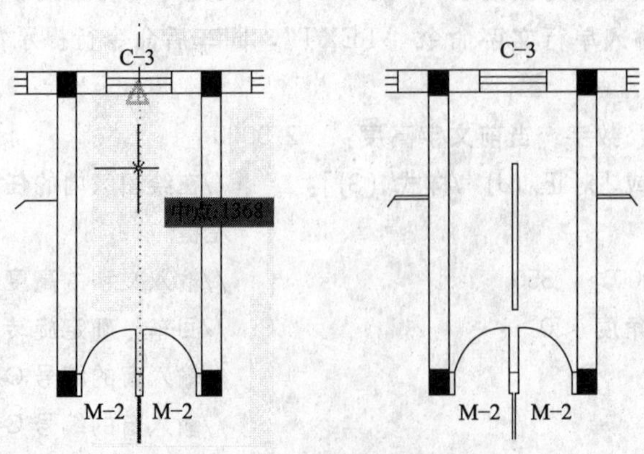

图 10-40 矩形绘制结果

③ 用移动命令将矩形水平向左移动 30。单击“修改”工具栏中的偏移命令按钮，将矩形向外偏移 100，结果如图 10-41 所示。

④ 单击“绘图”工具栏中的直线命令按钮，绘制一条直线，运用对象追踪确定起点位置，起点距 A 点为 482，终点位置用“垂足”捕捉来确定，如图 10-42 所示。

⑤ 单击“修改”工具栏中的阵列命令按钮，将直线阵列 9 行 1 列，行偏移量为 280，结果如图 10-43 所示。

⑥ 单击“修改”工具栏中的复制命令按钮，将阵列出的 9 条直线水平向右复制，如图 10-44 所示。

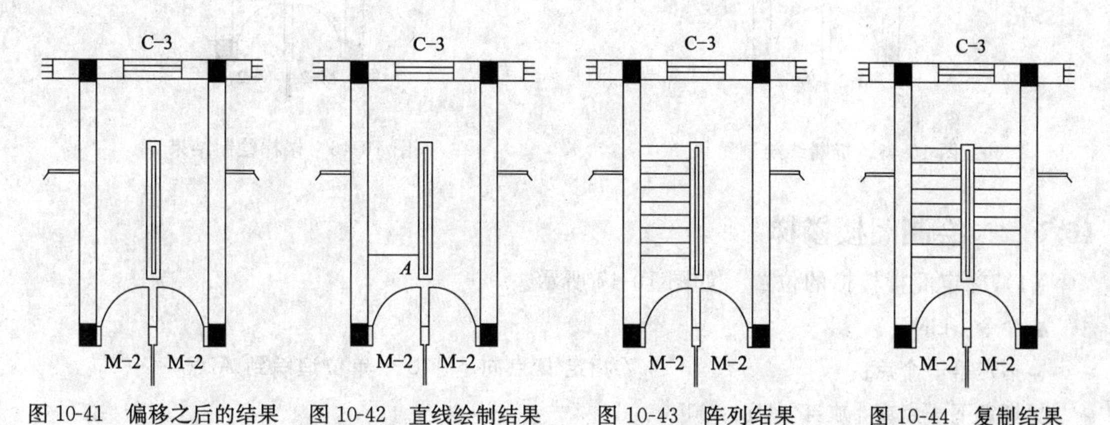

图 10-41 偏移之后的结果 图 10-42 直线绘制结果 图 10-43 阵列结果 图 10-44 复制结果

⑦ 设置对象捕捉方式为“最近点”捕捉方式。单击“绘图”工具栏中的直线命令按钮，绘制一条直线，再绘制一段折线，再把修剪完的折线复制一个，最后再进行修剪，如图 10-45 所示。

(2) 标注楼梯方向

单击下拉菜单栏中的【绘图】→【多段线】命令，命令行提示：

➢命令：PLINE

➢指定起点：

➢当前线宽为 0.0000

//运用对象捕捉追踪确定第一点的位置，第一点距左侧楼梯中点 170

➢指定下一个点或 [圆弧 (A)/半宽 (H)/长度 (L)/放弃 (U)/宽度 (W)]： <极轴 开> 2800

➢指定下一点或 [圆弧 (A)/闭合 (C)/半宽 (H)/长度 (L)/放弃 (U)/宽度 (W)]：1295

➢指定下一点或 [圆弧 (A)/闭合 (C)/半宽 (H)/长度 (L)/放弃 (U)/宽度 (W)]：570

➢指定下一点或 [圆弧 (A)/闭合 (C)/半宽 (H)/长度 (L)/放弃 (U)/宽度 (W)]：W //绘制箭头

➢指定起点宽度 <0.0000>：200

➢指定端点宽度 <200.0000>：0

➢指定下一点或 [圆弧 (A)/闭合 (C)/半宽 (H)/长度 (L)/放弃 (U)/宽度 (W)]：500

➢指定下一点或 [圆弧 (A)/闭合 (C)/半宽 (H)/长度 (L)/放弃 (U)/宽度 (W)]：

同理，绘制另外一个标注楼梯方向的箭头。

利用单行文字命令标注楼梯的方向，如图 10-46 所示。

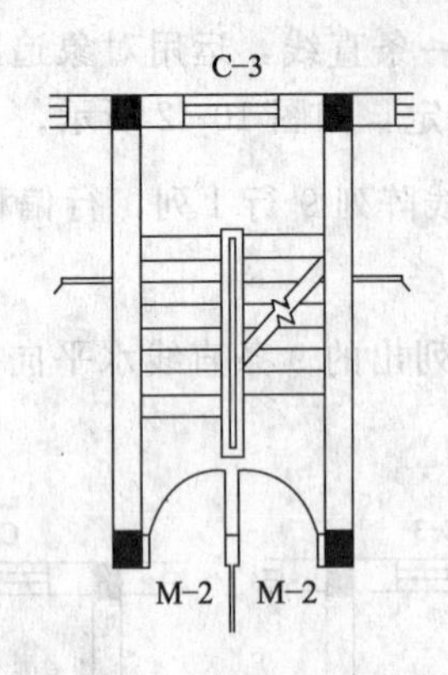

图 10-45 折断线绘制结果

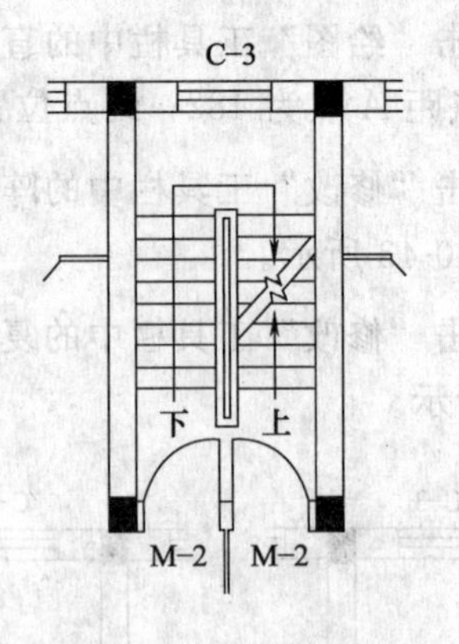

图 10-46 楼梯绘制结果

10.6.2 绘制阁楼楼梯

（1）确定阁楼楼梯的位置 如图 10-47 所示。

➤命令：LINE

➤指定第一个点： //指定 *B* 点向下 110 个单位追踪到 *A* 点

➤指定下一点或 [放弃 (U)]：110

➤指定下一点或 [放弃 (U)]： //运用垂足捕捉绘制直线 *AC*

➤指定下一点或 [放弃 (U)]：

➤命令：OFFSET //运用偏移命令绘制直线 *EF*

➤当前设置：删除源 = 否 图层 = 源 OFFSETGAPTYPE = 0

➤指定偏移距离或 [通过 (T) /删除 (E) /图层 (L)] <通过>：750

➤选择要偏移的对象，或 [退出 (E) /放弃 (U)] <退出>：

➤指定要偏移的那一侧上的点，或 [退出 (E) /多个 (M) /放弃 (U)] <退出>：

➤选择要偏移的对象，或 [退出 (E) /放弃 (U)] <退出>：

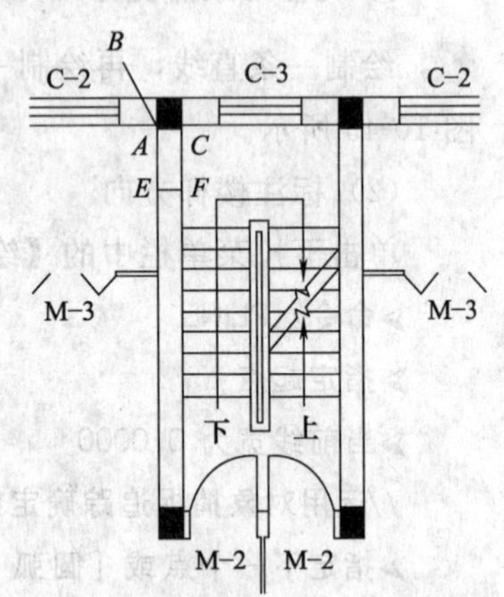

图 10-47 确定阁楼楼梯的位置

（2）绘制阁楼楼梯的扶手 如图 10-48 所示。

① 单击下拉菜单栏中的【绘图】→【多线】命令，命令行提示：

➤命令：MLINE

➤当前设置：对正 = 上，比例 = 1.00，样式 = 90

➤指定起点或 [对正 (J) /比例 (S) /样式 (ST)]： J

➤输入对正类型 [上 (T) /无 (Z) /下 (B)] <上>： B

➤当前设置：对正 = 下，比例 = 1.00，样式 = 90

➤指定起点或 [对正 (J) /比例 (S) /样式 (ST)]： //捕捉到 *A* 点向左绘制多线 *AJ*

➢指定下一点：　800

➢指定下一点或［放弃（U）］：

➢命令：COPY　　//用复制命令绘制多线 EK

➢选择对象：指定对角点：找到 1 个

➢选择对象：

➢当前设置：　复制模式 = 多个

➢指定基点或［位移（D）/模式（O）］＜位移＞：

➢指定第二个点或［阵列（A）］＜使用第一个点作为位移＞：

➢指定第二个点或［阵列（A）/退出（E）/放弃（U）］＜退出＞：

② 单击“修改”工具栏中的复制命令按钮。如图 10-48 所示绘制楼梯的扶手。

（3）绘制阁楼楼梯的踏步和折断线　用直线和阵列命令绘制踏步。

➢命令：LINE

➢指定第一个点：　　//连接 JK

➢指定下一点或［放弃（U）］：

➢指定下一点或［放弃（U）］：

单击修改面板中的阵列命令，将直线 JK 阵列 1 行 4 列，列偏移量为 250，结果如图 10-49。

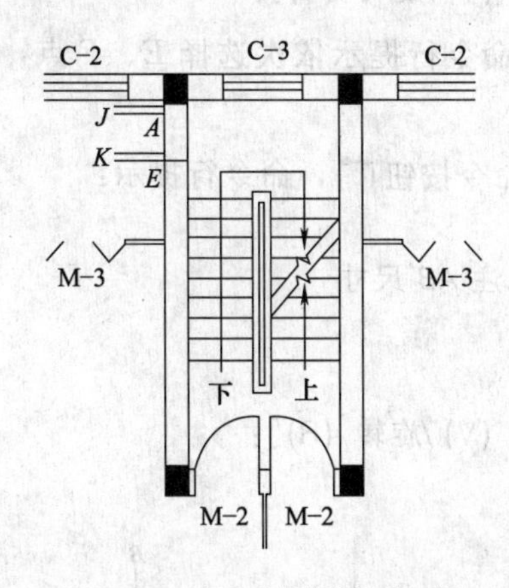

图 10-48　绘制楼梯的扶手

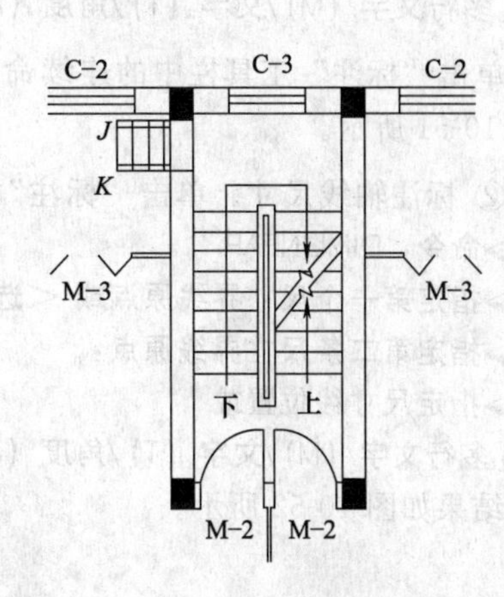

图 10-49　楼梯阵列结果

（4）绘制另外一户的阁楼楼梯　运用镜像命令镜像出另外一户的阁楼楼梯。

单击“修改”工具栏中的镜像命令按钮，根据命令行提示操作如下。

➢命令：MIRROR

➢选择对象：指定对角点：找到 15 个　　//选择镜像的原对象

➢选择对象：　　//回车

➢指定镜像线的第一点：指定镜像线的第二点：　//选择楼梯间窗的中线作为镜像线

➢是否删除源对象？［是（Y）/否（N）］＜N＞：　　//按回车键，不删除原对象，结束命令

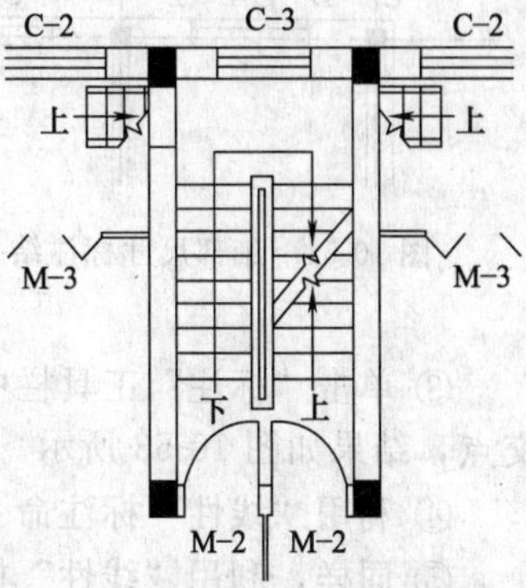

图 10-50　阁楼楼梯绘制结果

绘制结果如图 10-50 所示。

注意： Mirrtext 的默认值为 0，此时文字镜像后仅位置镜像，写法和排序不变；当该值改为 1 时，镜像后文本变为反写和倒排。

10.7 标注尺寸

（1）打开“轴线”层，将“尺寸标注”层设置为当前层，当前标注样式设置为“建筑”标注样式。

（2）检查“建筑”标注样式对话框中各项设置是否正确。

在“文字”选项卡“文字样式”下拉列表中选择“数字”样式，单击右侧的 … 按钮，在“调整”选项卡“使用全局比例”下拉列表中输入 100。

（3）标注尺寸

① 标注细部尺寸。单击“标注”工具栏中的线性命令按钮，命令行提示：

➢命令：DIMLINEAR

➢指定第一个尺寸界线原点或 <选择对象>： //标注 *CD* 尺寸

➢指定第二条尺寸界线原点：

➢指定尺寸线位置或

[多行文字 (M)/文字 (T)/角度 (A)/水平 (H)/垂直 (V)/旋转 (R)]：

单击“标注”工具栏中的连续命令按钮，根据命令行提示依次选择 *E*、*F* 点，结果如图 10-51 所示。

② 标注轴线尺寸。单击“标注”工具栏中的线性命令按钮，命令行提示：

➢命令：DIMLINEAR

➢指定第一个尺寸界线原点或 <选择对象>： //标注 *AB* 尺寸

➢指定第二条尺寸界线原点：

➢指定尺寸线位置或

[多行文字 (M)/文字 (T)/角度 (A)/水平 (H)/垂直 (V)/旋转 (R)]：

结果如图 10-52 所示。

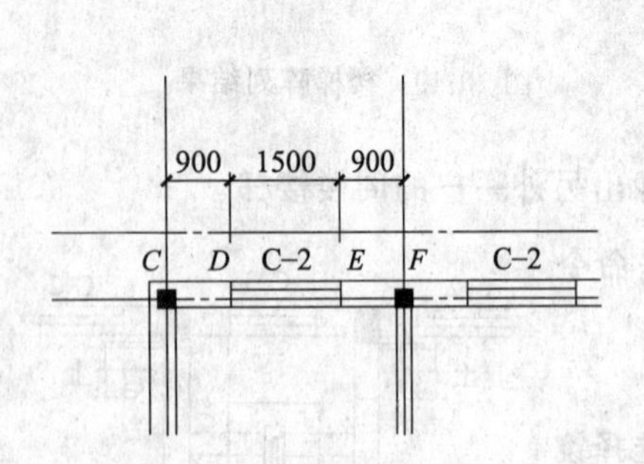

图 10-51 细部尺寸标注结果

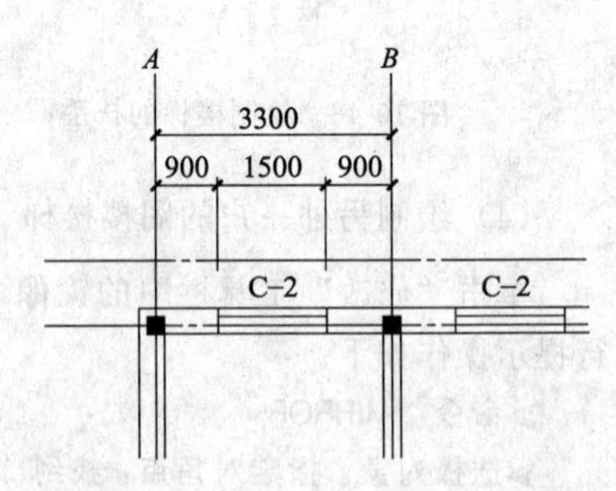

图 10-52 轴线间尺寸标注结果

③ 单击“标注”工具栏中的连续命令按钮，根据命令行提示依次选择轴线与墙体的交点，结果如图 10-53 所示。

④ 利用“线性”标注命令标注总尺寸，结果如图 10-54 所示。

⑤ 同样，利用“线性”标注命令及连续标注命令标注其他的尺寸线，并对轴线进行调整。结果如图 10-55 所示。

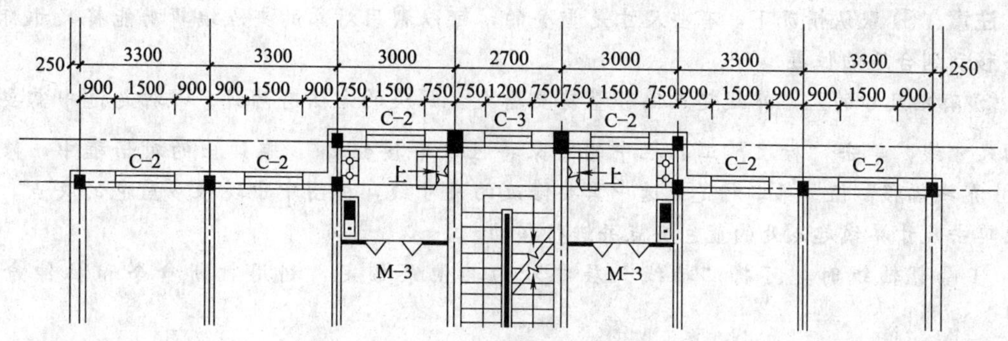

图 10-53　连续命令标注结果

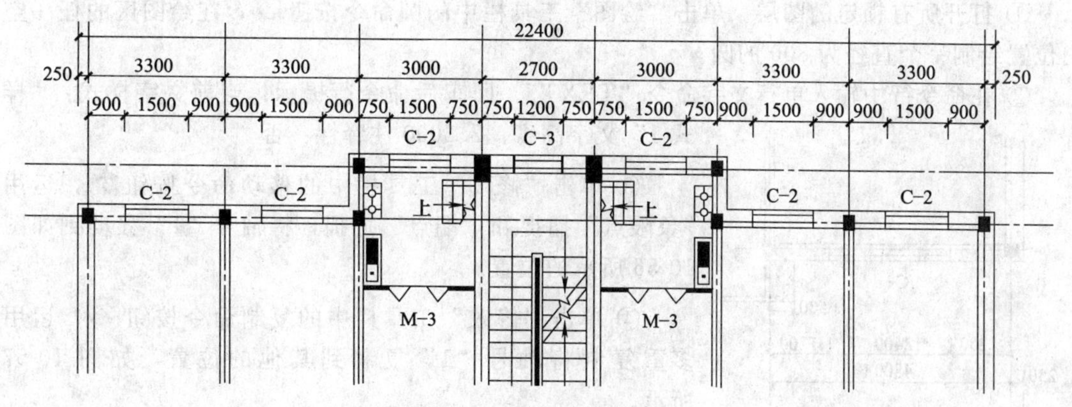

图 10-54　总尺寸标注结果

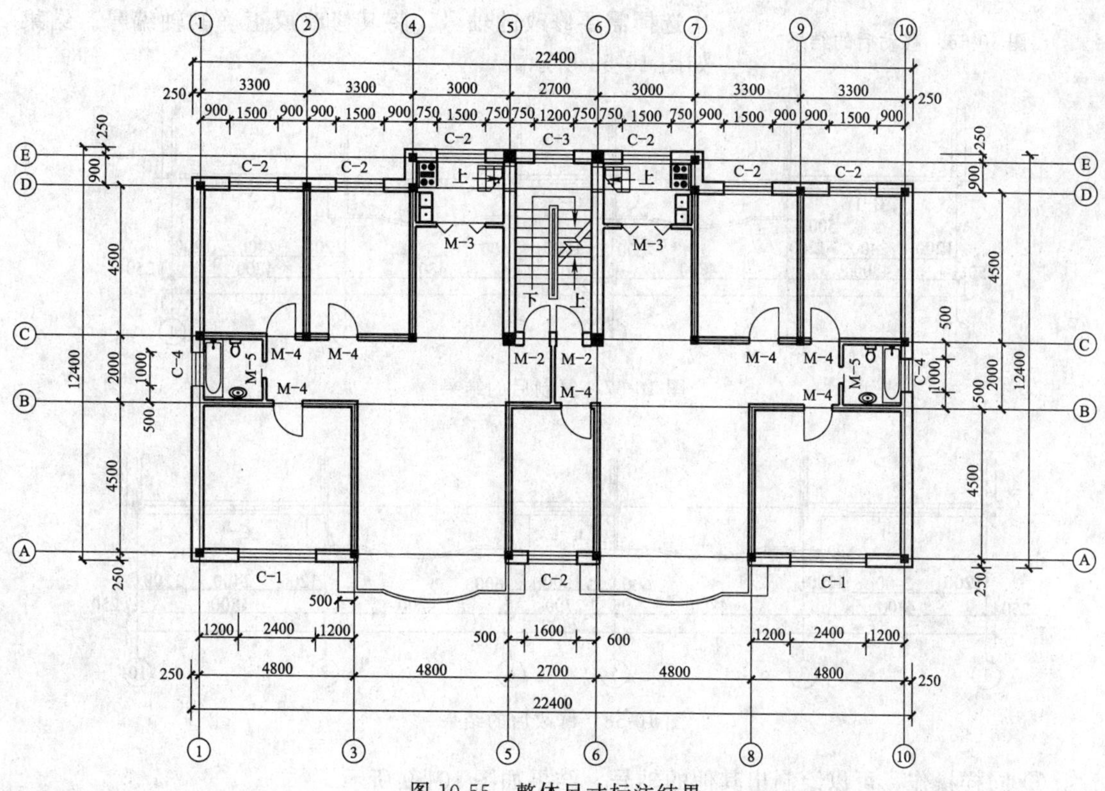

图 10-55　整体尺寸标注结果

注意：① 默认情况下，有些尺寸是重叠的，可以利用对象的夹点编辑功能将尺寸标注文字移动到合适的位置。

② 有些尺寸的尺寸界线起点偏移量需要增大，解决的方法有两种。一种是选中需要修改的尺寸线，单击“标准”工具栏中的对象特性命令按钮，在弹出的对话框中，修改“尺寸界线偏移”值。第二种是先选中需要修改的尺寸线，视图中出现很多蓝色的夹点，再一次单击尺寸界线起点处的蓝色夹点并进行移动。

③ 修剪轴线时，可将“轴线”层之外的其他层锁定，利用打断命令和拉伸命令调整。

(4) 标注轴号

① 打开所有锁定的图层。单击“绘图”工具栏中的圆命令按钮，在绘图区的任一空白位置绘制一个直径为 800 的圆。

② 在命令行中输入单行文字命令“TEXT”。回车后命令行提示：当前文字样式：“样式 1”文字高度：2.5000 注释性：否

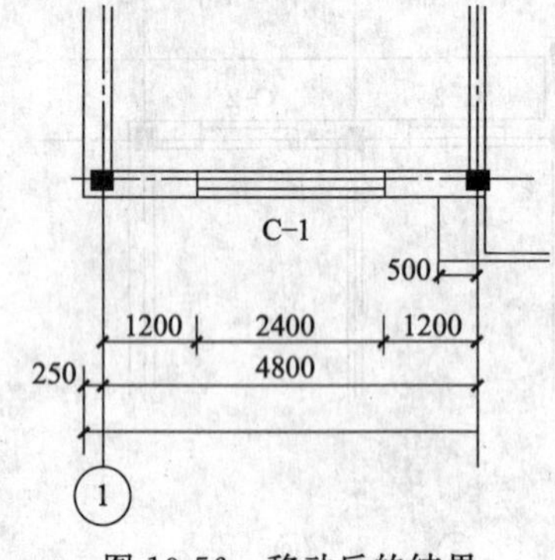

图 10-56 移动后的结果

③ 单击“修改”工具栏中的移动命令按钮，运用“象限点”捕捉和“端点”捕捉，将轴号“1”移动到如图 10-56 所示的位置。

④ 单击“修改”工具栏中的复制命令按钮，运用多重复制将轴号“1”复制到其他的位置，如图 10-57 所示。

⑤ 在命令行中输入文字编辑命令“ED”并回车，依次选择需要修改的轴号，将其修改成正确的轴编号。结果如图 10-58 所示。

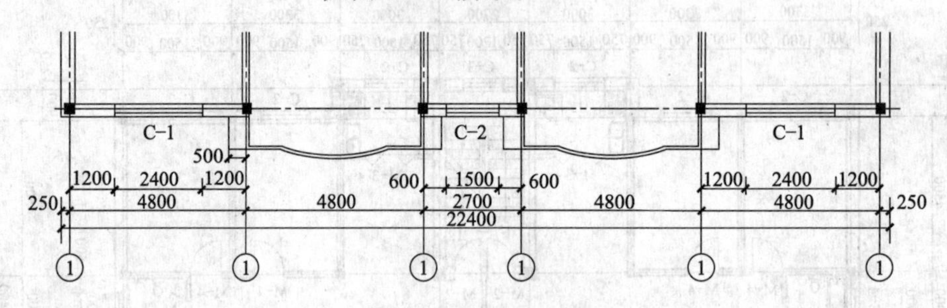

图 10-57 复制后的结果

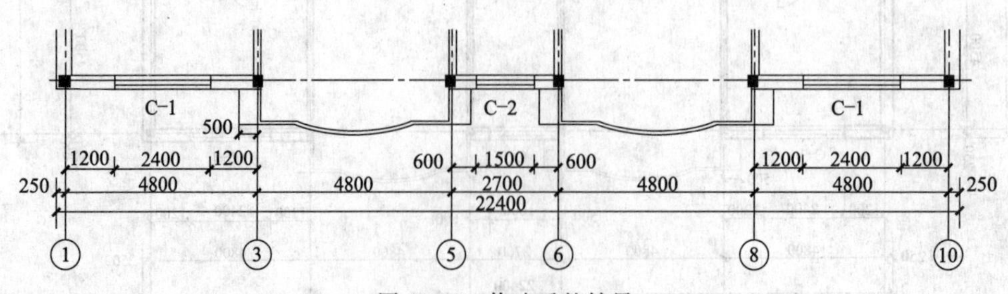

图 10-58 修改后的结果

⑥ 同样操作，可以绘制出其他的轴号，结果如图 10-59 所示。

（5）单击“标准”工具栏中的保存命令按钮，将该文件保存为“建筑平面图 .dwg”。

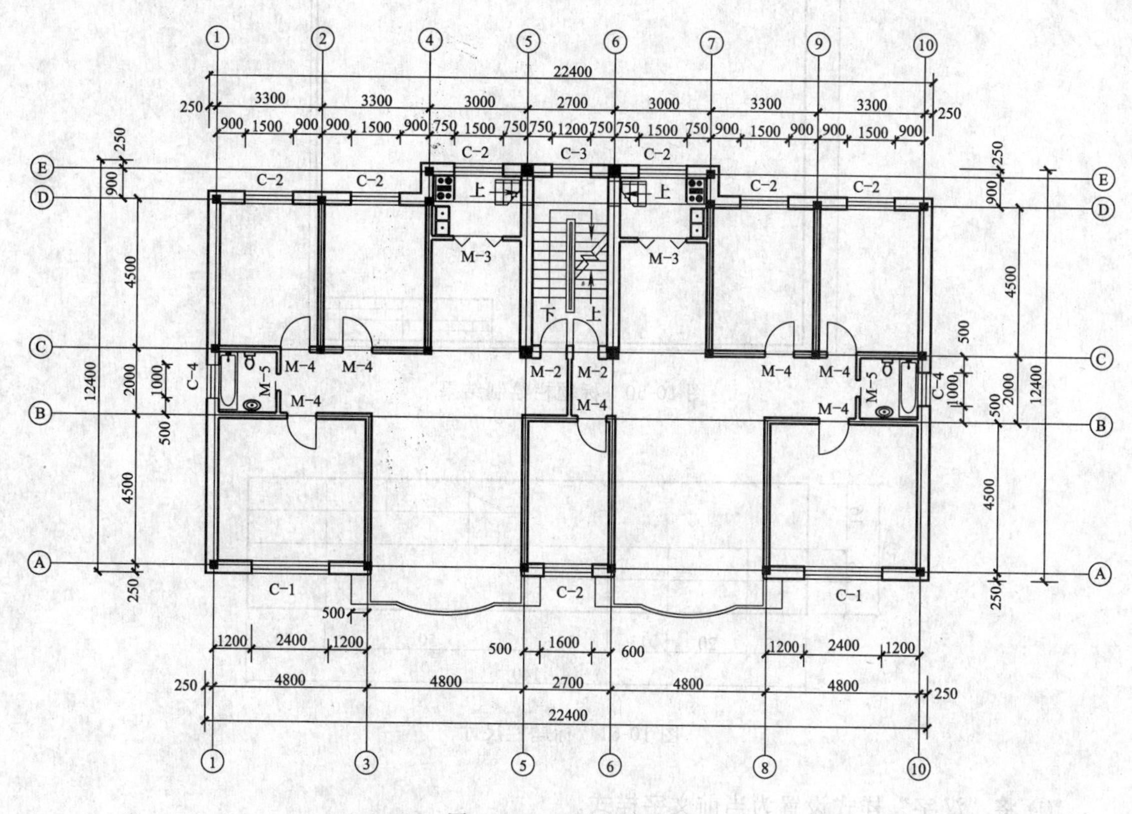

图 10-59　尺寸标注结果

绘制该平面图还有其他的快捷方法，仔细观察可以看出，该平面图是对称图形。所以，只要绘制出一侧的图形，另外一侧的图形可以用镜像命令来完成。

10.8　标题栏的绘制

（1）将“标题栏”层设置为当前层。

（2）单击“绘图”工具栏中的矩形命令按钮，命令行提示：

➢命令：RECTANG

➢指定第一个角点或［倒角（C）/标高（E）/圆角（F）/厚度（T）/宽度（W）］：0，0

➢指定另一个角点或［尺寸（D）］：420，297　　//绘制边长为 420×297 的幅面线

➢命令：　　//回车，输入上一次的矩形命令

➢命令：RECTANG

➢指定第一个角点或［倒角（C）/标高（E）/圆角（F）/厚度（T）/宽度（W）］：25，5

➢指定另一个角点或［面积（A）/尺寸（D）/旋转（R）］：405，292　//绘制图框线

（3）利用直线、偏移和修剪等命令在图框线的右下角绘制标题栏，如图 10-60、图 10-61 所示。

（4）输入标题栏内的文字并将其定义成带属性的块。

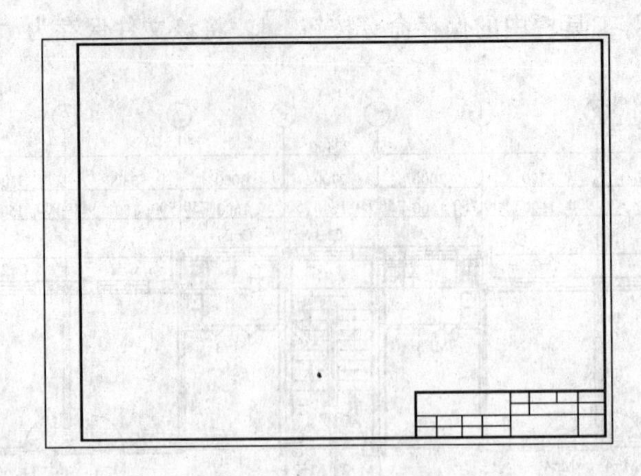

图 10-60　标题栏绘制结果

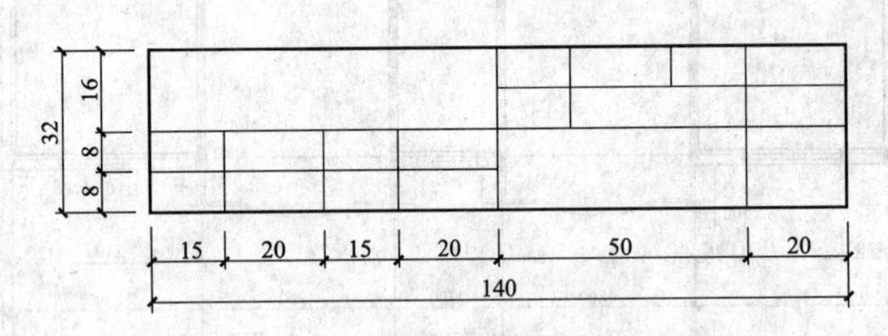

图 10-61　标题栏尺寸

① 将“汉字”样式设置为当前文字样式。

② 在命令行中输入“TEXT”命令并回车，命令行提示：

➤命令：DTEXT

➤当前文字样式：　汉字　当前文字高度：　6.0000

➤指定文字的起点或 [对正 (J) /样式 (S)]：J

➤输入选项

[对齐 (A) /调整 (F) /中心 (C) /中间 (M) /右 (R) /左上 (TL) /中上 (TC) /右上 (TR) /左中 (ML) /正中

(MC) /右中 (MR) /左下 (BL) /中下 (BC) /右下 (BR)]：MC

➤指定文字的中间点：　　　　　　　　//该点位于图 10-62 中两条对象追踪线的交点处

➤指定高度 ＜10.0000＞：3.5

➤指定文字的旋转角度 ＜0.0＞：　　　　//回车后，输入文字“姓名”，接着两次单击回车键结束命令

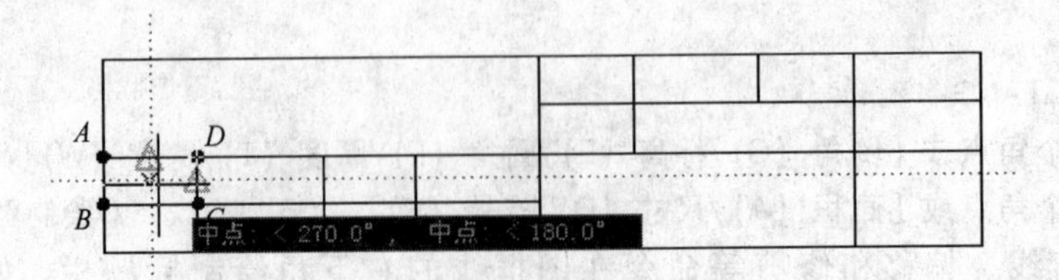

图 10-62　文字中间点位置图

注意：需用打断于点命令将文字周围线的交点打断，即需在图 10-62 中 A、B、C、D 四个点处打断相应的直线段。

③ 运用复制命令可以复制其他几组字，然后在命令行中输入文字修改命令“ED”并回车，依次修改各个文字内容，结果如图 10-63 所示。

				NO		日期	
				批阅			成绩
姓名		专业					
班级		学号					

图 10-63　加入文字之后的标题栏

④ 单击下拉菜单栏中的【绘图】→【块】→【属性定义】命令，弹出“属性定义”对话框，设置其参数如图 10-64 所示，单击【确定】按钮，在绘图区之内拾取即将写入的文字所在位置的正中点，块属性定义结束，结果如图 10-65 所示。

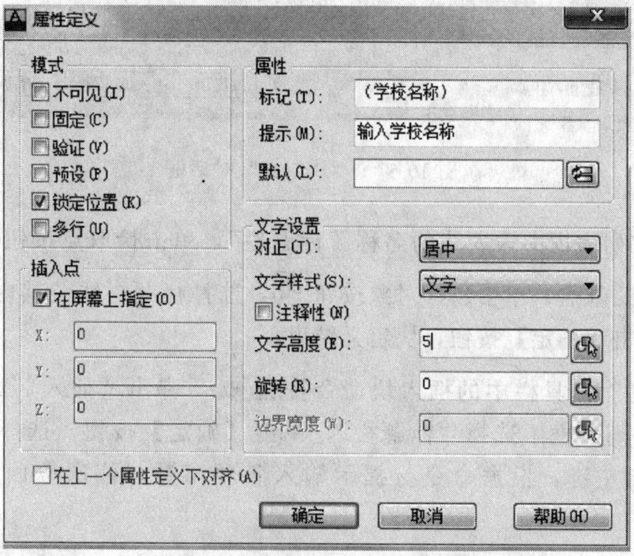

属性定义
模式：不可见(I)　固定(C)　验证(V)　预设(P)　☑锁定位置(K)　多行(U)
属性：标记(T)：（学校名称）　提示(M)：输入学校名称　默认(L)：
插入点：☑在屏幕上指定(O)　X：0　Y：0　Z：0
文字设置：对正(J)：居中　文字样式(S)：文字　注释性(N)　文字高度(E)：5　旋转(R)：0　边界宽度(W)：0
在上一个属性定义下对齐(A)
确定　取消　帮助(H)

图 10-64　“属性定义”对话框及其设置

（学校名称）				NO		日期	
				批阅			成绩
姓名		专业					
班级		学号					

图 10-65　属性定义结果

⑤ 同样，可以为其他的文字定义属性。“图名”的字高为 5，其他文字的字高为 3.5。结果如图 10-66 所示。

（学校名称）				NO	图号	日期	2012-10-5
				批阅			成绩
姓名	某人	专业	某专业	（图名）			
班级	某班	学号	某学号				

图 10-66　属性定义最终结果

⑥ 修改图框线的线宽为 1.0，图标外框线的线宽为 0.7，图标内格线的宽度为 0.35。

⑦ 单击“绘图”工具栏中的创建块命令按钮，弹出如图 10-67 所示的“块定义”对话框。

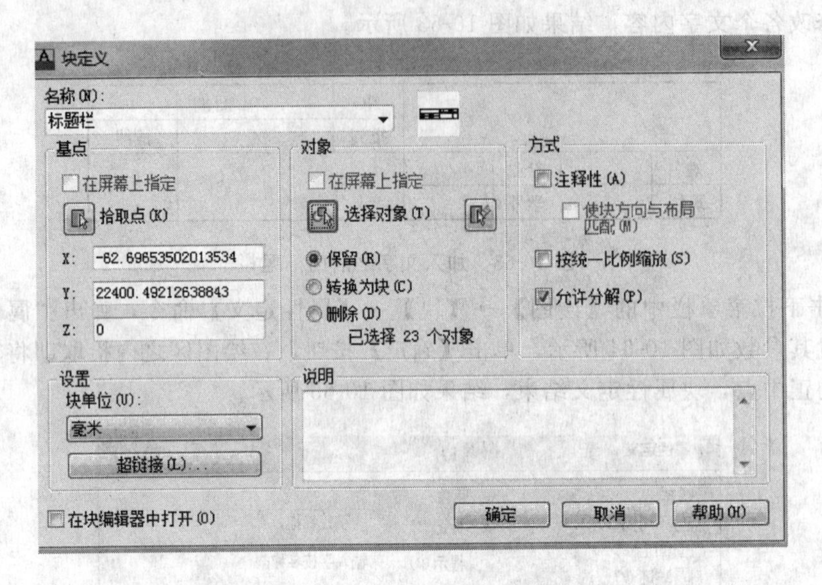

图 10-67 “块定义”对话框

⑧ 在名称下拉列表框中输入块的名称“标题栏”，单击拾取点按钮，捕捉标题栏的右下角角点作为块的基点；单击选择对象按钮，选择标题栏线及其内部文字，选择“删除”单选按钮，单击【确定】按钮，块定义结束。

⑨ 单击“绘图”工具栏中的插入块命令按钮，弹出“插入”对话框，如图 10-68 所示。从名称下拉列表框中选择“标题栏”，单击【确定】按钮，选择图框线的右下角为插入基点单击鼠标左键，根据命令行提示输入各项参数，依次按回车键。命令行提示如下：

➢命令：INSERT

➢指定插入点或［基点（B）/比例（S）/X/Y/Z/旋转（R）/预览比例（PS）/PX/PY/PZ/预览旋转（PR）］：　　//指定图框线的右下角为插入基点

➢输入属性值

➢输入学校名称：某建筑学校

➢输入学生姓名：某人

➢输入班级：某班

➢输入所在专业：某专业

➢输入学生学号：2

➢输入图纸编号：1

➢输入绘图完成时间：2012-10-5

➢输入图名：某住宅楼平面图

块插入结果如图 10-69 所示。

注意：在实际绘图时，块的属性值中的各项参数应根据实际情况设置或修改。

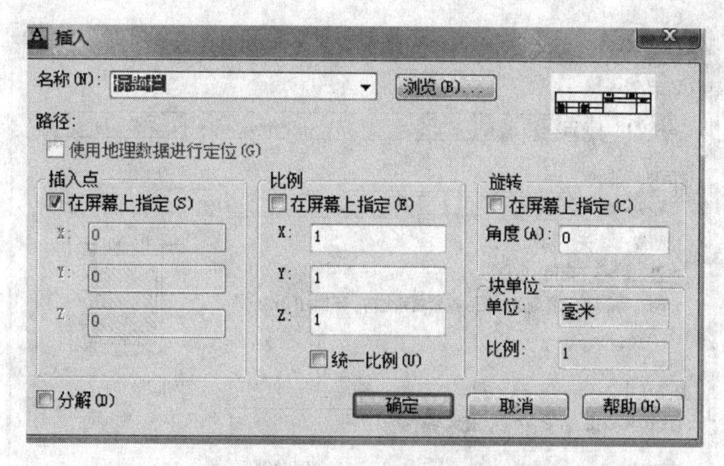

图 10-68　“插入”对话框

×××建筑学校				NO	1	日期	2012-10-5
				批阅		成绩	
姓名	×××	专业	××专业	某住宅楼平面图			
班级	×××	学号	2				

图 10-69　A3 样板图及标题栏放大效果

(5) 将该文件保存为样板图文件　单击下拉菜单栏中的【文件】→【保存】命令，打开“图形另存为”对话框。从“文件类型”下拉列表中选择“AutoCAD 图形样板（*.dwt)”，输入文件名称“A3 建筑图模板”，单击【保存】按钮，在弹出的样板说明对话框中输入说明“A3 幅面建筑用模板”，单击【确定】按钮，完成设置。

注意： 其他幅面建筑用模板只要在“A3 幅面建筑用模板”文件的基础上修改边框尺寸大小，并另存文件即可。

实例小结　以 A3 幅面样板图为例详细讲解了样板图的制作过程，其他幅面的样板图可以在此样板图的基础上修改而成。标题栏中的部分文字定义成了带属性的块，在插入时可以根据需要输入不同的内容。标题栏和图框线的尺寸和宽度可以根据相关规范设置。

10.9　打印输出

打印输出与图形的绘制、修改和编辑等过程同等重要，只有将设计的成果打印输出到图纸上，才算完成了整个绘图过程。

在打印输出之前，首先需要配置好图形输出设备。目前，图形输出设备很多，常见的有打印机和绘图仪两种，由于打印机和绘图仪都趋于向激光和喷墨输出，已经没有明显的区别，因此，在 AutoCAD 2013 中，将图形默认输出设备为绘图仪。一般情况下，使用系统默认的绘图仪即可打印出图形。如果系统默认的绘图仪不能满足用户需要，可以添加新的绘图仪。

下面讲述在模型空间打印本章所绘建筑平面图的方法。具体操作步骤如下。

(1) 打开前面保存的“某住宅楼二～四层建筑平面图.dwg ”为当前图形文件。

(2) 单击快速访问工具栏中的的打印命令按钮 ，弹出“打印－模型”对话框，如图 10-70 所示。

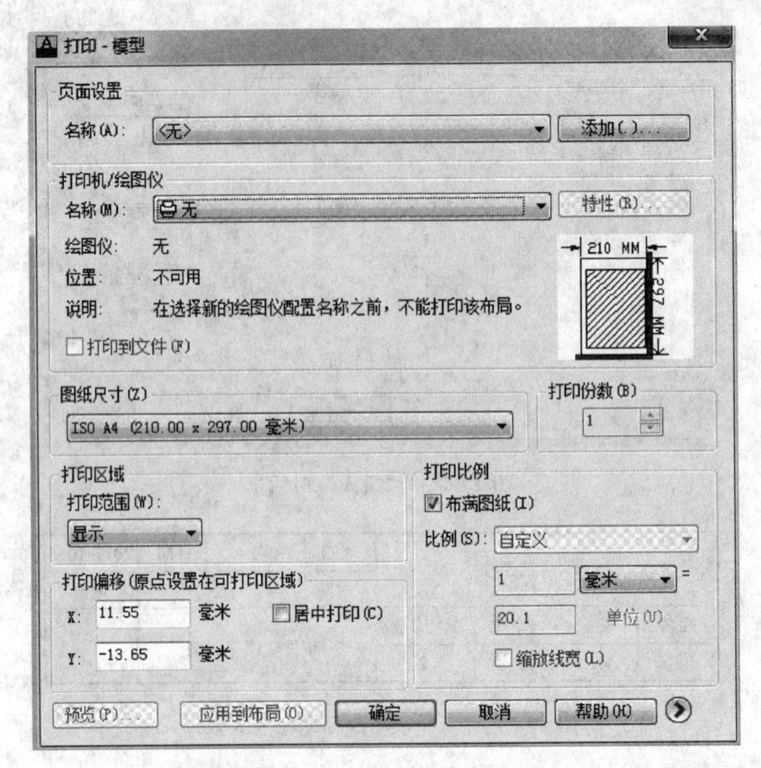

图 10-70 “打印一模型”对话框

(3) 在“打印一模型”对话框中的“打印机/绘图仪”选项区中的“名称”下拉菜单中选择系统所使用的绘图仪类型，本例中选择“DWF6 ePlot. pc3”型号的绘图仪作为当前绘图仪。修改图纸的可打印区域的步骤如下。

① 单击“名称”下拉列表中的“DWF6 ePlot. pc3”型号的绘图仪右面的【特性】按钮，弹出“绘图仪配置编辑器－DWF6 ePlot. pc3”对话框，如图 10-71 所示。激活【设备和文档设备】选项卡，选择“修改标准图纸尺寸（可打印区域)”选项，打开“修改标准图纸尺寸”选项区域。

② 在“修改标准图纸尺寸”选项区域内单击微调按钮选择“ISO A3 (420.00×297.00 毫米)”图表框，如图 10-72 所示。

③ 单击此选项区域右侧的【修改】按钮，在打开的“自定义图纸尺寸－可打印区域”对话框中，将上、下、左、右的数字高为“0”，如图 10-73 所示。

④ 单击【下一步】按钮，在打开的“自定义图纸尺寸－完成”对话框中，列表了修改后标准图纸的尺寸。

⑤ 单击“自定义图纸尺寸－完成”对话框中的【完成】按钮，返回到“绘图仪配置编辑器－DWF6 ePlot. pc3”对话框。

⑥ 单击对话框中的【另存为】按钮，在弹出的“另存为”对话框中，将修改后的绘图仪另保存为“DWF6 ePlot-（A3-H)”。

⑦ 单击“绘图仪配置编辑器－DWF6 ePlot. pc3”对话框中的【确定】按钮，返回到“打印－模型”对话框。

⑧ 在“图形尺寸”选项区域中的“图纸尺寸”下拉列表框中选择“ISO A3 (420.00×297.00 毫米)”图纸尺寸，如图 10-74 所示。

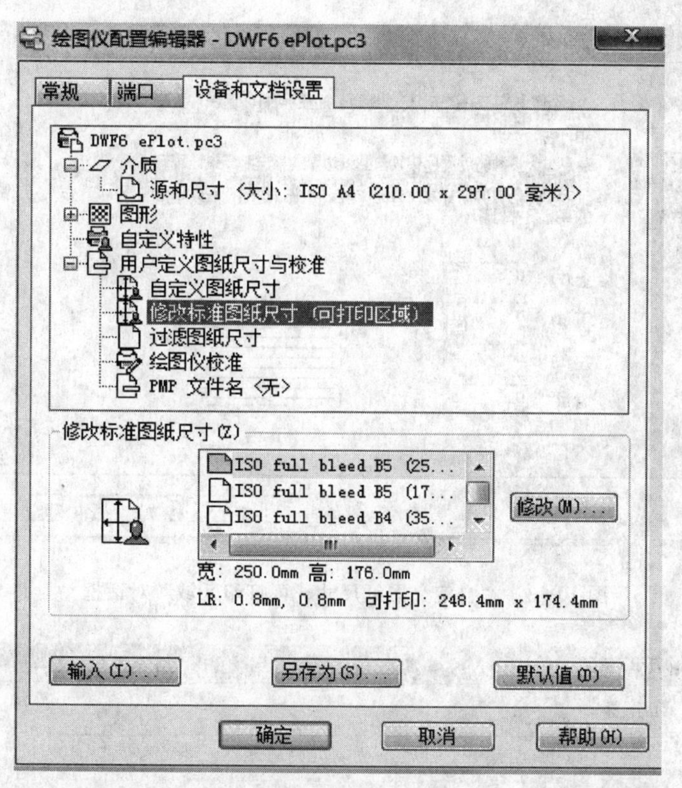

图 10-71　“绘图仪配置编辑器－DWF6 ePlot. pc3”对话框

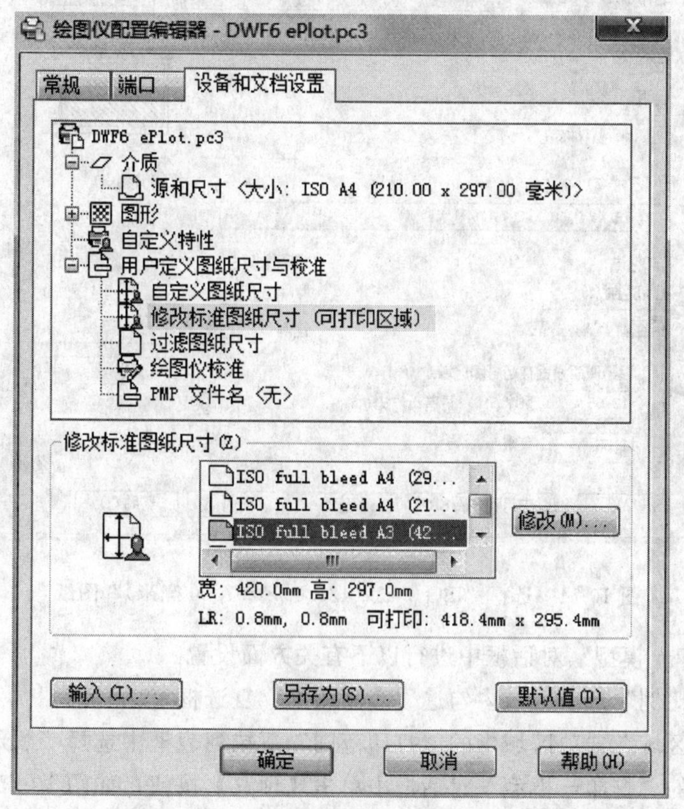

图 10-72　“修改标准图纸尺寸”选项区域

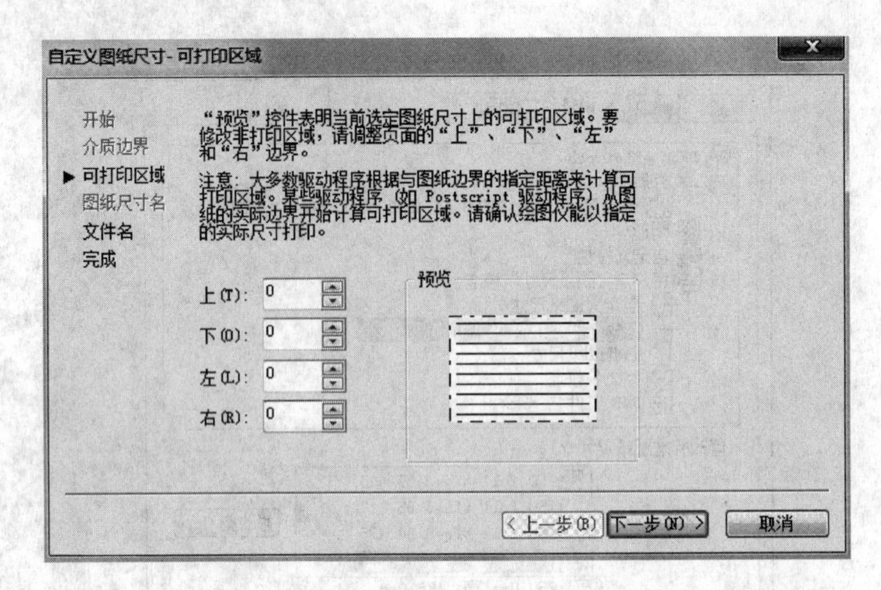

图 10-73 “自定义图纸尺寸—可打印区域”对话框

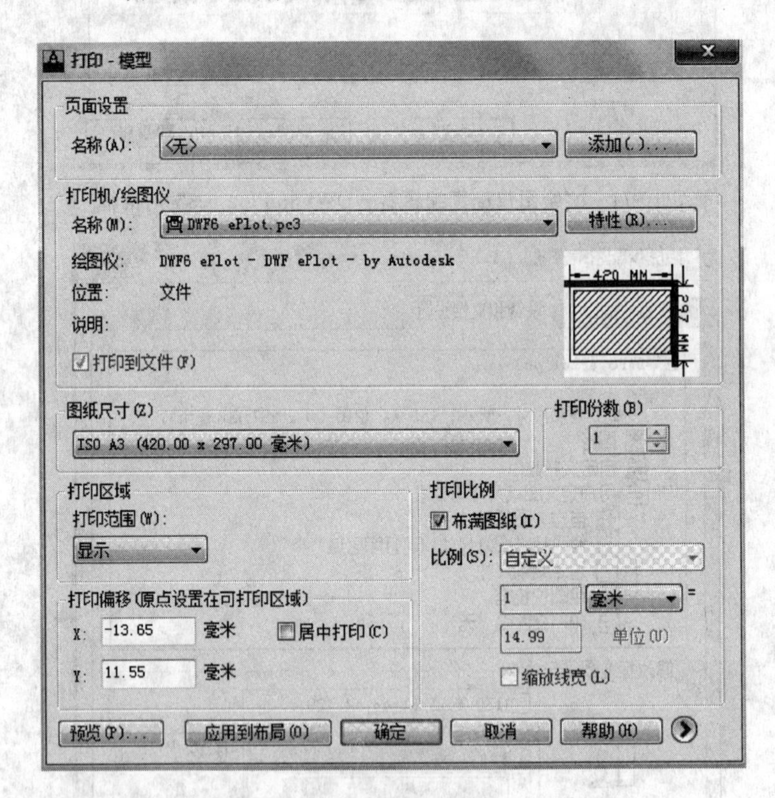

图 10-74 选择“ISO A3 (420.00×297.00 毫米)”图纸

(4) 在“打印—模型”对话框中进行以下有关方面设置：

① 在“打印比例”选项区域内勾选“布满图纸”复选框；

② 在“打印区域”选项区域中的“打印范围”下拉列表框中选择“图形界限”。

③ 在设置完的“打印—模型”对话框中单击【预览】按钮，如图 10-75 所示。

④ 如对预览结果满意，就可以单击预览状态下工具栏中的【打印】按钮进行打印输出。

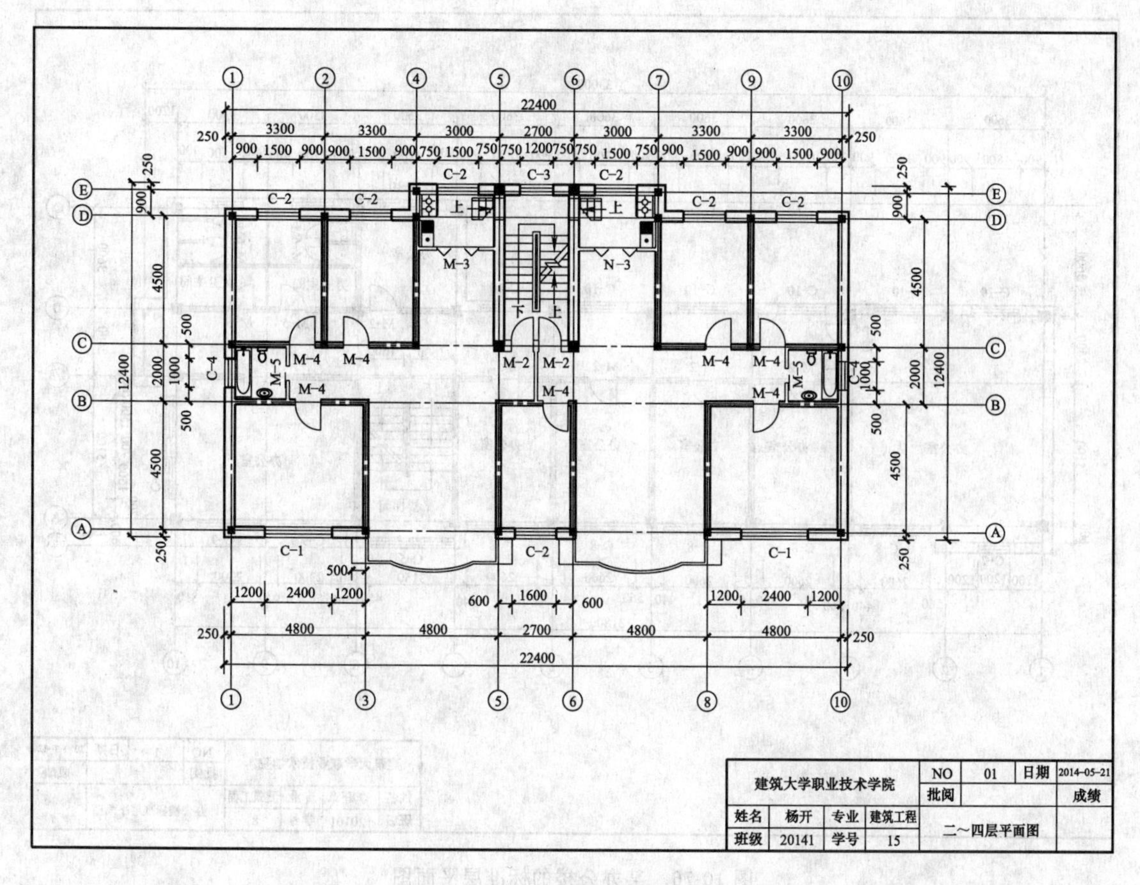

图 10-75　打印的预览效果图

小　结

本章主要讲述了某住宅楼的二～四层建筑平面图的整个绘制过程。墙体用多线命令绘制，并用多线编辑命令修改。修改“T”字型相交的墙体时应注意选择墙体的顺序。门和窗先制作成块，再插入。如果在其他的图形中需要多次用到门块和窗块，可以用“WBLOCK”命令将其定义成外部块，再用“插入块”命令插入到当前图形中。楼梯用直线、矩形、偏移、阵列等命令绘制。本章的最后一节叙述了图形的打印输出知识。

思考与练习题

1. 思考题

(1) 绘制一张完整的建筑平面图的步骤?

(2) 在用多线绘制墙体时，如何设置多线?

(3) 门和窗的块在创建和插入时对图层有何作用?

(4) 建筑图尺寸标注样式一般应修改哪些设置?

2. 绘图题

绘制图 10-76 某办公楼的标准层平面图。

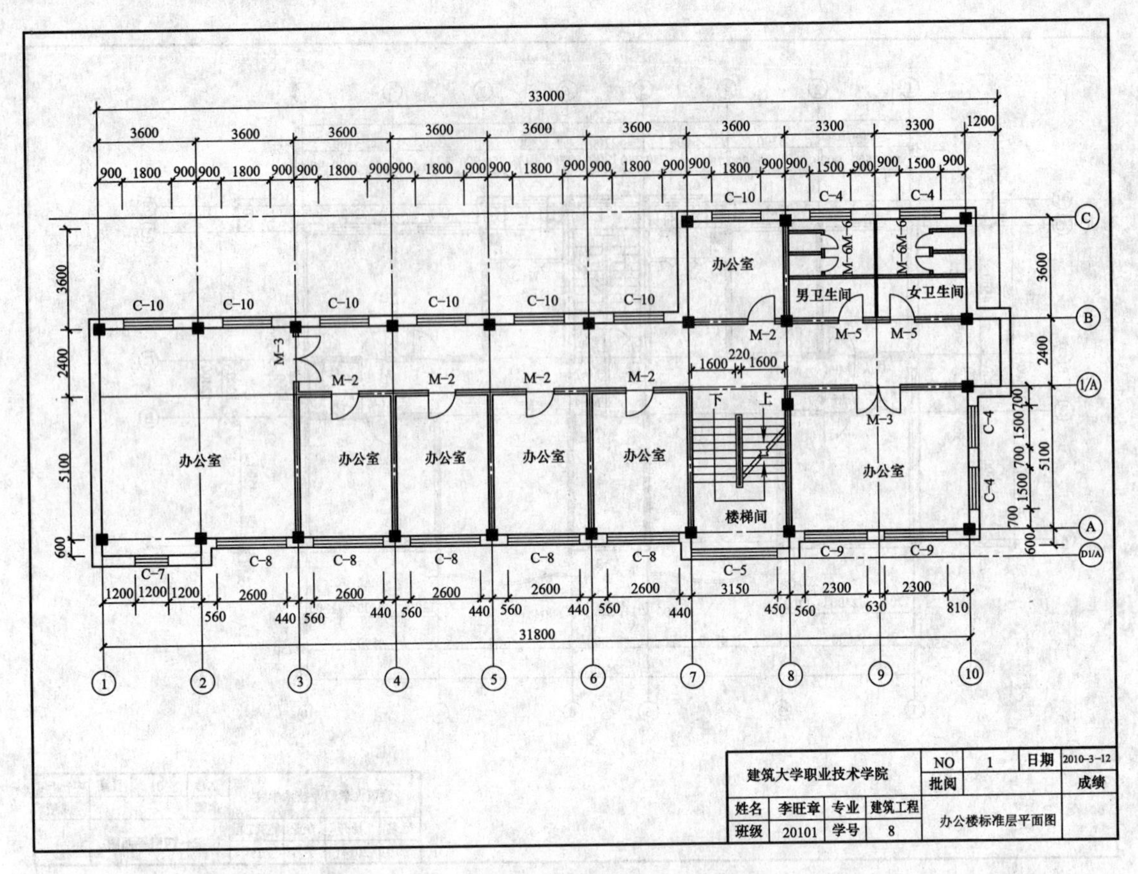

图 10-76 某办公楼的标准层平面图

第 11 章　建筑立面图实例

建筑立面图主要表现建筑物的立面及建筑外形轮廓。如房屋的总高度、檐口、屋顶的形状及大小等，还表示墙面、屋顶等各部分使用的建筑材料做法等。同时也表示门、窗的式样，室外台阶、雨篷、雨水管的形状及位置等。本节以图 11-1 所示某住宅楼立面图为例，详细介绍建筑立面图的绘制过程及方法。

绘制过程如下：

① 设置绘图环境；

② 绘制辅助线；

③ 绘制底层和标准层立面；

④ 绘制阁楼立面；

⑤ 立面标注；

⑥ 打印输出。

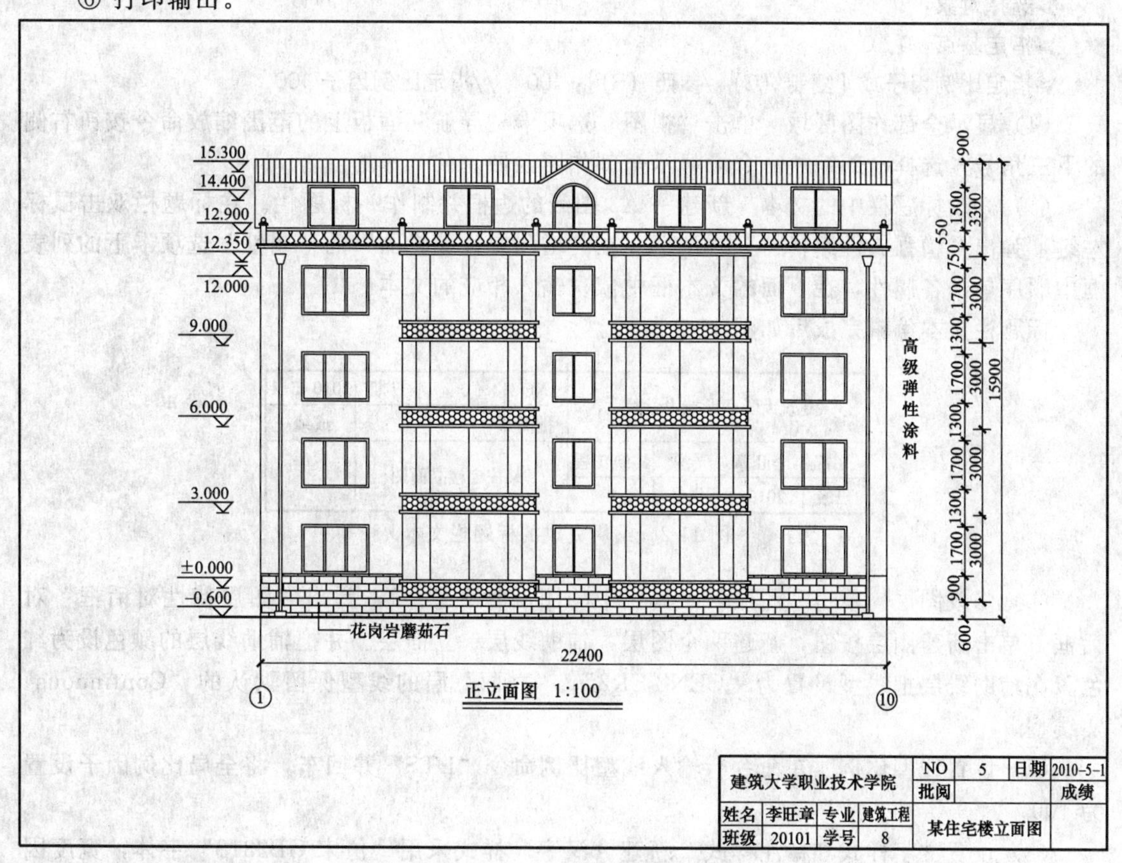

图 11-1　建筑立面图

11.1　设置绘图环境

(1) 创建新图形文件　单击“标准”工具栏中的新建命令按钮，弹出“创建新图形”对话框。创建新图形文件。

（2）设置绘图区域　单击下拉菜单中的【格式】→【图形界限】命令，命令行提示如下：

➤命令：LIMITS

➤重新设置模型空间界限：

➤指定左下角点或［开（ON）/关（OFF）］＜0.0000，0.0000＞：

➤指定右上角点＜42000.0000，29700.0000＞：

➤命令：ZOOM

➤指定窗口的角点，输入比例因子（nX 或 nXP），或者

［全部（A）/中心（C）/动态（D）/范围（E）/上一个（P）/比例（S）/窗口（W）/对象（O）］＜实时＞：all

（3）放大图框线和标题栏　单击“修改”工具栏中的缩放命令按钮，命令行提示如下：

➤命令：SCALE

➤选择对象：指定对角点：找到 3 个　　　　　　//选择图框线和标题栏

➤选择对象：

➤指定基点：0，0

➤指定比例因子或［复制（C）/参照（R）］：100　//指定比例因子 100

（4）显示全部作图区域　单击“视图”选项卡“导航”面板上的范围缩放命令按钮右侧的下三角号，选择全部缩放命令，显示全部作图区域。

（5）修改标题栏中的文本　新建一 A3 图纸的边框并制作一标题栏。在标题栏双击鼠标左键，弹出“增强属性编辑器”对话框。在“增强属性编辑器”的“属性”选项卡下的列表框中顺序单击各属性，在下面的文本框中依次输入相应的文本。

标题栏文本编辑完成后如图 11-2 所示。

建筑大学职业技术学院				NO	5	日期	2010-5-1
				批阅			成绩
姓名	李旺章	专业	建筑工程	某住宅楼立面图			
班级	20101	学号	8				

图 11-2　编辑完成的标题栏文本

（6）修改图层　单击“图层”工具栏中的图层管理器，弹出“图层特性对话框”对话框，单击新建图层按钮，新建两个图层：辅助线层、立面层。并把辅助线层的颜色设为红色。在辅助线层把线型设置为“CENTER2”，“立面”层的线型保留默认的“Continuous”实线型。

（7）设置线型比例　在命令行输入线型比例命令“LTS”并回车，将全局比例因子设置为 100。

（8）设置文字样式和标注样式　新建“汉字”样式采用“仿宋 GB2312”字体，宽度因子设为 0.8，用于书写汉字；“数字”样式采用“Simplex.shx”字体，宽度因子设为 0.8，用于书写数字及特殊字符。单击“常用”选项卡“注释”面板中的“标注样式”命令按钮，弹出“标注样式管理器”对话框，选择“建筑”标注样式，然后单击【修改】命令按钮，弹出“修改标注样式：建筑”对话框，将“调整”选项卡中的“标注特性比例”中的

“使用全局比例为 100”。单击【确定】按钮。完成标注样式的设置。

（9）完成设置并保存文件　单击“快速访问”工具栏中的保存命令，打开“图形另存为”对话框。输入文件名称“某住宅楼立面图”，单击“图形另存为”对话框的【保存】命令按钮保存文件。

至此，绘图环境设置已基本完成，这些设置对于绘制一幅高质量的工程图纸而言非常重要。

11.2　绘制辅助线

辅助线用来在绘图时对图形准确定位，其绘制步骤如下。

① 打开 11.1 节中已存盘的“某住宅楼立面图 .dwg”文件，进入 AutoCAD 2013 的绘图界面。

② 单击“标准”工具栏上的全部缩放命令按钮，显示全部幅面。

③ 将“辅助线”层设置为当前层。单击状态栏中的“正交”按钮，打开正交状态。

④ 通过单击“绘图”工具栏中的直线命令按钮，执行直线命令，在图幅内适当的位置绘制水平基准线和竖直基准线。

⑤ 按照图 11-3 和图 11-4 所示的尺寸，利用偏移命令，绘制出全部辅助线。

绘制完成的辅助线如图 11-5 所示。

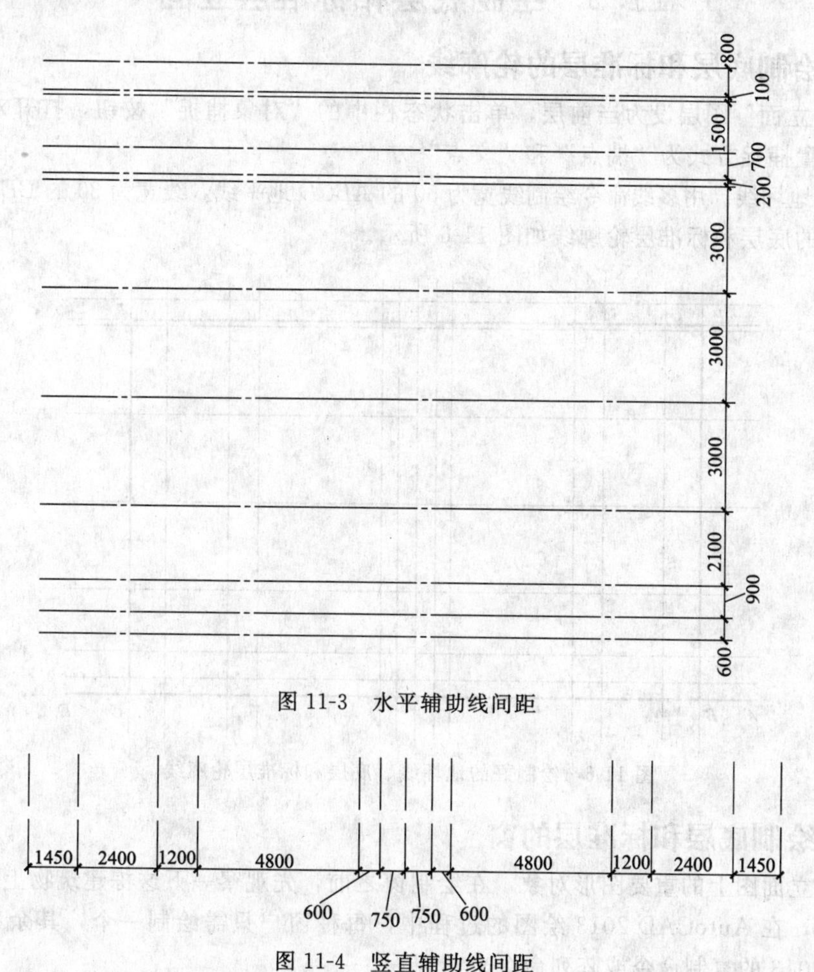

图 11-3　水平辅助线间距

图 11-4　竖直辅助线间距

注意：竖直方向辅助线也可利用已完成的平面图来绘制。先将平面图以块的方式插入到当前图形中，然后利用其轴线和边界线或其他特征点完成竖直辅助线的绘制。

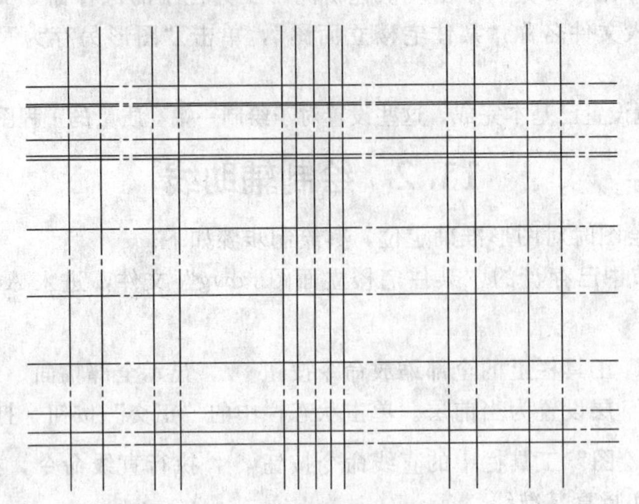

图 11-5 绘制完成的辅助线

11.3 绘制底层和标准层立面

11.3.1 绘制底层和标准层的轮廓线

① 将“立面”图层设为当前层，单击状态栏中的“对象捕捉”按钮，打开对象捕捉方式，然后设置捕捉方式为“端点”和“交点”方式。

② 绘制地坪线。用多线命令绘制线宽为 50 的 *ABCD* 地平线，线宽为 30 的 *BEFC* 轮廓线。

绘制好的底层和标准层轮廓线如图 11-6 所示。

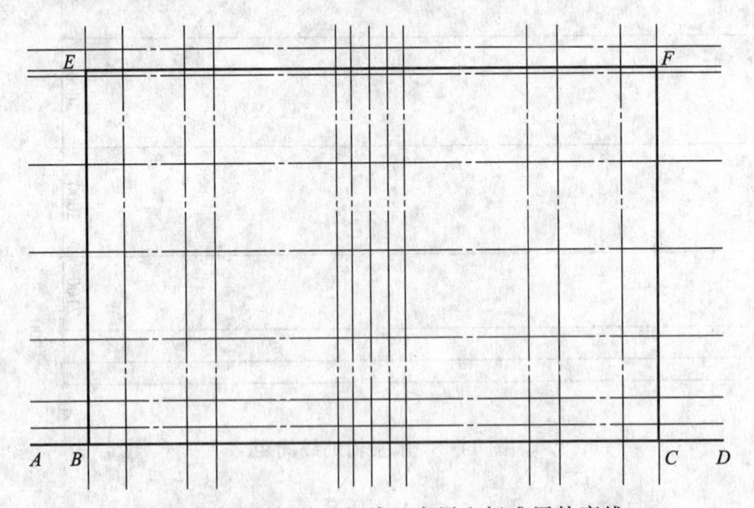

图 11-6 绘制好的地坪线、底层和标准层轮廓线

11.3.2 绘制底层和标准层的窗

窗户是立面图上的重要图形对象，在绘制窗之前，先观察一下这栋建筑物上一共有多少种类的窗户，在 AutoCAD 2013 绘图的过程中，每种窗户只需绘制一个，其余都可以利用 AutoCAD 2013 的复制命令或阵列命令来实现。

绘制窗户的步骤如下。

① 将“立面”层设为当前层，同时将状态栏中的“对象捕捉”按钮打开，选择“交点”和“垂足”捕捉方式。

② 绘制底层最左面的窗。绘制完底层最左侧的窗如图 11-7 所示。

③ 用和以上相同的方法，绘制出中间的小窗，中间小窗的尺寸如图 11-8 所示，绘制完成后如图 11-9 所示。具体的步骤就不再赘述了。

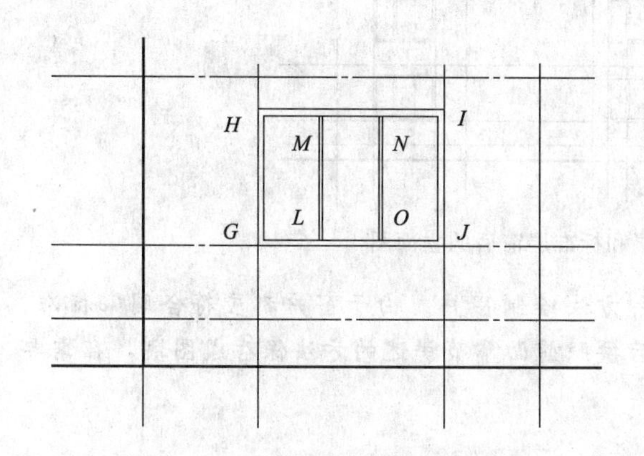

图 11-7　绘制好的底层最左侧的窗

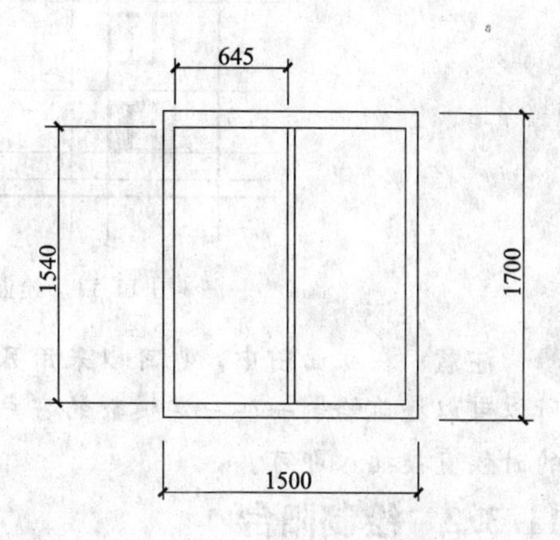

图 11-8　中间小窗的尺寸

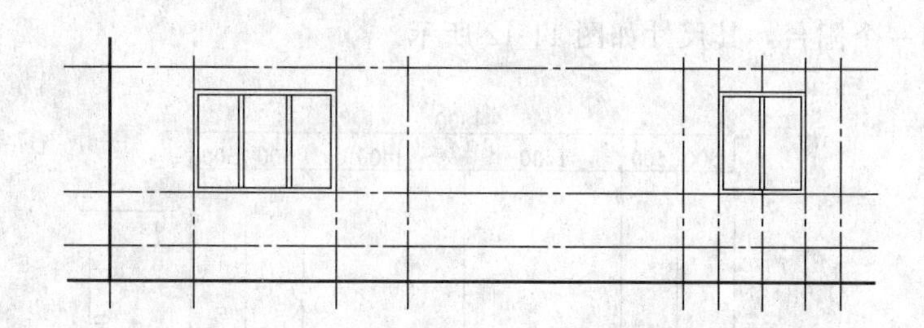

图 11-9　绘制完成中间小窗的结果

④ 阵列出立面图中各层左侧的窗和中间的小窗。单击“修改”工具栏中的“阵列命令”按钮，弹出“阵列”对话框，单击选择对象按钮，框选前面绘制的两个窗，单击鼠标右键返回到“阵列”对话框，“阵列”对话框的设置。然后单击【确定】按钮，完成后如图 11-10 所示。

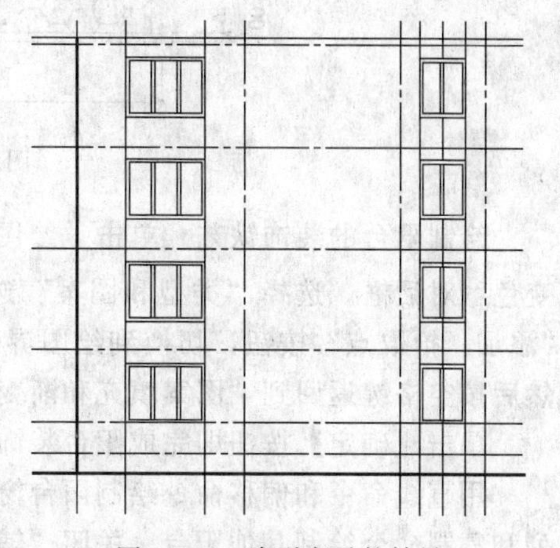

图 11-10　阵列窗后的结果

⑤ 镜像出右侧的窗。关闭“辅助线”层，单击“修改”工具栏中的镜像命令按钮，命令行提示如下：

➢命令：MIRROR

绘制完成后打开“辅助线”层，此时立面图如图 11-11 所示。

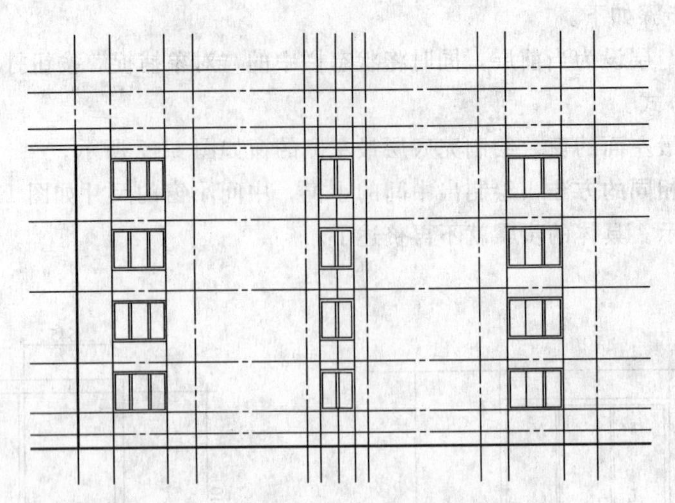

图 11-11　绘制完底层和标准层窗后的立面图

注意：在立面图中，也可以采用另外一种方法绘制窗户。由于窗户都应符合国家标准，所以可以提前绘制一些一定模数的窗户，然后按照前面章节讲述的方法保存成图块，在需要的时候直接插入即可。

11.3.3 绘制阳台

在本章的立面图中，底层和标准层的阳台样式相同，分布也十分规则，所以可以先绘制出一个阳台，然后采用阵列和复制命令把阳台安排到合适的位置。

首先绘制出一个阳台，其尺寸如图 11-12 所示。

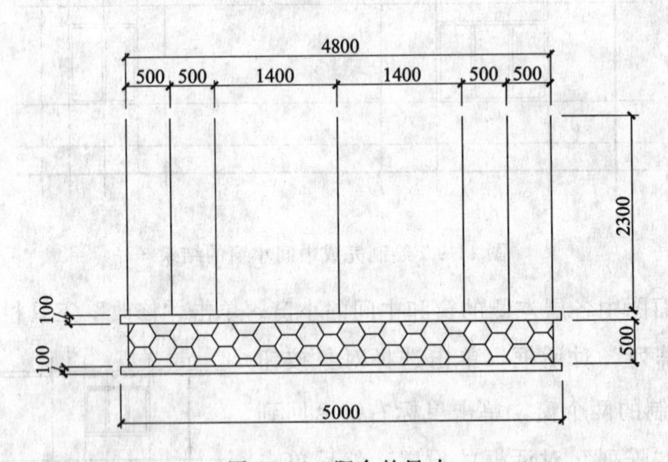

图 11-12　阳台的尺寸

绘制阳台的装饰铁艺。单击“绘图”工具栏中填充命令按钮，弹出“图案填充和渐变色”对话框。选择“类型和图案”选项区域的“HONEY”样例，比例设置为 50。单击“添加：拾取点”按钮，切换到绘图界面上，在上下护板及连接线内单击，指定填充区域，然后按空格键返回到“图案填充和渐变色”对话框，如图 11-13 所示。

单击【确定】按钮即完成阳台装饰铁艺的绘制，如图 11-14 所示。

用直线命令和偏移命令绘制阳台窗玻璃上的分隔线。做法简单，不再赘述。然后使用阵列和复制命令绘制其他阳台。关闭“辅助线”层，此时立面图如图 11-15 所示。

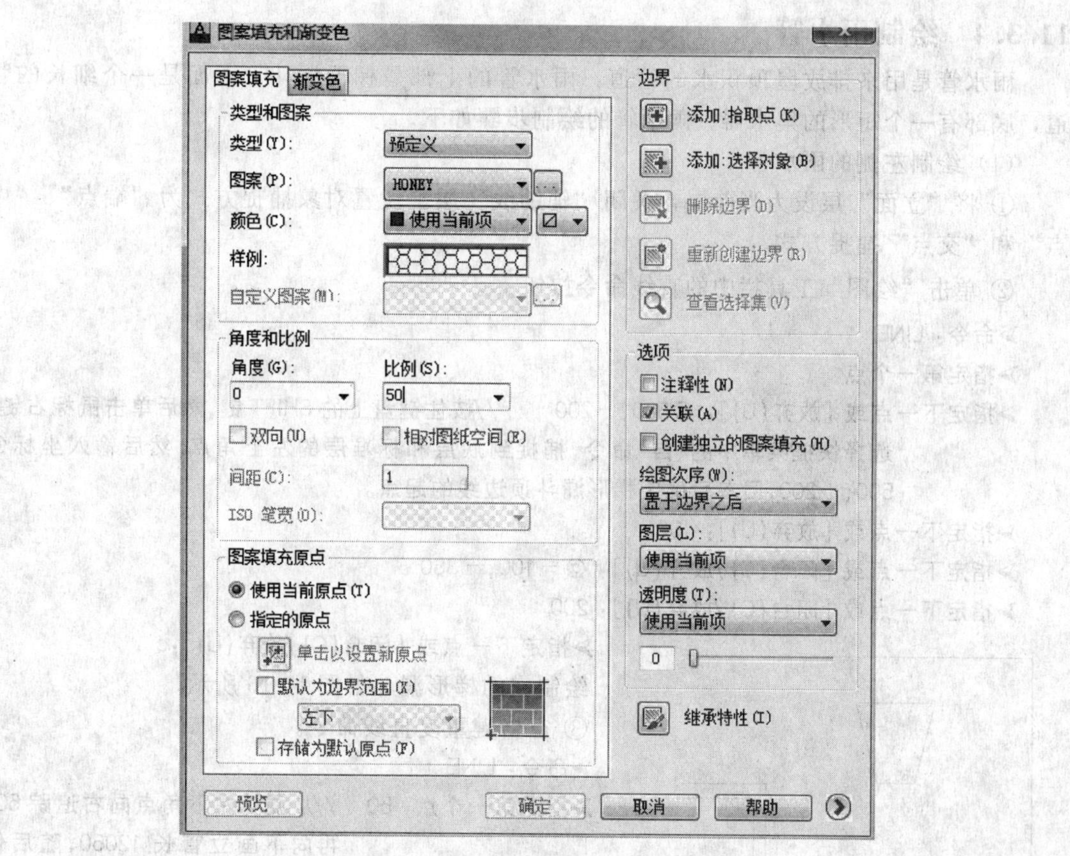

图 11-13 “图案填充和渐变色”对话框

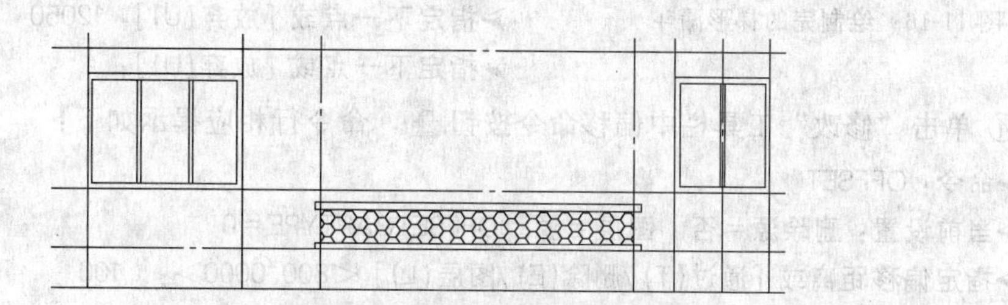

图 11-14　阳台装饰铁艺绘制完后的效果

图 11-15　绘制完成阳台后的立面图

11.3.4 绘制雨水管

雨水管是用来排放屋顶积水的管道，雨水管的上部是梯形漏斗，下面是一个细长的管道，底部有一个矩形的集水器。雨水管的绘制步骤如下。

（1）绘制左侧的雨水管

① 将“立面”层设为当前层，关闭“辅助线”层。设置对象捕捉方式为“端点”、“中点”和“交点”捕捉方式。

② 单击“绘图”工具栏中的直线命令按钮。

➢命令：LINE

➢指定第一个点：

➢指定下一点或［放弃(U)］：@500，－200　　//按住键盘上的 SHIFT 键，然后单击鼠标右键，选择快捷菜单中的“自”命令，捕捉到底层和标准层的左上角点，然后输入坐标@500，－200，回车后确定梯形漏斗顶边线的起点。

➢指定下一点或［放弃(U)］：400

➢指定下一点或［闭合(C)/放弃(U)］：@－100，－350

➢指定下一点或［闭合(C)/放弃(U)］：200

➢指定下一点或［闭合(C)/放弃(U)］：c

绘制完的梯形漏斗如图 11-16 所示。

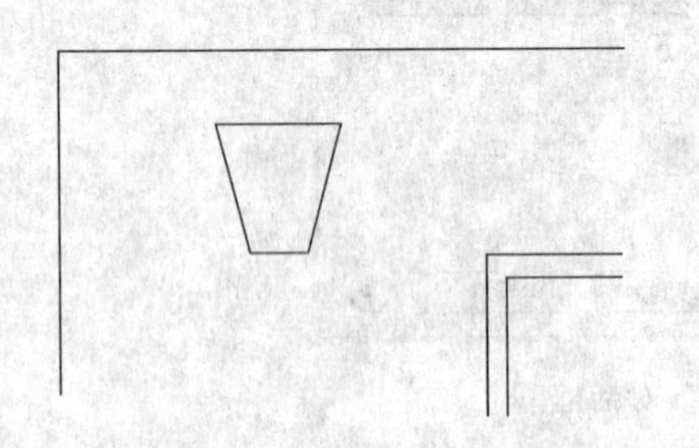

图 11-16　绘制完的梯形漏斗

③ 空格键重复直线命令。

➢命令：LINE

➢指定第一个点：50　//从漏斗左下角点向右追踪 50，再向下画立管长 12050，随后偏移 100 完成水管的绘制

➢指定下一点或［放弃(U)］：12050

➢指定下一点或［放弃(U)］：

④ 单击“修改”工具栏中偏移命令按钮，命令行相应提示如下：

➢命令：OFFSET

➢当前设置：删除源＝否　图层＝源　OFFSETGAPTYPE＝0

➢指定偏移距离或［通过(T)/删除(E)/图层(L)］<800.0000>：100

➢选择要偏移的对象，或［退出(E)/放弃(U)］<退出>：

⑤ 单击“绘图”工具栏中的矩形命令按钮，绘制雨水管的集水器，命令行提示如下：

➢命令：RECTANG　　//沿左侧立管左下角点向左追踪 150，然后画@400，-150 的矩形集水器

➢指定第一个角点或［倒角(C)/标高(E)/圆角(F)/厚度(T)/宽度(W)］：150

➢指定另一个角点或［面积(A)/尺寸(D)/旋转(R)］：@400，－200

（2）利用镜像命令绘制出右侧的雨水管　单击“修改”工具栏中的镜像命令按钮，镜像雨水管。

绘制完雨水管后的立面图如图 11-17 所示。

11.3.5 绘制墙面装饰

下面讲述具体的绘制方法。

（1）绘制花岗岩蘑菇石贴面　花岗岩蘑菇石贴面的绘制应先画出边界线，然后再利用图

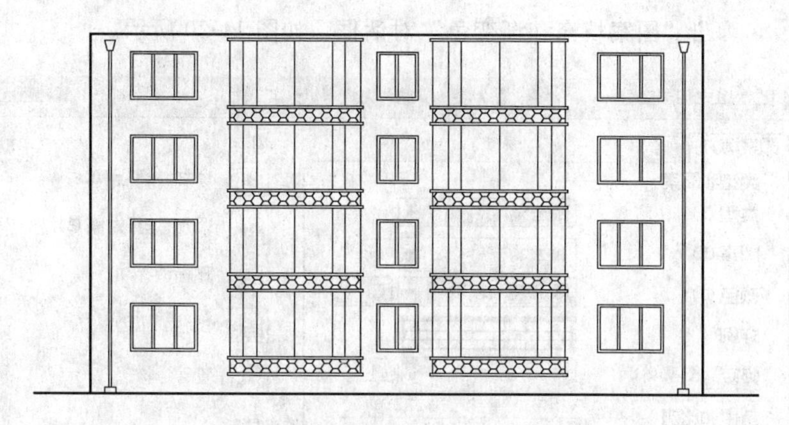

图 11-17　绘制完雨水管后的立面图

案填充命令完成绘图。

① 将“立面”层设为当前层，打开“辅助线”层，设置对象捕捉方式为“端点”、“中点”和“交点”捕捉方式。

② 利用直线命令画出花岗岩蘑菇石贴面的上边界。单击“绘图”工具栏中的直线命令按钮╱，命令行提示如下：

➢命令：LINE
➢指定第一个点：　　　　//捕捉底层窗下缘辅助线与轮廓线的左交点 *W* 点
➢指定下一点或［放弃(U)］：//捕捉底层窗下缘辅助线与轮廓线的左交点 *X* 点
➢指定下一点或［放弃(U)］：
绘图结果如图 11-18 所示。

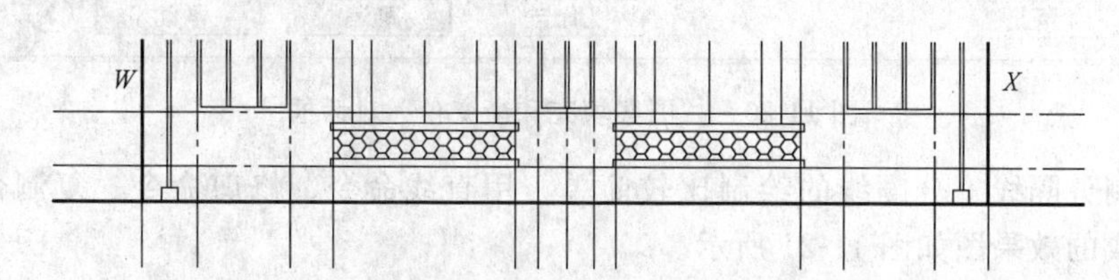

图 11-18　捕捉点 *W*、*X* 的位置

③ 关闭“辅助线”层，单击“修改”工具栏中的修剪命令按钮-/-，将花岗岩蘑菇石贴面上边界的多余线段修剪掉。

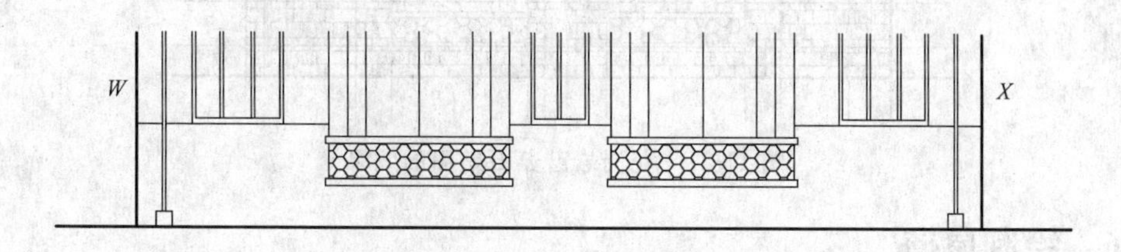

图 11-19　绘制完花岗岩蘑菇石贴面上边界的效果

注意：本例中已给出填充图案的比例，否则，应单击对话框左下角的【预览】按钮，观看填充效果是否合适，如果不满意，调整填充图案的比例直到满意为止。

④ 利用图案填充命令完成花岗岩蘑菇石贴面的绘制。单击“绘图”工具栏中的图案填

充命令按钮，弹出“图案填充和渐变色”对话框，如图 11-20 所示。

图 11-20 “图案填充和渐变色”对话框

(2) 绘制分隔线　分隔线的绘制比较简单，用直线命令、修剪命令、复制命令即可完成。最终完成的效果图如图 11-21 所示。

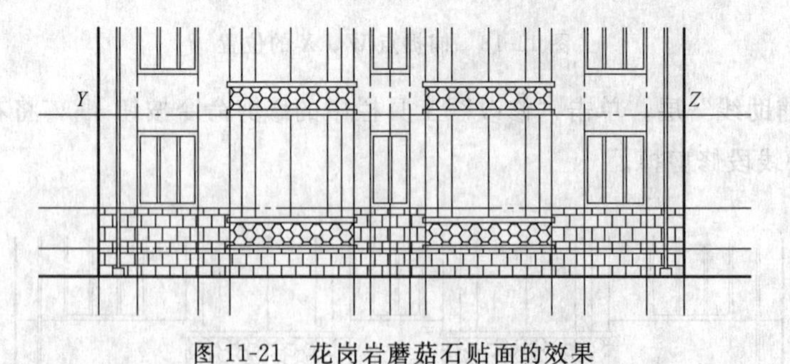

图 11-21 花岗岩蘑菇石贴面的效果

11.3.6 绘制屋檐

① 将“立面”层设为当前层，关闭“辅助线”层，同时打开状态栏中的“对象捕捉”按钮，选择“端点”、“中点”和“交点”对象捕捉方式。

② 单击“绘图”工具栏中的矩形命令按钮，画一个尺寸为 22600×100 的矩形，命令行提示如下：

➢命令:RECTANG

➢指定第一个角点或 [倒角(C)/标高(E)/圆角(F)/厚度(T)/宽度(W)]://在任意位置指定一点画一个 22600×100 的矩形

➢指定另一个角点或 [面积(A)/尺寸(D)/旋转(R)]: @22600,100

③ 单击“修改”工具栏中的移动命令按钮，将该矩形移动到正确位置。命令行提示如下：

➢命令:MOVE

➢选择对象: 指定对角点: 找到 1 个　//选择刚绘制的矩形

➢选择对象:　//结束选择对象

➢指定基点或 [位移(D)] <位移>: //捕捉到矩形的底中点作为基点,捕捉前一个矩形的中点为第二点

④ 采用相同的方法，画一个尺寸 22700×50 矩形，将它移到第②、③步中所画的矩形上面，使二者相临边的中点重合，完成屋檐的绘制。

到此为止，底层和标准层上的立面图已经完成，如图 11-22 所示。

图 11-22　已完成的底层和标准层立面图

11.4　绘制阁楼立面

11.4.1　绘制阁楼装饰栅栏

阁楼装饰栅栏主要由立柱、扶手和装饰柱组成。其中立柱和装饰柱只需各画一个，然后利用复制、定数等分点等命令画出其余的。绘制步骤如下。

(1) 绘制立柱

① 将“立面”层设置为当前层，打开“辅助线”层，设置对象捕捉方式为“端点”、“中点”、“交点”和“象限点”捕捉方式。

② 单击“绘图”工具栏中的矩形命令按钮，画立柱的矩形。命令行提示如下：

➢命令:RECTANG　//捕捉到屋檐顶边线与最左侧辅助线交点的 Z,如图 11-23 所示

➢指定第一个角点或 [倒角(C)/标高(E)/圆角(F)/厚度(T)/宽度(W)]:

➤指定另一个角点或 [面积(A)/尺寸(D)/旋转(R)]：@200,650

③ 利用矩形命令，分别画尺寸为 300×50 和 200×50 的两个矩形，再利用移动命令，捕捉稍大的矩形底边中点为基点，将矩形移动到主干矩形顶边的中点。同理将小矩形移动到大矩形的顶部。

④ 单击“绘图”工具栏中的圆命令按钮，画立柱顶部的球体。命令行提示如下：

➤命令：CIRCLE

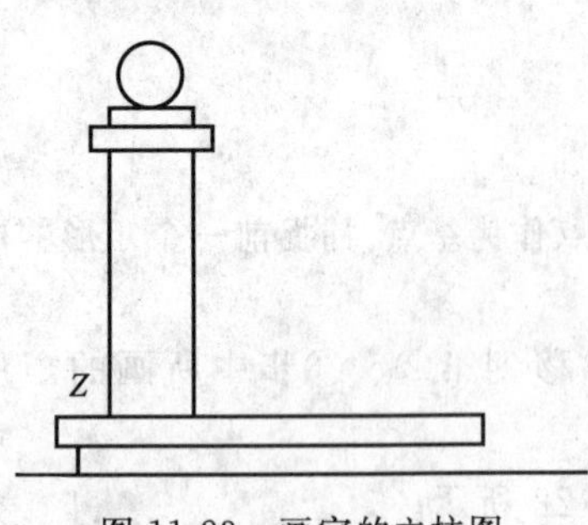

图 11-23　画完的立柱图

➤指定圆的圆心或 [三点(3P)/两点(2P)/切点、切点、半径(T)]：

➤指定圆的半径或 [直径(D)]：80

⑤ 单击“修改”工具栏中的移动命令，将立柱顶部的球体移动到适当的位置。最后完成的图形如图 11-23 所示。

⑥ 单击“修改”面板中的复制命令，选择立柱后进行多重复制，画出其余立柱。

⑦ 单击“修改”面板中的移动命令，将最右侧立柱移动到侧面与右墙面对齐，完成后的图形如图 11-24 所示。

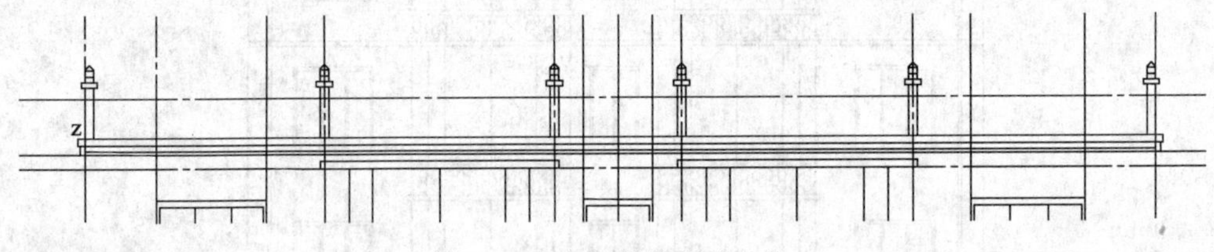

图 11-24　阁楼装饰栅栏立柱

(2) 绘制扶手

① 将立面层置为当前层，打开正交方式。

② 单击“绘图”工具栏中的直线命令按钮，以扶手为辅助线与各立柱的交点为端点画直线。空格键重复 5 次该命令，完成扶手上边界的绘制。命令行提示如下：

➤命令：LINE　　//以立柱上和辅助线相交的交点为第一点在两立柱间画出直线，再向下移动 100 个单位，完成的图形如图 11-25 所示

➤指定第一个点：

➤指定下一点或 [放弃(U)]：

➤命令：OFFSET

➤当前设置：删除源 = 否　图层 = 源　OFFSETGAPTYPE = 0

➤指定偏移距离或 [通过(T)/删除(E)/图层(L)] ＜100.0000＞：

➤选择要偏移的对象，或 [退出(E)/放弃(U)] ＜退出＞：

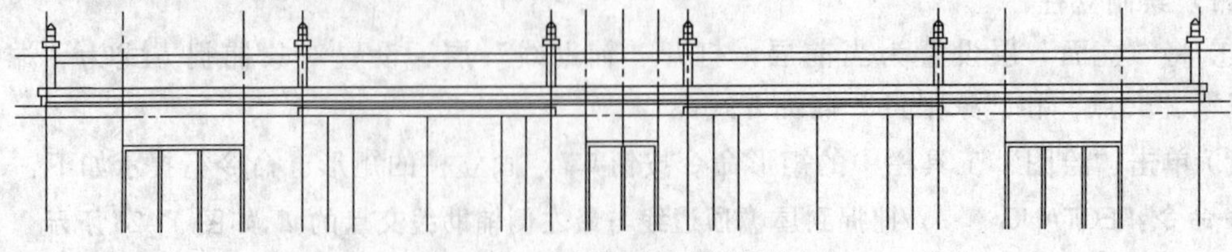

图 11-25　阁楼装饰栅栏栏杆

（3）绘制装饰柱

① 将“立面”层设置为当前层，关闭正交方式。

② 单击“绘图”工具栏中的样条曲线命令按钮～，在图 11-26 所示位置绘制一条样条曲线。

③ 单击“修改”工具栏中的镜像命令按钮，所绘样条曲线，打开正交方式，以适当的竖直方向对称镜像出装饰的右半部分。如图 11-27 所示。

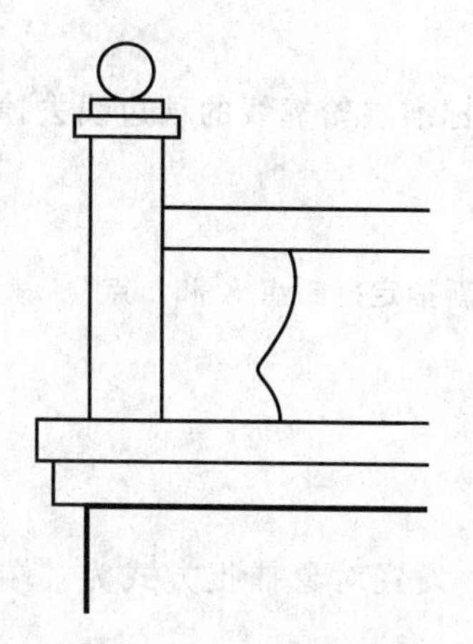

图 11-26　绘制样条曲线

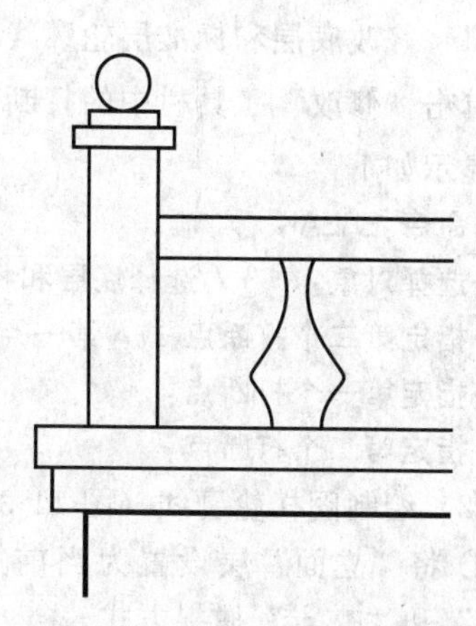

图 11-27　绘制完成的一个装饰柱

④ 单击“块”面板中的创建块命令按钮，返到绘图界面，弹出“块定义”对话框。在名称栏中输入块名“chg”，单击“拾取点”按钮，返回到绘图界面，捕捉到装饰柱项点的中点，又弹出“块定义”对话框，单击“选择对象”按钮，返回到绘图界面，选中整个装饰柱，单击右键弹出“块定义”对话框，选中“删除”按钮，完成块定义。如图 11-28 所示。

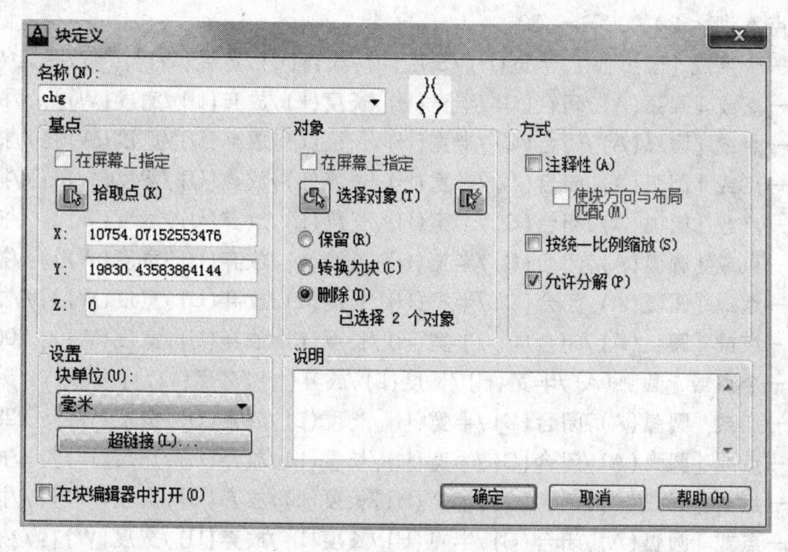

图 11-28　“块定义”对话框

⑤ 单击“绘图”工具栏中的点命令中的定数等分命令，绘制左面第一段栏杆下的装饰柱。绘制完成的阁楼装饰栅栏如图 11-29 所示。

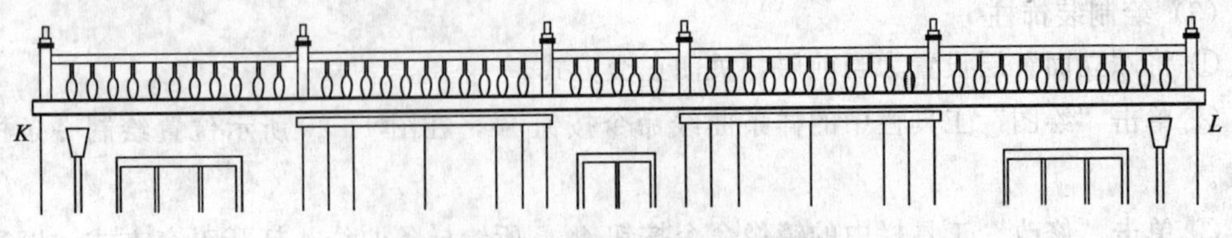

图 11-29 绘制完的阁楼装饰栅栏

11.4.2 绘制阁楼轮廓线和坡屋面

(1) 修改底层和标准层轮廓线

单击“修改”工具栏中的打断命令按钮，将底层和标准层轮廓线的顶边线去掉。命令行提示如下：

➢命令:BREAK
➢选择对象： //选择底层和标准层轮廓线的左边线,重新指定打断点 K 和 L 点
➢指定第二个打断点 或 [第一点(F)]: F
➢指定第一个打断点:
➢指定第二个打断点:

(2) 绘制阁楼轮廓线（图 11-30）

① 将“立面”层设置为当前层，打开“辅助线”层，设置对象捕捉方式为“端点”、“中点”和“交点”捕捉方式。

② 单击“绘图”工具栏中的多段线命令按钮，命令行提示如下：

➢命令:PLINE
➢指定起点： //由 K 点开始画轮廓线,线宽 30
当前线宽为 100.0000
➢指定下一个点或 [圆弧(A)/半宽(H)/长度(L)/放弃(U)/宽度(W)]: W
➢指定起点宽度 <30.0000>: 30
➢指定端点宽度 <30.0000>: 30
➢指定下一个点或 [圆弧(A)/半宽(H)/长度(L)/放弃(U)/宽度(W)]: //捕捉 M 点
➢指定下一点或 [圆弧(A)/闭合(C)/半宽(H)/长度(L)/放弃(U)/宽度(W)]://捕捉 M 点
➢指定下一点或 [圆弧(A)/闭合(C)/半宽(H)/长度(L)/放弃(U)/宽度(W)]://捕捉 N 点
➢指定下一点或 [圆弧(A)/闭合(C)/半宽(H)/长度(L)/放弃(U)/宽度(W)]://捕捉 O 点
➢指定下一点或 [圆弧(A)/闭合(C)/半宽(H)/长度(L)/放弃(U)/宽度(W)]://捕捉 P 点
➢指定下一点或 [圆弧(A)/闭合(C)/半宽(H)/长度(L)/放弃(U)/宽度(W)]://捕捉 Q 点
➢指定下一点或 [圆弧(A)/闭合(C)/半宽(H)/长度(L)/放弃(U)/宽度(W)]://捕捉 R 点
➢指定下一点或 [圆弧(A)/闭合(C)/半宽(H)/长度(L)/放弃(U)/宽度(W)]: 200
➢指定下一个点或 [圆弧(A)/半宽(H)/长度(L)/放弃(U)/宽度(W)]: 2400
➢指定下一点或 [圆弧(A)/闭合(C)/半宽(H)/长度(L)/放弃(U)/宽度(W)]: 22800
➢指定下一点或 [圆弧(A)/闭合(C)/半宽(H)/长度(L)/放弃(U)/宽度(W)]://捕捉 X 点
➢指定下一点或 [圆弧(A)/闭合(C)/半宽(H)/长度(L)/放弃(U)/宽度(W)]://捕捉 W 点
➢指定下一点或 [圆弧(A)/闭合(C)/半宽(H)/长度(L)/放弃(U)/宽度(W)]://捕捉 V 点
➢指定下一点或 [圆弧(A)/闭合(C)/半宽(H)/长度(L)/放弃(U)/宽度(W)]://捕捉 U 点
➢指定下一点或 [圆弧(A)/闭合(C)/半宽(H)/长度(L)/放弃(U)/宽度(W)]://捕捉 T 点
➢指定下一点或 [圆弧(A)/闭合(C)/半宽(H)/长度(L)/放弃(U)/宽度(W)]://捕捉 S 点

➢指定下一点或 [圆弧(A)/闭合(C)/半宽(H)/长度(L)/放弃(U)/宽度(W)]://捕捉 L 点
➢指定下一点或 [圆弧(A)/闭合(C)/半宽(H)/长度(L)/放弃(U)/宽度(W)]:

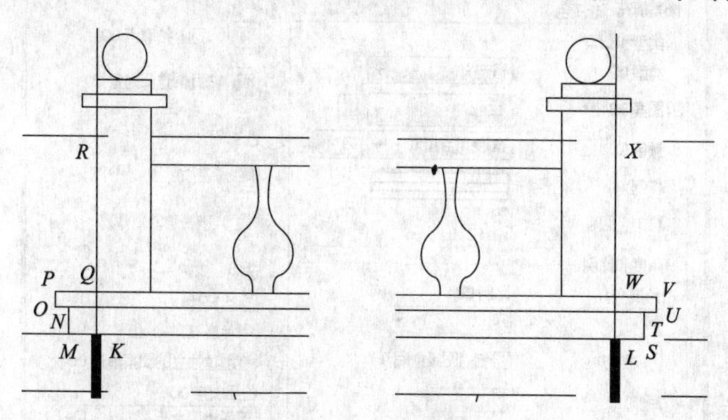

图 11-30　绘制阁楼轮廓线

阁楼轮廓线绘制完成的结果如图 11-31 所示。

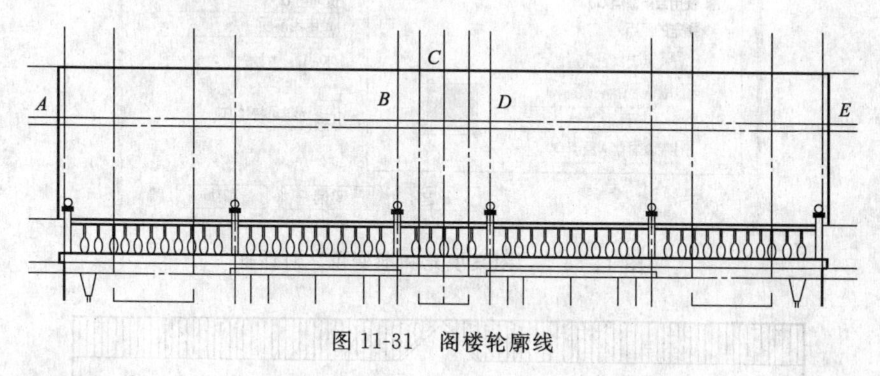

图 11-31　阁楼轮廓线

(3) 绘制坡屋面

① 利用直线命令，画出阁楼屋面边缘线的直线部分。单击“绘图”工具栏中的直线按钮，绘制直线 AB、BC、CD、DE，再把 BC、CD 向下偏移 100，最后完成如图 11-32 所示图形。

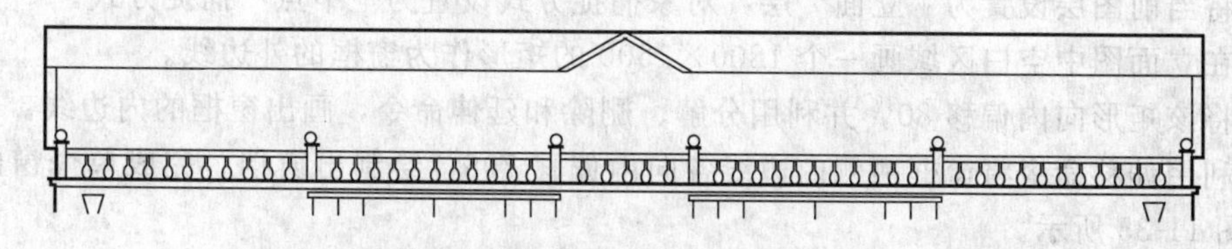

图 11-32　绘制完阁楼屋面边缘线和阁楼侧墙外边线的效果

② 利用填充命令绘制阁楼屋面瓦。关闭“辅助线”层，单击“绘图”工具栏中的填充命令按钮，弹出“图案填充与渐变色”对话框，选择名为“LINE”的图案，设置角度为 90，比例为 70，单击【拾取点】按钮，返回到绘图界面，通过在阁楼屋面区域内单击，选择欲填充的区域，单击右键又弹出“图案填充与渐变色”对话框，如图 11-33 所示。再单击【确定】按钮完成阁楼屋面瓦的绘制。如图 11-34 所示。

11.4.3　绘制阁楼窗

阁楼的窗有两种类型。两侧各两个窗，形状完全一样，可只画出一个，然后复制出其他的三个。老虎窗的画法稍复杂。

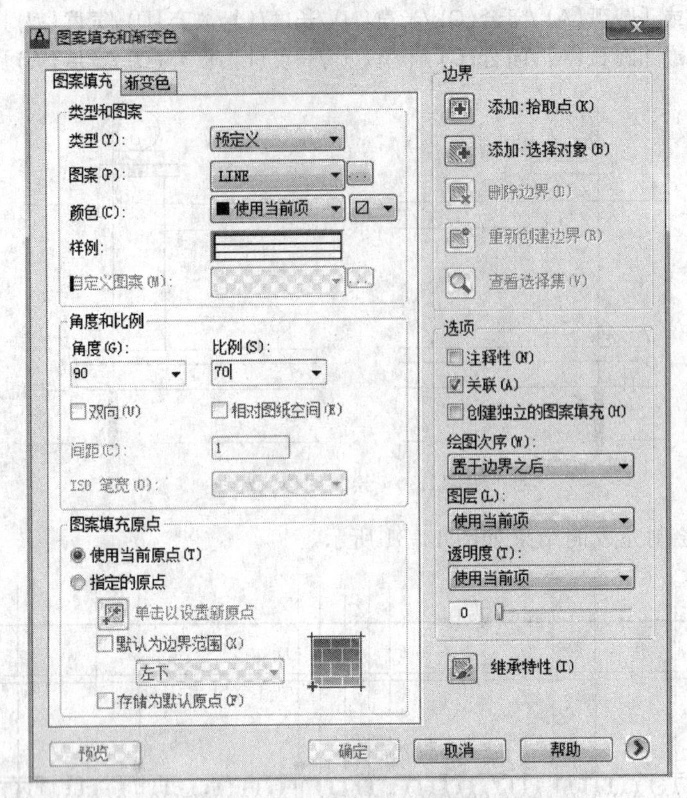

图 11-33 “图案填充和渐变色”对话框

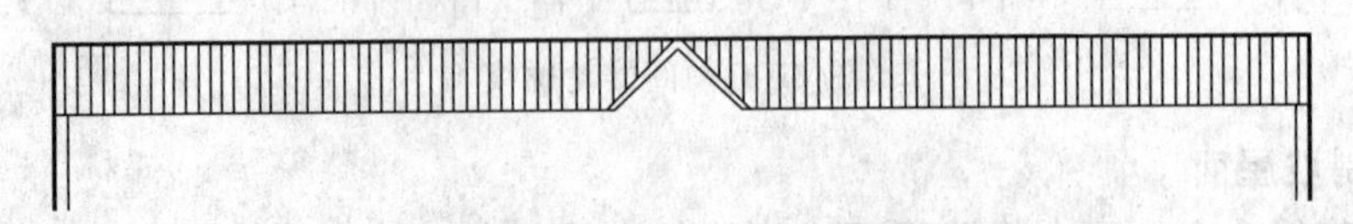

图 11-34 阁楼屋面瓦

(1) 绘制阁楼两侧的四个方窗

① 将当前图层设置为“立面”层，对象捕捉方式设置为“中点”捕捉方式。

② 在立面图中空白区域画一个 1800×1500 的矩形作为窗框的外边线。

③ 将该矩形向内偏移 80，并利用分解、删除和延伸命令，画出窗框的内边线。

④ 利用偏移命令将窗框两侧内边线各向内偏移 795，绘制出窗档。完成单个窗的绘制。绘制如图 11-35 所示。

⑤ 利用复制命令，以窗下框的中点为基点将已完成的窗进行多重复制，复制到相应装饰栏杆上边线的中点上，再将原方窗删除，完成四个方窗的绘制，如图 11-36 所示。

方窗的画法和底层与标准层窗的画法基本一致，命令行提示不再列出。

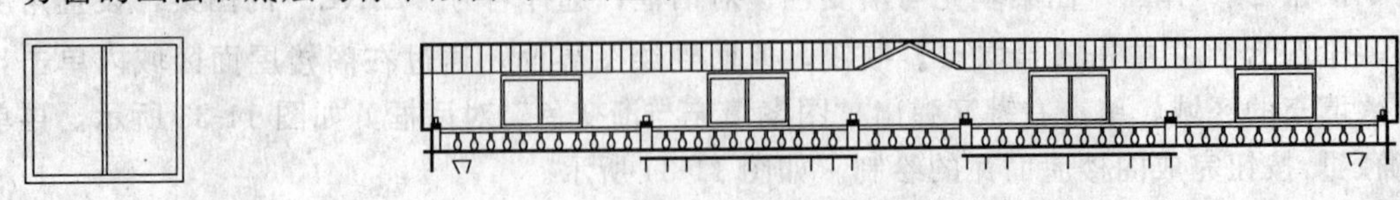

图 11-35 阁楼方窗

图 11-36 绘制完方窗后的阁楼立面图

(2) 绘制老虎窗（图 11-37）

① 打开“辅助线”层，将当前图层设置为“立面”层，打开正交方式，对象捕捉方式

设置为“端点”、“中点”、“交点”捕捉方式。

② 单击“修改”工具栏中的偏移命令按钮，命令行提示如下：

➢命令:OFFSET

➢当前设置:删除源＝否　图层＝源　OFFSETGAPTYPE＝0

➢指定偏移距离或[通过(T)/删除(E)/图层(L)]<通过>：750

➢选择要偏移的对象,或[退出(E)/放弃(U)]<退出>：　//选择辅助线 *BFD*

➢指定要偏移的那一侧上的点,或[退出(E)/多个(M)/放弃(U)]<退出>：

➢选择要偏移的对象,或[退出(E)/放弃(U)]<退出>：

注意：为了方便绘制弧形的老虎窗，临时增加了一条辅助线。

③ 单击“绘图”工具栏中的圆弧命令按钮，命令行提示如下：

➢命令:ARC

➢指定圆弧的起点或[圆心(C)]：　//捕捉到 *G* 点

➢指定圆弧的第二个点或[圆心(C)/端点(E)]：　//捕捉到 *F* 点

➢指定圆弧的端点：　//捕捉到 *H* 点

这样得到圆弧形老虎窗框的外边线，如图 11-38 所示。

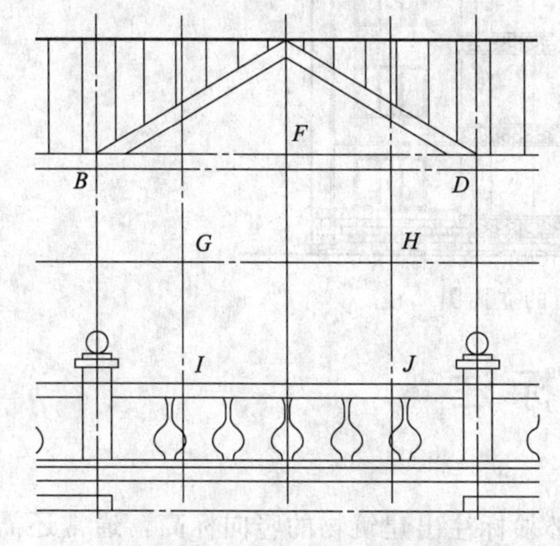

图 11-37　绘制老虎窗

图 11-38　绘制出圆弧形老虎窗框的外边线

④ 利用偏移命令将圆弧形老虎窗框外边线向内偏移 80。

⑤ 利用直线命令连接外边线上剩余的两条线段，即图 11-37 中的 *GI* 和 *HJ*，完成老虎窗框外边线的绘制。

⑥ 将刚绘制完的两段外边线直线段向内各偏移 80，完成老虎窗框内边线的绘制。如图 11-39 所示。

⑦ 用直线命令连接圆弧形老虎窗框内边线的两个端点，再向下偏移 50 画出水平窗档。

⑧ 利用偏移命令将老虎窗框外边线的直线部分（图 11-37 中 *GI* 和 *HJ* 对应的直线段）向内部各偏移 725。

⑨ 关闭“辅助线”层。利用延伸命令和修剪命令对窗档进行修改，完成老虎窗的绘制。如图 11-40 所示。

(3) 单击“标准”工具栏中的保存命令按钮，保存文件。

上述从第④步到第⑨步中，相关的操作在前面均已多次涉及，命令行提示不再列出。

至此，立面图的图形部分已全部绘制完成。如图 11-41 所示。

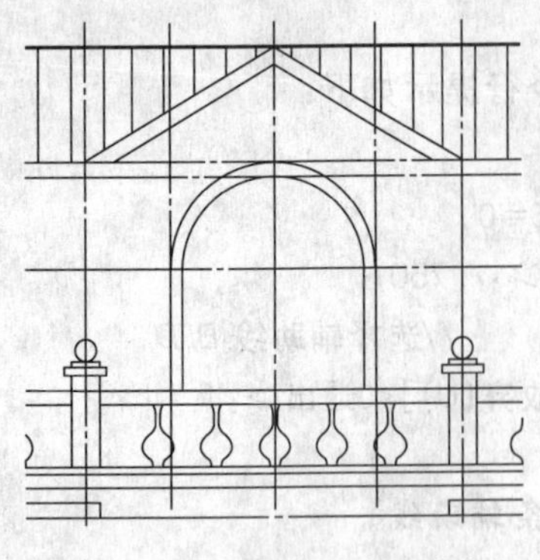

图 11-39 绘制完的老虎窗框

图 11-40 绘制完成的老虎窗

图 11-41 绘制完图形后的立面图

11.5 立面标注

11.5.1 尺寸标注

立面图的尺寸标注与平面图标注不同，立面图必须标注出建筑物的竖向标高，通常还需要标注出细部尺寸、层高尺寸和总高度尺寸。立面图的标注在标注标高时，先要绘制出标高符号，然后以三角形的顶点作为插入基点，保存成图块，再依次在相应位置插入图块即可。

立面图的细部尺寸、层高尺寸、总高度尺寸和轴号的标注与平面图的完全相同，在此不再赘述，这里主要介绍标高的标注方法。

标高的标注方法和步骤如下。

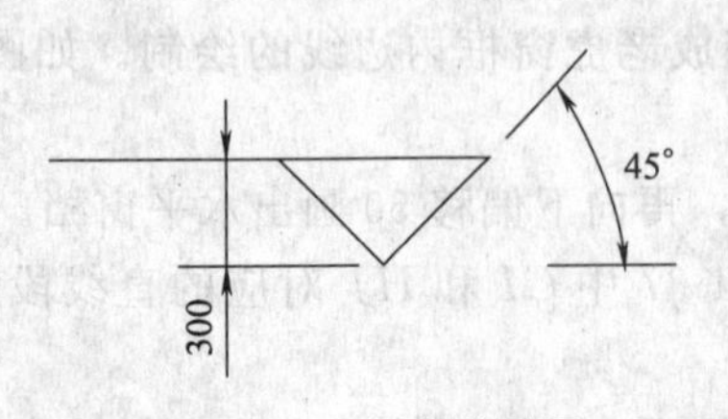

图 11-42 标高的符号

(1) 创建带属性的标高块 将 0 层设置为当前层，利用直线命令在空白位置绘制出标高的符号，如图 11-42 所示。

单击“块”工具栏中的“定义属性”对话框。在“属性定义”对话框中“属性”选项区域中设置“标记”文本框为“bg”，“提示”文本框为“请输入标高”、“默认”文本框中输入“%%P.000”。选择“插入点”选项区域中的“在屏幕上指定”复选框。最终设置完的“属性定义”对话框如图 11-43 所示。

(2) 创建块 单击“块”工具栏中的“创建块”命令按钮，弹出“块定义”对话框，

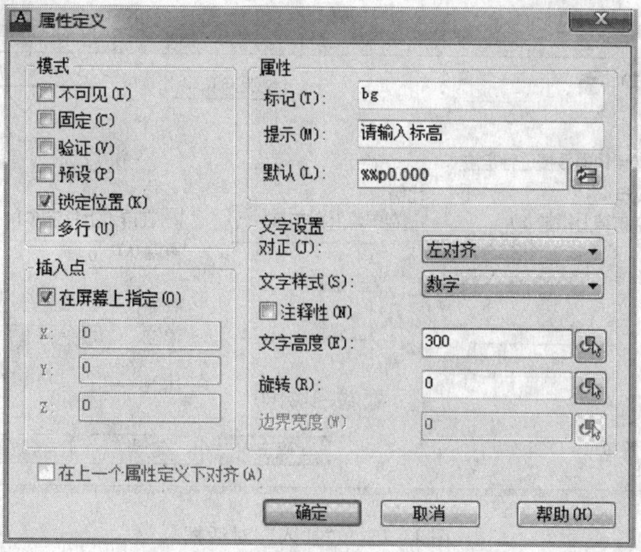

图 11-43 “属性定义”对话框

输入块名称“bg”，单击“选择对象”后退出“块定义”对话框返回到绘图的方式，框选标高符号和刚才定义的属性“bg”，单击右键又弹出“块定义”对话框，单击“拾取点”按钮，捕捉标高三角形下方的顶点做为插入点，返回到“块定义”对话框中，再选中“删除”对象单选按钮，此时“块定义”对话框如图 11-44 所示。单击“块定义”对话框中的【确定】按钮，返回到绘图界面，所绘制的标高符号被删除。定义带属性的标高块，名为“bg”。

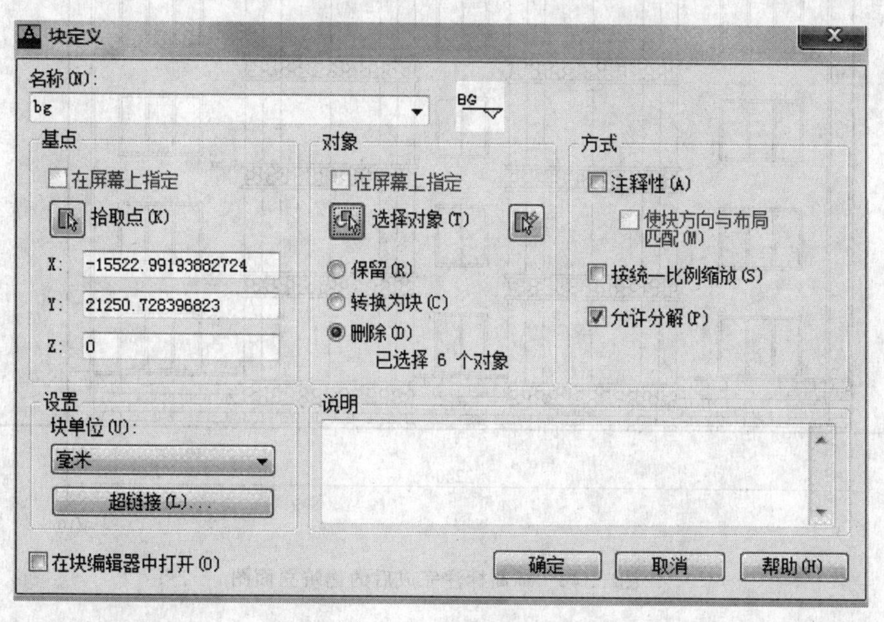

图 11-44 “块定义”对话框

(3) 插入标高块，完成标高标注 将“尺寸标注”层设置为当前层，打开“端点”、“中点”捕捉方式。单击“块”工具栏中的插入命令按钮，弹出“插入”对话框，在“名称”下拉菜单中选择“bg”，选中插入选项区域中的【在屏幕上指定】复选框。“插入”对话框如图 11-45 所示。

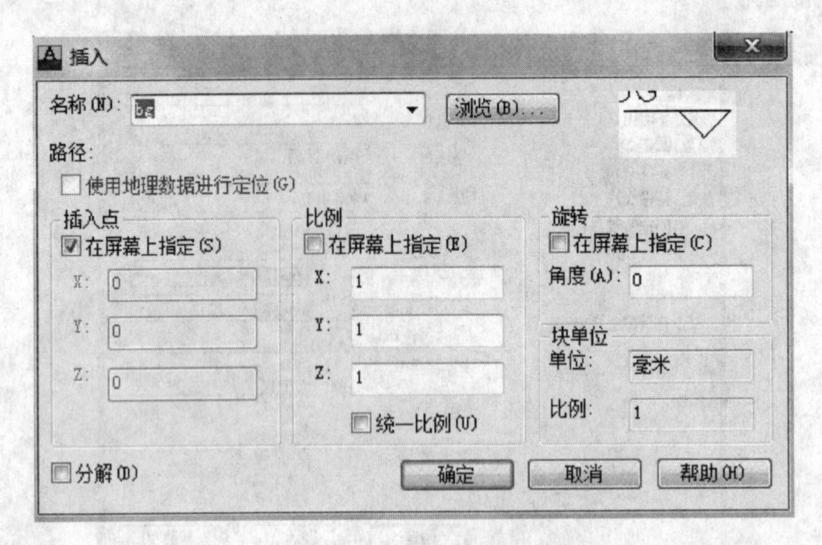

图 11-45 “插入”对话框

最后标高标注完成后的立面图如图 11-46 所示。

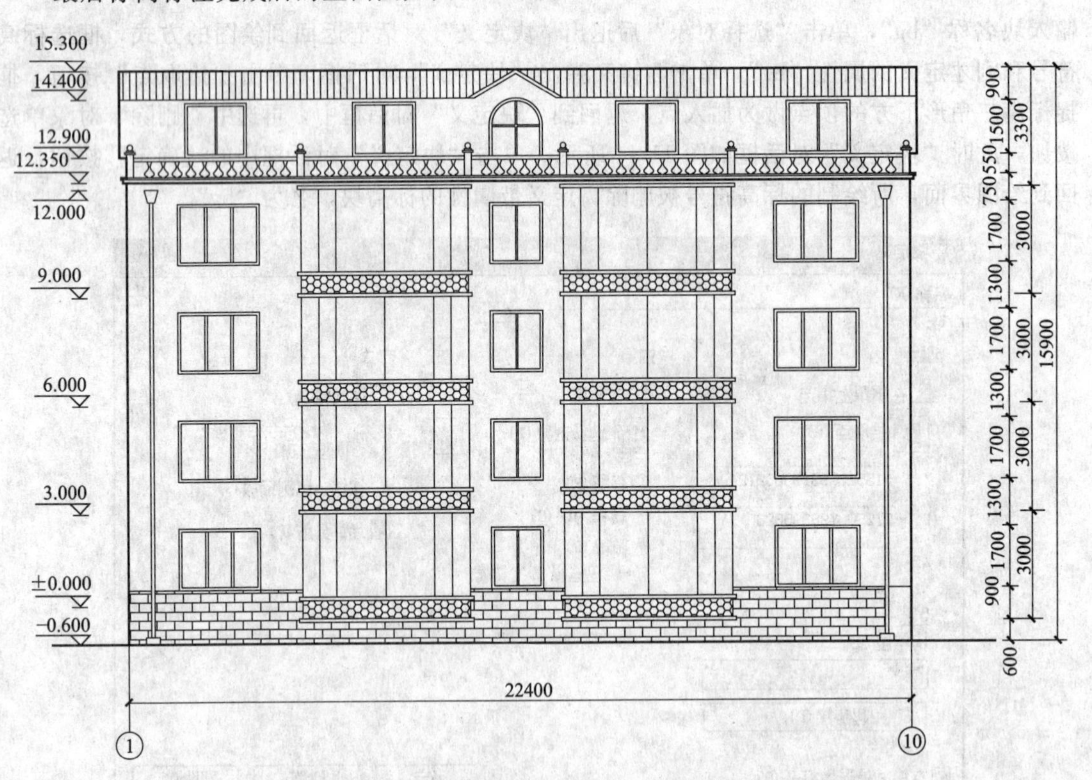

图 11-46 标高标注完成后的建筑立面图

11.5.2 文字注释

立面图除了图名外，还要标注出材质做法、详图索引等其他必要的文字注释。文字注释的基本步骤如下。

① 将“文本”层设为当前层。

② 设置当前文字样式为“汉字”。

③ 利用直线命令绘制出标注的引线。

④ 输入注释文字。在命令行中输入“TEXT”命令，按命令行提示输入相应的注释文字。

上述过程与前一章中的文字注释方式基本相同，对命令行提示本章不再赘述。

完成文字注释后，将“标题栏”层打开，完成后的立面图如图 11-1 所示。

立面图绘制完成后，注意保存文件。

11.6 打印输出

打印输出步骤如下。

① 打开前面绘制完的“某住宅楼立面图 .dwg”文件为当前图形文件；

② 单击“快速访问”工具栏的打印命令按钮 ，弹出“打印－模型”对话框；

③ 在“打印－模型”对话框中的“打印机/绘图仪”选项区域中的“名称”下拉列表中

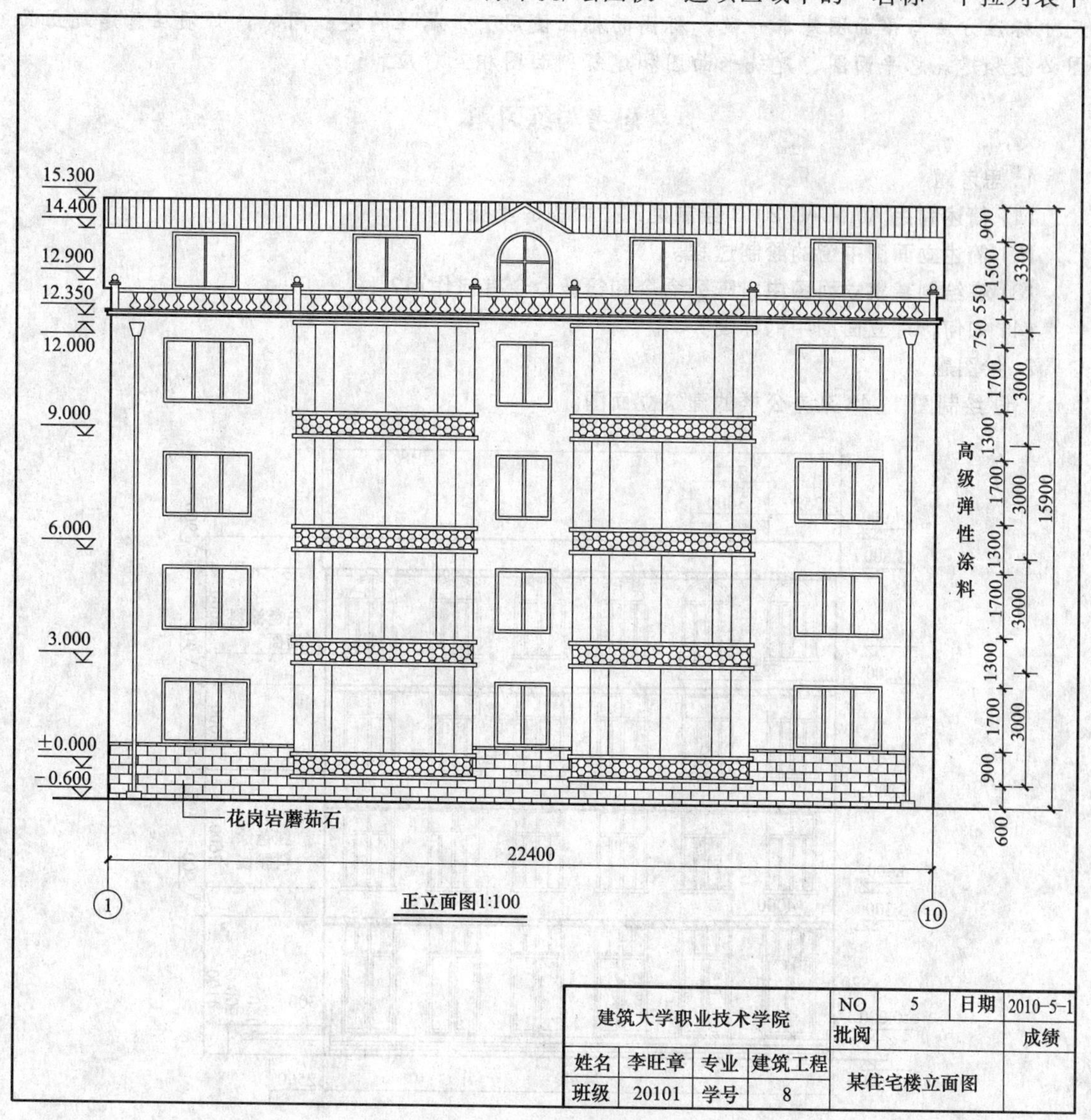

图 11-47　打印的预览结果

选择使用的“DWF6 ePlot-（A3-H）.pc3”型号的绘图仪作为当前绘图仪；

④ 在“图纸尺寸”选项区域中的“图纸尺寸”下拉列表框中选择“ISO A3（420.00×297.00毫米）”图纸尺寸；

⑤ 在“打印比例”选项区域中勾选“布满图纸”复选框；

⑥ 在“打印区域”选项区域的“打印范围”下拉列表中选择“图形界限”；

⑦ 在设置完的“打印-模型”对话框中单击“预览”按钮，进行预览，如图 11-47 所示；

⑧ 如果对预览满意，就可以单击预览状态下的工具栏中的打印按钮进行打印输出。

小　结

本章着重介绍了绘制建筑立面图的一般方法，并利用 AutoCAD 2013 绘制了一副完整的建筑立面图。绘制建筑立面图首先要设置绘图环境，再绘制出辅助线，然后，再分别按底层、标准层和顶层的顺序逐层绘制。标准层中的图形可只画出一层的，然后用阵列命令绘制出其他层。如果立面图是对称的，则只需画出一半，再利用镜像命令绘制出另一半。立面图尺寸标注方法与平面图基本一致，标高的标注使用了带属性的块。同时，必须注意建筑立面图必须和建筑总平面图、建筑平面图和建筑剖面图相互对应。

思考与练习题

1. 思考题

(1) 简述利用 AutoCAD 2013 绘制建筑立面图的步骤。

(2) 简述立面图中窗的绘制过程。

(3) 在绘制建筑立面图中，阵列命令和镜像命令有何作用?

(4) 如何标注立面图中的标高?

2. 绘图题

绘制图 11-48 某办公楼的建筑立面图。

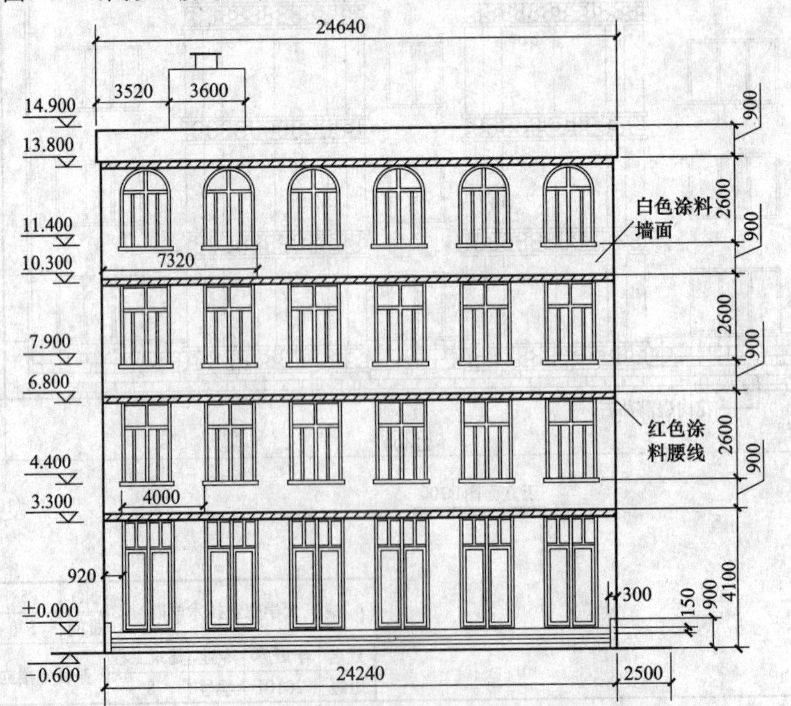

图 11-48　某办公楼的建筑立面图

第12章 建筑剖面图实例

建筑剖面图是将建筑物作竖直剖切所形成的剖视图，主要表示建筑物在垂直方向上各部

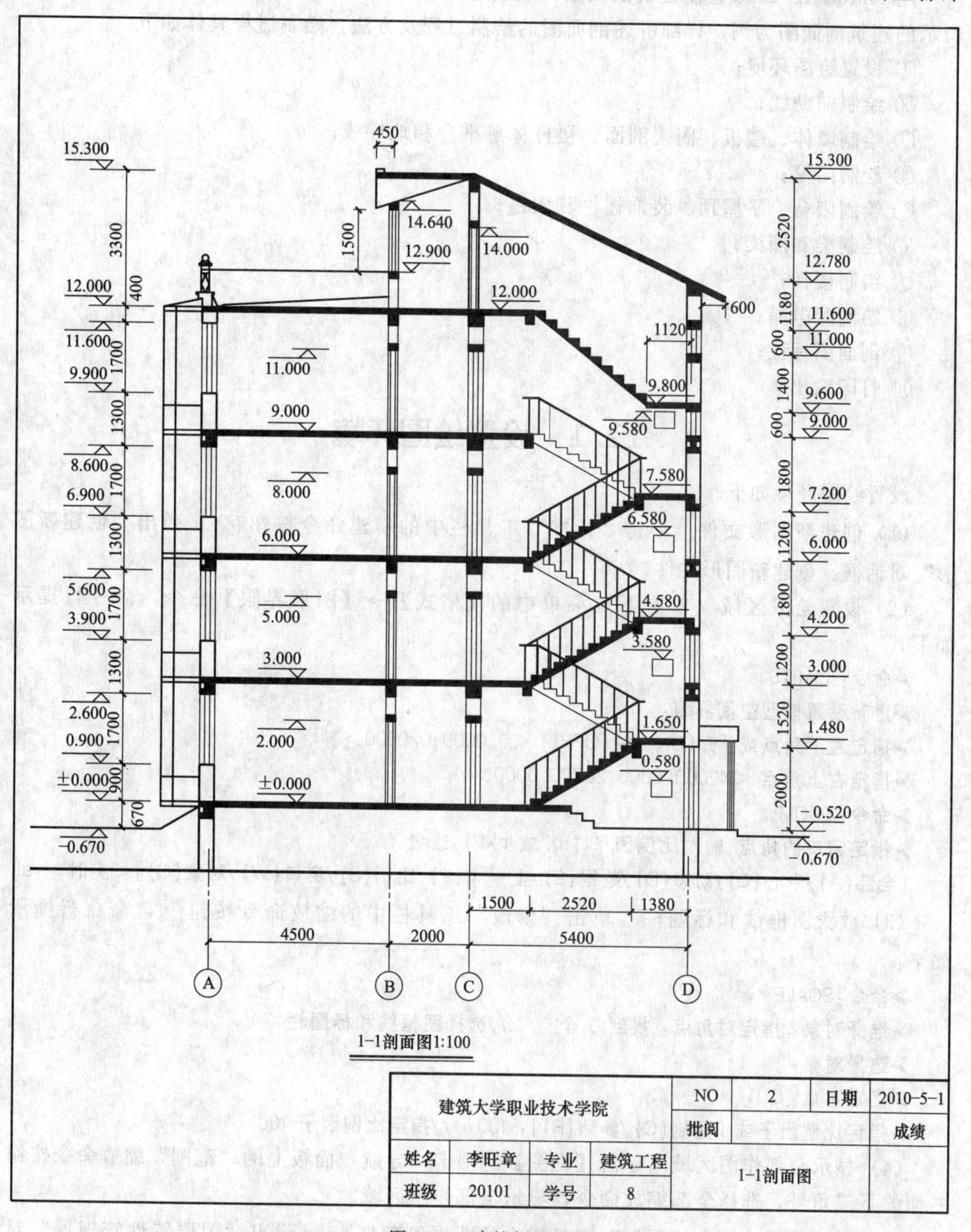

图 12-1 建筑剖面图

分的形状、尺寸、组合关系，以及在建筑物剖面位置的层数、层高、结构形式和构造方法，建筑剖面图与建筑平面图、建筑立面图相配套。建筑剖面图的剖切位置一般在建筑物内部构造复杂或者具有代表性的位置，使之能够反映建筑物内部的构造特征。剖切平面一般垂直于建筑物的长向，且宜通过楼梯或门窗。要完整表现出建筑物内部结构，需要绘制多个剖面图。通过楼梯间的剖面图是最常见的。

用 AutoCAD 2013 绘制建筑剖面图，绘制过程与绘制立面图基本相同。本章将以图12-1所示的建筑剖面图为例，详细讲述剖面图的绘制过程及方法。绘制过程具体如下。

① 设置绘图环境；
② 绘制辅助线；
③ 绘制墙体、楼板、阁楼剖面、楼梯休息平台和地坪线；
④ 绘制门窗；
⑤ 绘制阳台、平屋顶、装饰栅栏和雨篷；
⑥ 绘制梁和圈梁；
⑦ 绘制楼梯；
⑧ 绘制配电箱；
⑨ 剖面图标注；
⑩ 打印输出。

12.1 设置绘图环境

设置绘图环境如下。

(1) 创建新图形文件　单击“标准”工具栏中的新建命令按钮，弹出“创建新图形”对话框。创建新图形文件。

(2) 设置绘图区域　单击下拉菜单中的【格式】→【图形界限】命令，命令行提示如下：

➢命令：LIMITS
➢重新设置模型空间界限：
➢指定左下角点或 [开(ON)/关(OFF)] <0.0000,0.0000>：
➢指定右上角点 <42000.0000,29700.0000>：
➢命令：ZOOM
➢指定窗口的角点，输入比例因子 (nX 或 nXP)，或者
[全部(A)/中心(C)/动态(D)/范围(E)/上一个(P)/比例(S)/窗口(W)/对象(O)]<实时>：all

(3) 放大图框线和标题栏　单击“修改”工具栏中的缩放命令按钮，命令行提示如下：

➢命令：SCALE
➢选择对象：指定对角点：找到 3 个　　//选择图框线和标题栏
➢选择对象：
➢指定基点：0,0
➢指定比例因子或 [复制(C)/参照(R)]：100　//指定比例因子 100

(4) 显示全部作图区域　单击【视图】选项卡“导航”面板上的“范围”缩放命令按钮右侧的下三角号，选择全部缩放命令，显示全部作图区域。

(5) 修改图层　单击“图层”工具栏中的图层管理器，弹出“图层特性管理器”对

话框，单击新建图层按钮，新建图层如图 12-2 所示。其中“门窗”的颜色设置为“0，87，87”。

（6）设置线型比例　在命令行输入线型比例命令“LTS”并回车，将全局比例因子设置为 100。

（7）设置文字样式和标注样式　新建“汉字”样式采用“仿宋 GB 2312”字体，宽度因子设为 0.8，用于书写汉字；“数字”样式采用“Simplex. shx”字体，宽度因子设为 0.8，用于书写数字及特殊字符。单击“常用”选项卡“注释”面板中的“标注样式”命令按钮，弹出“标注样式管理器”对话框，选择“建筑”标注样式，然后单击“修改”命令按钮，弹出“修改标注样式：建筑”对话框，将“调整”选项卡中的“标注特性比例”中的“使用全局比例为”100。单击【确定】按钮。完成标注样式的设置。

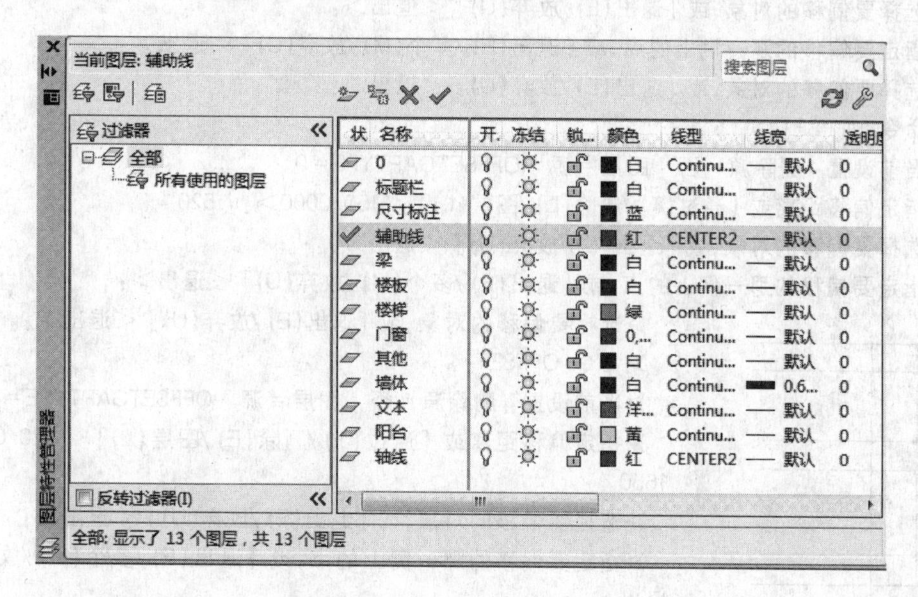

图 12-2 “图层特性管理器”对话框

（8）完成设置并保存文件　单击“快速访问”工具栏中的保存命令，打开“图形另存为”对话框。输入文件名称“某住宅楼剖面图”，单击“图形另存为”对话框的【保存】命令按钮保存文件。

至此，绘图环境设置已基本完成。

12.2 绘制辅助线

辅助线用来在绘图时对图形准确定位，其绘制步骤如下。

① 单击状态栏中的“正交”按钮，打开正交状态。

② 利用“图层”工具栏中的图层列表框将“辅助线”层设置为当前层。

③ 单击“绘图”工具栏中的直线命令按钮，绘制水平基准线和竖直基准线，命令行提示如下：

➢命令：LINE　　　//绘制水平基准线

➢指定第一个点：9500,9500

➢指定下一点或［放弃(U)］：28500

➢指定下一点或［放弃(U)］：

➤命令:LINE　　//绘制垂直基准线

➤指定第一个点: 13000,6000

➤指定下一点或 [放弃(U)]: 27000

➤指定下一点或 [放弃(U)]:

④ 按照图 12-3 所示的尺寸，利用偏移命令将水平基准线及偏移后的水平辅助线按由下至上的顺序进行偏移，得到水平的辅助线。命令行提示如下：

➤命令:OFFSET

➤当前设置: 删除源 = 否　图层 = 源　OFFSETGAPTYPE = 0

➤指定偏移距离或 [通过(T) /删除(E) /图层(L)] <通过>: 150

➤选择要偏移的对象,或 [退出(E) /放弃(U)] <退出>:

➤指定要偏移的那一侧上的点,或 [退出(E) /多个(M) /放弃(U)] <退出>:

➤选择要偏移的对象,或 [退出(E) /放弃(U)] <退出>:

➤命令:OFFSET

➤当前设置: 删除源 = 否　图层 = 源　OFFSETGAPTYPE = 0

➤指定偏移距离或 [通过(T) /删除(E) /图层(L)] <150.0000>: 520

➤选择要偏移的对象,或 [退出(E) /放弃(U)] <退出>:

➤指定要偏移的那一侧上的点,或 [退出(E) /多个(M) /放弃(U)] <退出>:

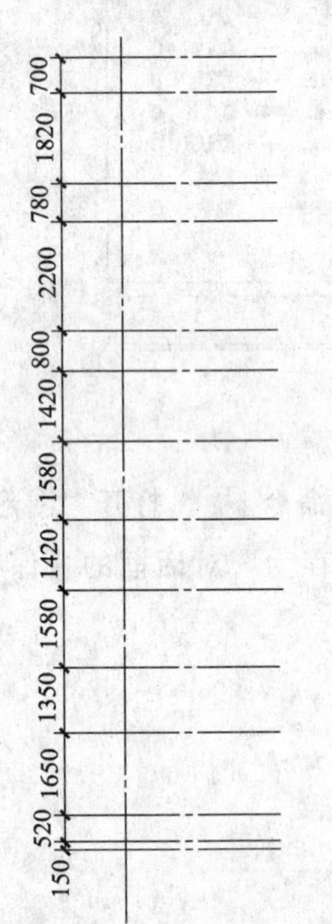

图 12-3　水平辅助线间距

➤选择要偏移的对象,或 [退出(E) /放弃(U)] <退出>:

➤命令:OFFSET

➤当前设置: 删除源 = 否　图层 = 源　OFFSETGAPTYPE = 0

➤指定偏移距离或 [通过(T) /删除(E) /图层(L)] <520.0000>: 1650

➤选择要偏移的对象,或 [退出(E) /放弃(U)] <退出>:

➤指定要偏移的那一侧上的点,或 [退出(E) /多个(M) /放弃(U)] <退出>:

➤选择要偏移的对象,或 [退出(E) /放弃(U)] <退出>:

➤命令:OFFSET

➤当前设置: 删除源 = 否　图层 = 源　OFFSETGAPTYPE = 0

➤指定偏移距离或 [通过(T) /删除(E) /图层(L)] <1650.0000>: 1350

➤选择要偏移的对象,或 [退出(E) /放弃(U)] <退出>:

➤指定要偏移的那一侧上的点,或 [退出(E) /多个(M) /放弃(U)] <退出>:

➤选择要偏移的对象,或 [退出(E) /放弃(U)] <退出>:

➤命令:OFFSET

➤当前设置: 删除源 = 否　图层 = 源　OFFSETGAPTYPE = 0

➤指定偏移距离或 [通过(T) /删除(E) /图层(L)] <1350.0000>: 1580

➤选择要偏移的对象,或 [退出(E) /放弃(U)] <退出>:

➤指定要偏移的那一侧上的点,或 [退出(E) /多个(M) /放弃(U)] <退出>:

➤选择要偏移的对象,或 [退出(E) /放弃(U)] <退出>: ……

同理偏移出全部的水平辅助线。完成后如图 12-4 所示。

⑤ 按照图 12-5 所示的尺寸，利用“偏移”命令将竖直基准线及偏移后的竖直辅助线按由左至右的顺序进行偏移，得到竖直的辅助线。方法与绘制水平辅助线相同，不再赘述。

绘制完竖直辅助线后，效果如图 12-6 所示。

注意： 竖直辅助线也可利用已完成的平面图来绘制。先将完成的平面图以块的方式插入到当前的图形中，然后利用其轴线和边界线或其他特征点完成竖直辅助线的绘制。

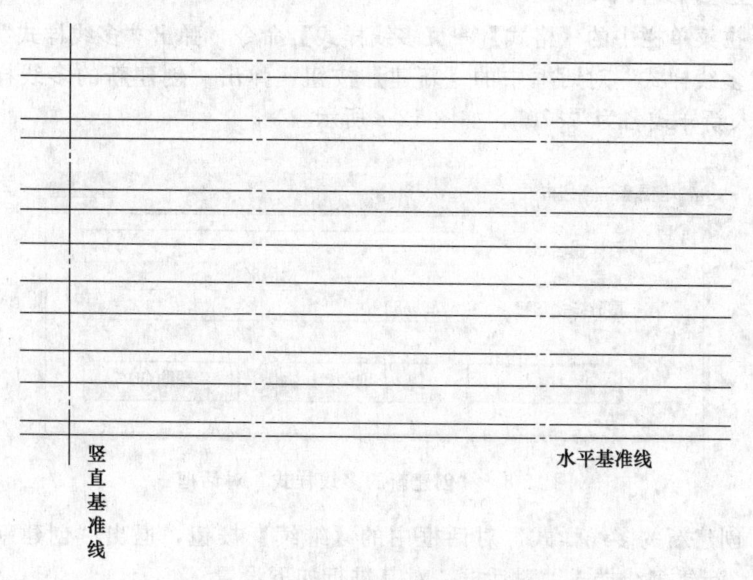

图 12-4　绘制完水平辅助线后的效果

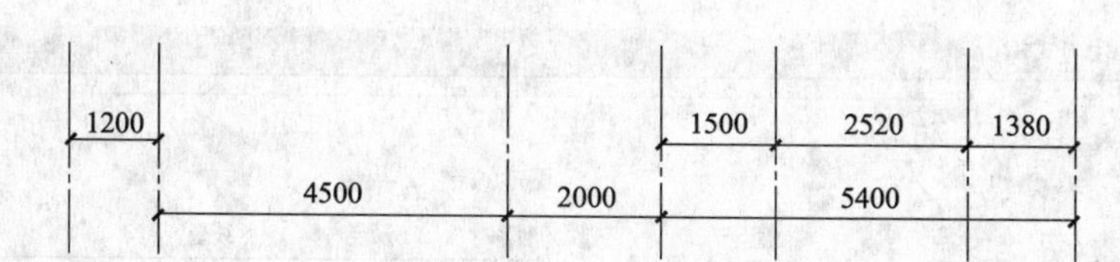

图 12-5　竖直辅助线间距

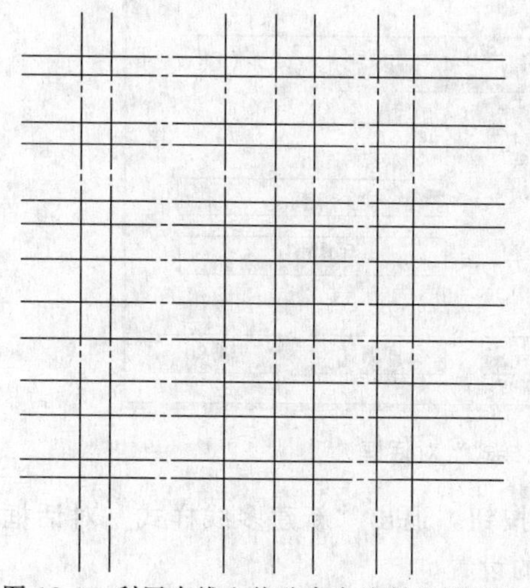

图 12-6　利用直线和偏移命令绘制的辅助线

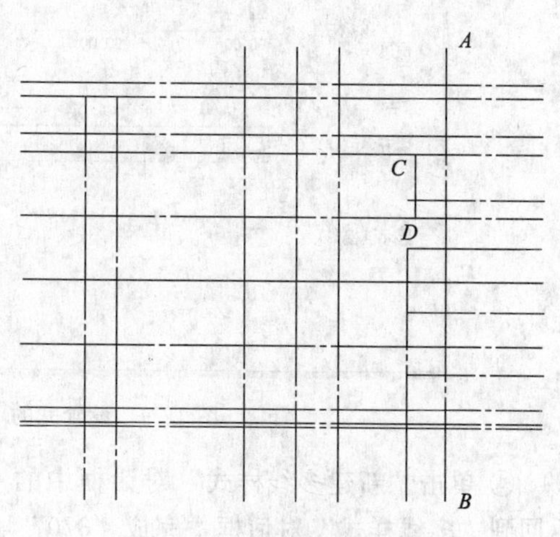

图 12-7　绘制完成的辅助线

⑥ 为了方便绘图，还需要将图 12-6 所示辅助线中多余的部分修剪掉，并添加阁楼楼梯底部的竖直辅助线 *CD*（*CD* 与最右侧辅助线 *AB* 的间距为 1120）。完成后如图 12-7 所示。

⑦ 单击“标准”工具栏中的保存命令按钮 保存文件。

12.3 绘制墙体、楼板、阁楼剖面、楼梯休息平台和地坪线

12.3.1 建立多线样式

① 单击下拉菜单栏中的【格式】→【多线样式】命令，弹出“多线样式”对话框。

② 单击“多线样式”对话框中的【新建】按钮，弹出“创建新的多线样式”对话框，在对话框中输入新样式名为“370”，如图 12-8 所示。

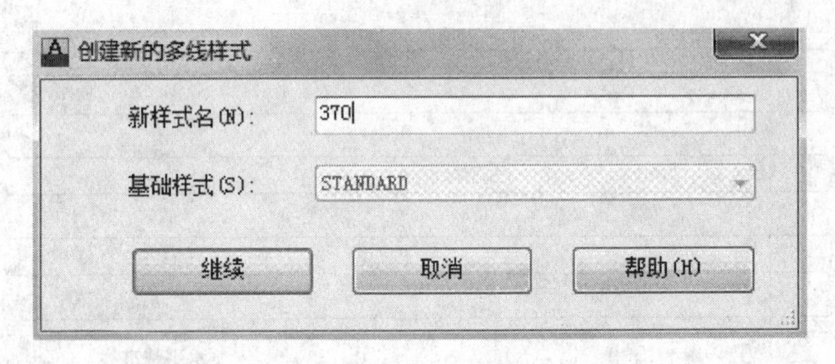

图 12-8 “创建新的多线样式”对话框

③ 单击“创建新的多线样式”对话框中的【继续】按钮，退出“创建新的多线样式”对话框并弹出“新建多线样式”对话框，对其进行如下设置。

设置完的“新建多线样式”对话框如图 12-9 所示。

新建多线样式:370

说明(P): 370墙线

封口

	起点	端点
直线(L):	☐	☐
外弧(O):	☐	☐
内弧(R):	☐	☐
角度(N):	90.00	90.00

填充

填充颜色(F): 无

显示连接(J): ☐

图元(E)

偏移	颜色	线型
250	BYLAYER	ByLayer
-120	BYLAYER	ByLayer

添加(A) 删除(D)

偏移(S): -120

颜色(C): ByLayer

线型: 线型(Y)...

确定 取消 帮助(H)

图 12-9 设置完的“新建多线样式”对话框

④ 单击“新建多线样式”对话框中的【确定】按钮，退出“新建多线样式”对话框，返回到“多线样式”对话框，完成“370”墙线样式的设置。

⑤ 类似地重复第②、③、④步，设置“240”墙线样式和“LB”楼板样式。相应的

“新建多线样式”对话框设置分别为：

三种多线样式设置完后的“多线样式”对话框如图 12-10 所示。

⑥ 单击“多线样式”对话框中的【确定】按钮，退出“多线样式”对话框，完成设置。

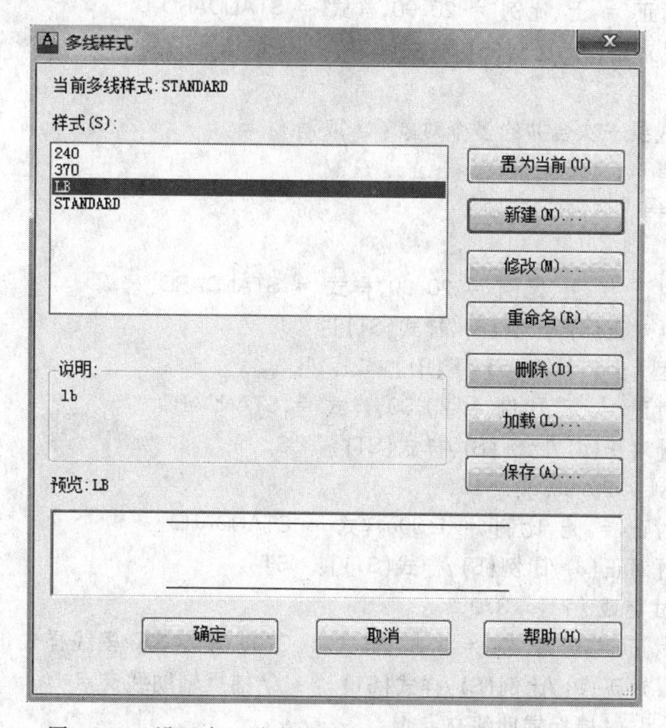

图 12-10　设置完三种多线样式后的“多线样式”对话框

注意：如果利用偏移辅助线的方法绘制墙体和楼板，就不需要设置多线样式，但绘图时速度较慢。

12.3.2　绘制墙体

① 将“墙体”层设置为当前层。

② 打开正交方式，关闭对象捕捉，在最下边的水平基准线 QR 下约 1000 处画一条基线 ST。如图 12-11 所示。

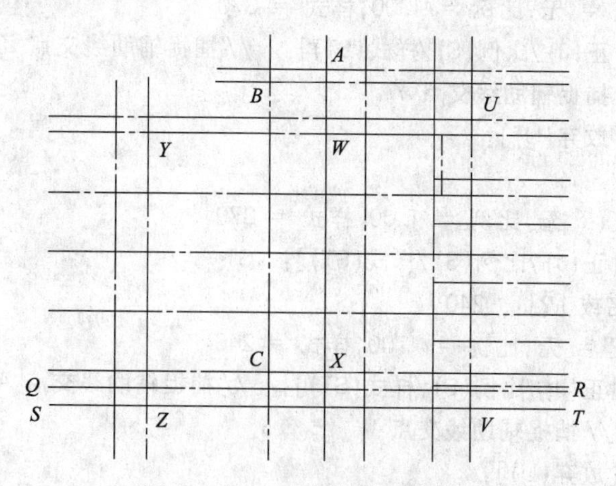

图 12-11　画一条水平基线 ST

③ 设置对象捕捉为“端点”、“交点”捕捉方式，利用多线命令绘制墙体。命令行提示如下：

➢命令：MLINE
➢当前设置：对正 = 上，比例 = 20.00，样式 = STANDARD
➢指定起点或 [对正(J)/比例(S)/样式(ST)]： *取消*
➢命令：JOIN
➢选择源对象或要一次合并的多个对象：*取消*
➢命令：*取消*
➢命令：*取消*
➢命令：MLINE
➢当前设置：对正 = 上，比例 = 20.00，样式 = STANDARD
➢指定起点或 [对正(J)/比例(S)/样式(ST)]： J
➢输入对正类型 [上(T)/无(Z)/下(B)] <上>： Z
➢当前设置：对正 = 无，比例 = 20.00，样式 = STANDARD
➢指定起点或 [对正(J)/比例(S)/样式(ST)]： S
➢输入多线比例 <20.00>： 1
➢当前设置：对正 = 无，比例 = 1.00，样式 = STANDARD
➢指定起点或 [对正(J)/比例(S)/样式(ST)]： ST
➢输入多线样式名或 [?]： 370
➢当前设置：对正 = 无，比例 = 1.00，样式 = 370//设定 370 多线样式
➢指定起点或 [对正(J)/比例(S)/样式(ST)]： //捕捉辅助线交点 *U*
➢指定下一点： //捕捉辅助线交点 *V*
➢指定下一点或 [放弃(U)]：MLINE
➢命令：MLINE
➢当前设置：对正 = 无，比例 = 1.00，样式 = 370
➢指定起点或 [对正(J)/比例(S)/样式(ST)]： //捕捉辅助线交点 *W*
➢指定下一点：//捕捉辅助线交点 *X*
➢指定下一点或 [放弃(U)]：
➢命令：MLINE
➢当前设置：对正 = 无，比例 = 1.00，样式 = 370
➢指定起点或 [对正(J)/比例(S)/样式(ST)]： //捕捉辅助线交点 *Z*
➢指定下一点：//捕捉辅助线交点 *Y*
➢指定下一点或 [放弃(U)]：
➢命令：MLINE
➢当前设置：对正 = 无，比例 = 1.00，样式 = 370
➢指定起点或 [对正(J)/比例(S)/样式(ST)]： ST
➢输入多线样式名或 [?]： 240
➢当前设置：对正 = 无，比例 = 1.00，样式 = 240
➢指定起点或 [对正(J)/比例(S)/样式(ST)]： //捕捉辅助线交点 *A*
➢指定下一点： //捕捉辅助线交点 *W*
➢指定下一点或 [放弃(U)]：
➢命令：MLINE

➢当前设置：对正 = 无，比例 = 1.00，样式 =240
➢指定起点或［对正(J)/比例(S)/样式(ST)]：　//捕捉辅助线交点 B
➢指定下一点：　　//捕捉辅助线交点 C
➢指定下一点或［放弃(U)]：
用多线命令绘制完的墙体及其与辅助线的关系如图 12-12 所示。

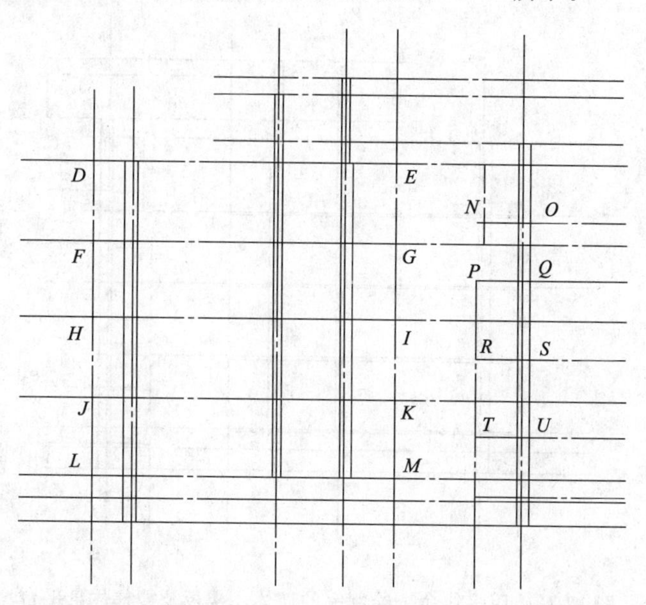

图 12-12　用多线命令绘制完的墙体及其与辅助线的关系

注意：在绘制线元素不对称的多线时，注意捕捉辅助线交点的先后顺序，图中三面墙的起始点顺序不一样，操作时请仔细检查。

12.3.3　绘制楼板和楼梯休息平台

① 将“楼板”层设置为当前层，设置对象捕捉方式为“端点”、“交点”捕捉方式。

② 利用多线命令绘制楼板。命令行提示如下：

➢命令：MLINE
➢当前设置：对正 = 无，比例 = 1.00，样式 = 240
➢指定起点或［对正(J)/比例(S)/样式(ST)]：　st
➢输入多线样式名或［?]：　LB
➢当前设置：对正 = 无，比例 = 1.00，样式 = 240
➢指定起点或［对正(J)/比例(S)/样式(ST)]：　//捕捉辅助线交点 D
➢指定下一点：　//捕捉辅助线交点 E
➢指定下一点或［放弃(U)]：
➢命令：MLINE
➢当前设置：对正 = 无，比例 = 1.00，样式 =LB
➢指定起点或［对正(J)/比例(S)/样式(ST)]：　//捕捉辅助线交点 F
➢指定下一点：//捕捉辅助线交点 G
➢指定下一点或［放弃(U)]：
……

与上面类似，用多线命令，使当前样式为“LB”画出图 12-12 中 *HI*、*JK*、*LM* 之间的楼板。

③ 利用多线命令绘制楼梯休息平台。

与上面画楼板的方法相同，用多线命令，使当前样式为“LB”画出图 12-12 中 *NO*、*PQ*、*RS*、*TU* 之间的休息平台。命令行提示不再赘述。

用多线命令绘制完的墙体、楼板及楼梯休息平台后的效果如图 12-13 所示。

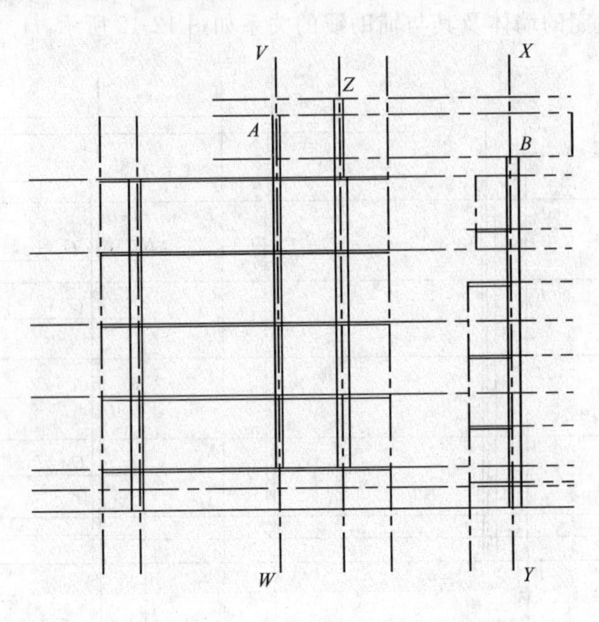

图 12-13　用多线命令绘制完的墙体、楼板及楼梯休息平台

注意：绘制楼板和楼梯休息平台时，也可只画一层的，修剪和填充完后再利用阵列或复制命令绘制其他层的。

12.3.4　绘制阁楼剖面

本章的剖面图实例中，由于阁楼剖面与楼板厚度相同，因此将它绘制在“楼板”层。

（1）添加辅助线

① 将“辅助线”层设置为当前层，关闭对象捕捉方式。将图 12-13 中阁楼位置左侧的辅助线 *VW* 向左偏移 450，将最右侧辅助线 *XY* 向右偏移 850，添加两条辅助线，作为阁楼剖面的左右边界。

② 打开对象捕捉方式，设置捕捉方式为“交点”捕捉方式，利用直线命令和延伸命令绘制屋面的辅助线。命令提示行如下：

➤命令：LINE
➤指定第一个点：　　　　　　　　　　//捕捉辅助线的交点 *Z* 点（图 12-14）
➤指定下一点或 [放弃(U)]：　　　　　//捕捉辅助线的交点 *B* 点（图 12-14）
➤指定下一点或 [放弃(U)]：
➤命令：EXTEND
➤当前设置：投影 = UCS，边 = 无
➤选择边界的边 ...
➤选择对象或 <全部选择>：　找到 1 个　//选择辅助线 *EF*（图 12-14）
➤选择对象：
➤选择要延伸的对象，或按住 Shift 键选择要修剪的对象，或
[栏选(F)/窗交(C)/投影(P)/边(E)/放弃(U)]：

//在所画的直线 ZB 延伸到 EF 交于 G 点(图 12-14)

➢选择要延伸的对象,或按住 Shift 键选择要修剪的对象,或

[栏选(F)/窗交(C)/投影(P)/边(E)/放弃(U)]:

添加完辅助线 CE、EF、ZG 的结果如图 12-14 所示。

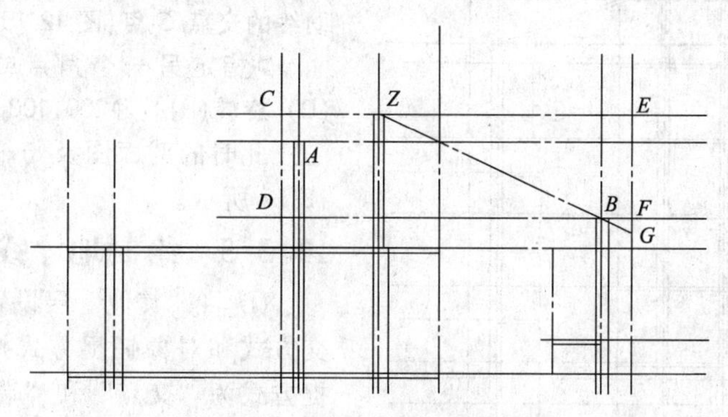

图 12-14　添加完辅助线后的结果

(2) 将“楼板”层设置为当前层，设置对象捕捉为端点、交点捕捉方式。

(3) 利用多线命令绘制阁楼剖面。命令行提示如下：

➢命令:MLINE

➢当前设置：对正 = 无,比例 = 1.00,样式 =LB

➢指定起点或 [对正(J)/比例(S)/样式(ST)]：　//捕捉辅助线交点 C(图 12-14)

➢指定下一点：　//捕捉辅助线交点 Z

➢指定下一点或 [放弃(U)]：　//捕捉辅助线交点 G

➢指定下一点或 [放弃(U)]：

(4) 利用直线命令、延伸命令和矩形命令绘制老虎窗上面屋面的余下部分。命令行提示如下：

➢命令:LINE

➢指定第一个点：　//捕捉辅助线的交点 Z 点(图 12-14)附近阁楼剖面下边线与 240 墙的左交点作为起点

➢指定下一点或 [放弃(U)]：　//捕捉辅助线的交点 A 点(图 12-14)

➢指定下一点或 [放弃(U)]：

➢命令：EXTEND

➢当前设置:投影 = UCS,边 = 无

➢选择边界的边...

➢选择对象或 <全部选择>：找到 1 个　//选择辅助线 CD(图 12-14)

➢选择对象：

➢选择要延伸的对象,或按住 Shift 键选择要修剪的对象,或

[栏选(F)/窗交(C)/投影(P)/边(E)/放弃(U)]：

//在所画的直线 ZA 上靠近 A(图 12-15)点处单击,延伸到 H 点(图 12-15)

➢选择要延伸的对象,或按住 Shift 键选择要修剪的对象,或

[栏选(F)/窗交(C)/投影(P)/边(E)/放弃(U)]：

➢命令:LINE

➢指定第一个点：　//捕捉辅助线的交点 C 点(图 12-15)

➢指定下一点或 [放弃(U)]：　//捕捉辅助线的交点 H 点(图 12-15)

➤指定下一点或［放弃(U)］：

➤命令：RECTANG　　　　　　　　//绘制矩形

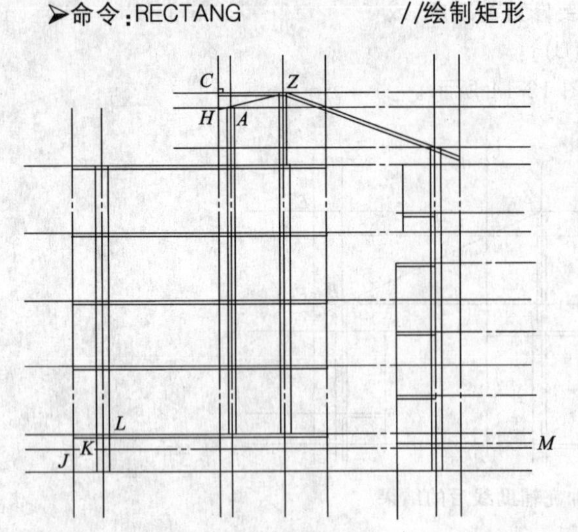

图 12-15　绘制阁楼剖面后的剖面图及与辅助线的关系

➤指定第一个角点或［倒角(C)/标高(E)/圆角(F)/厚度(T)/宽度(W)］：//捕捉辅助线的交点 C 点(图 12-15)

➤指定另一个角点或［面积(A)/尺寸(D)/旋转(R)］：@200,100

此时的剖面图及与辅助线的关系如图 12-15 所示。

12.3.5　绘制地坪线

① 将“其他”层设置为当前层，将正交方式和对象捕捉方式打开，设置对象捕捉方式为“交点”和“端点”捕捉方式。

② 利用多段线命令分别绘制室外和室内的地坪线，同时画出楼梯底层第一梯段的踏步和雨篷前面的台阶。命令行提示如下：

➤命令：PLINE

➤指定起点：

➤当前线宽为 0.0000

➤指定下一个点或［圆弧(A)/半宽(H)/长度(L)/放弃(U)/宽度(W)］：W　　　//设线宽 30

➤指定起点宽度 <0.0000>：30

➤指定端点宽度 <30.0000>：

➤指定下一个点或［圆弧(A)/半宽(H)/长度(L)/放弃(U)/宽度(W)］：　　　//捕捉到 J 点(图 12-15)

➤指定下一点或［圆弧(A)/闭合(C)/半宽(H)/长度(L)/放弃(U)/宽度(W)］：　　//捕捉到 K 点(图 12-15)

➤指定下一点或［圆弧(A)/闭合(C)/半宽(H)/长度(L)/放弃(U)/宽度(W)］：

➤命令：PLINE

➤指定起点：　　　　　　　　　　　　　//捕捉到起点 L(图 12-15)

➤当前线宽为 30.0000

➤指定下一个点或［圆弧(A)/半宽(H)/长度(L)/放弃(U)/宽度(W)］：8880　　//向右画 8880

➤指定下一点或［圆弧(A)/闭合(C)/半宽(H)/长度(L)/放弃(U)/宽度(W)］：173　//向下画 173

➤指定下一点或［圆弧(A)/闭合(C)/半宽(H)/长度(L)/放弃(U)/宽度(W)］：280　//向右画 280

➤指定下一点或［圆弧(A)/闭合(C)/半宽(H)/长度(L)/放弃(U)/宽度(W)］：173　//向下画 173

➤指定下一点或［圆弧(A)/闭合(C)/半宽(H)/长度(L)/放弃(U)/宽度(W)］：280　//向右画 280

➤指定下一点或［圆弧(A)/闭合(C)/半宽(H)/长度(L)/放弃(U)/宽度(W)］：174　//向下画 174

➤指定下一点或［圆弧(A)/闭合(C)/半宽(H)/长度(L)/放弃(U)/宽度(W)]：3590//向右画 3590

➤指定下一点或［圆弧(A)/闭合(C)/半宽(H)/长度(L)/放弃(U)/宽度(W)]：150 //向下画 150

➤指定下一点或［圆弧(A)/闭合(C)/半宽(H)/长度(L)/放弃(U)/宽度(W)]：　//捕捉到 M 点(图 12-15)

➤指定下一点或［圆弧(A)/闭合(C)/半宽(H)/长度(L)/放弃(U)/宽度(W)]：

关闭“辅助线”层后，绘制完地坪线后的剖面图如图 12-16 所示。

12.3.6　修改剖面图已绘制部分

如图 12-16 所示的剖面图还非常粗糙，且不符合建筑制图规范，因此必须对其进行必要的修改。

① 单击“修改”工具栏中的分解命令按钮，将全部多线进行分解。

② 单击“修改”工具栏中的修剪命令按钮，将所有多余部分修剪掉。

③ 单击“修改”工具栏中的延伸命令按钮，对某些较短的线段延伸到边界。

④ 单击“绘图”工具栏中的直线命令按钮，将所有需填充的部分都绘制成闭合边界。

⑤ 单击“绘图”工具栏中的填充命令按钮，对楼板和坡屋面的剖切面进行填充。

本小节中涉及的命令在前面均已做详细讲解，因此这里不再详尽赘述操作步骤。修改后的剖面图如图 12-17 所示。

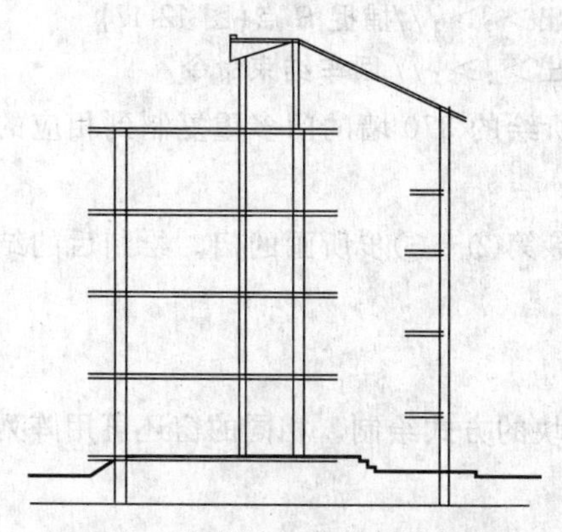

图 12-16　绘制完地坪线后的剖面图

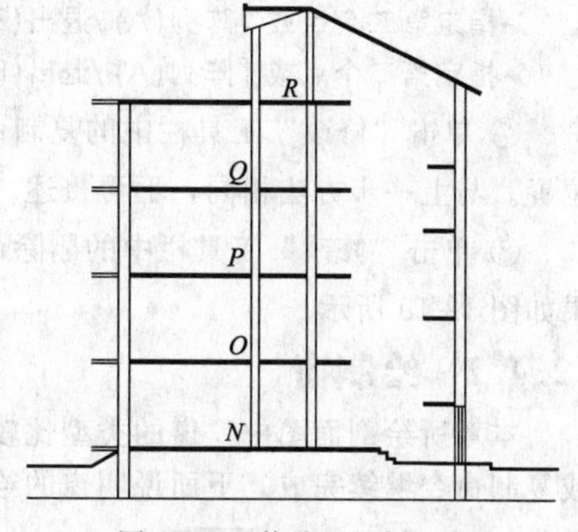

图 12-17　修改后的剖面图

12.4　绘制门窗

本章所绘的建筑剖面图，门窗都是被剖切的，它们的绘制方法与平面图中窗的绘制方法一致，可先建立门和窗的图形块，然后以插入块的方式绘制。但注意到此剖面图中的门只有两种类型，即 240 墙上 2000 高的门和 370 墙上 2000 高的门。因此，也可以采用每种类型的门只画出一个，再利用 AutoCAD 2013 默认的多重复制命令（或阵列）绘制出所有的门。本书画门采用第二种方法。

12.4.1　绘制门

① 关闭“辅助线”层，设置“门窗”层为当前层，设置对象捕捉方式为“端点”、“中点”和“交点”捕捉方式。

图 12-18 两种类型的门

② 单击“绘图”工具栏中的矩形命令按钮，在任意位置画一个 240×2000 的矩形。

③ 空格键重复矩形命令，在附近画一个 370×2000 的矩形。

④ 空格键重复矩形命令，在附近再画一个 120×2000 的矩形。

⑤ 单击“修改”工具栏中的复制命令按钮，以底边的中点为基点复制 120×2000 的矩形，共复制两个，同时分别移动到 240×2000 矩形和 370×2000 矩形的底边中点上，再单击“修改”工具栏中的删除命令按钮，删除第④步所画的 120×2000 的矩形。所绘制的两种类型的门如图 12-18 所示。

⑥ 单击“修改”工具栏中的复制命令按钮，将所绘的 240 墙的门多重复制到相应的位置。命令行提示如下：

➢命令：COPY

➢选择对象：指定对角点：找到 2 个//选中 240 墙的门(图 12-18 左侧的门)

➢选择对象：

➢当前设置： 复制模式 = 多个

➢指定基点或 [位移(D)/模式(O)] ＜位移＞：

➢指定第二个点或 [阵列(A)] ＜使用第一个点作为位移＞：//捕捉 *O* 点(图 12-17)

➢指定第二个点或 [阵列(A)/退出(E)/放弃(U)] ＜退出＞：＞：//捕捉 *P* 点(图 12-17)

➢指定第二个点或 [阵列(A)/退出(E)/放弃(U)] ＜退出＞：＞：//捕捉 *Q* 点(图 12-17)

➢指定第二个点或 [阵列(A)/退出(E)/放弃(U)] ＜退出＞：＞：//捕捉 *R* 点(图 12-17)

➢指定第二个点或 [阵列(A)/退出(E)/放弃(U)] ＜退出＞：＞：// 回车结束命令

⑦ 单击“修改”工具栏中的复制命令按钮，将所绘的 370 墙的门多重复制到相应的位置。与上一步方法相同，不再赘述。

⑧ 单击“修改”工具栏中的删除命令按钮，删除第②～⑤步所画的门。绘制后的结果如图 12-19 所示。

12.4.2 绘制窗

本章所绘剖面图中，窗的类型比较多，适合用插入块的方式绘制。相同的窗还可用阵列或复制命令继续完成。下面说明窗的绘制步骤。

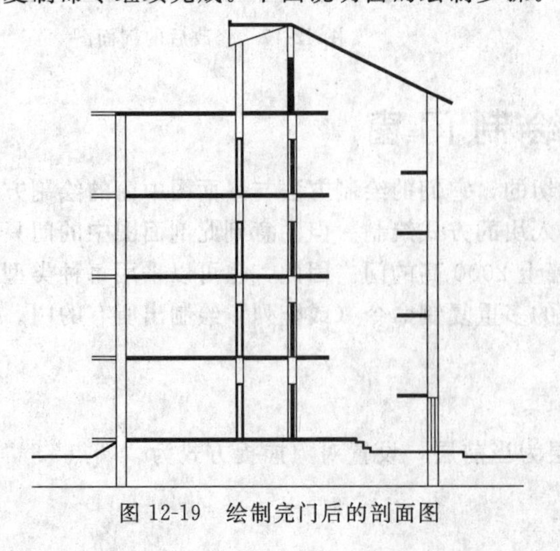

图 12-19 绘制完门后的剖面图

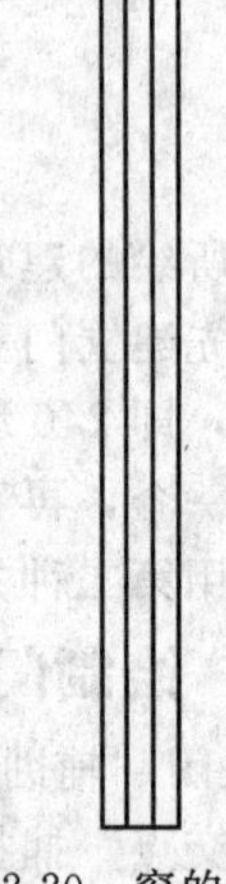

图 12-20 窗的外形图

(1) 建立窗块　设置 0 层为当前层，单击“绘图”工具栏中的矩形命令按钮，在绘图区任意位置画一个 100×1000 的矩形。单击“修改”工具栏中的分解命令，将 100×1000 的矩形分解。单击“修改”工具栏中的偏移命令，将矩形左右边界分别向矩形内偏移 33 个单位，画出窗的外形，如图 12-20 所示。

单击“块”工具栏中的创建命令按钮，弹出“块定义”对话框。在“块定义”对话框中输入名称“ch”，单击“块定义”对话框中的“拾取点”按钮，退出“块定义”对话框，返回到绘图界面，捕捉窗图形左下角点为插入点，又弹出“块定义”对话框，此时定义的“块定义”对话框如图 12-21 所示。

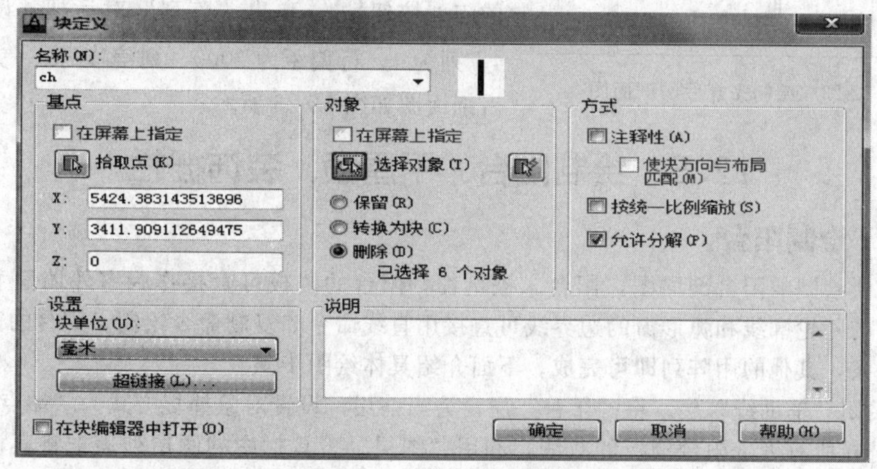

图 12-21　“块定义”对话框

选中“块定义”对话框中的“删除”按钮，再单击对话框中的【确定】，完成窗块的创建任务。

(2) 插入窗块　左侧 370 墙上各层的窗相同，可只画出底层的，其他的用阵列或复制命令画出。右侧 370 墙上的窗画法与左侧的相同。阁楼 240 墙上的窗需单独画出。

将“门窗”层设为当前层，单击单击“块”工具栏中的插入命令按钮，弹出“插入”对话框。选择块的名为“ch”，设置 X 方向的比例为 3.7，Y 方向的比例为 1.7，其他设置不变，如图 12-22 所示。

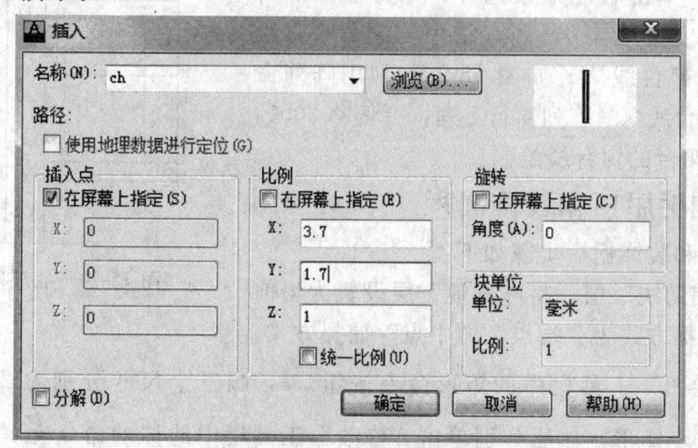

图 12-22　“插入”对话框

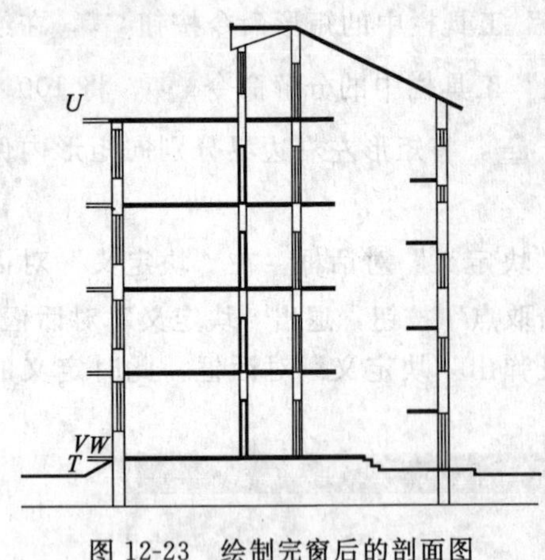

图 12-23 绘制完窗后的剖面图

单击“插入”对话框中的【确定】按钮，返回到绘图界面，在左侧 370 外墙向上 900 插入窗。重复上面操作，插入阁楼 240 外墙的窗，X 方向比例为 2.4，Y 方向的比例为 1.5，窗的底边距楼地面为 900。插入右侧 370 外墙的窗为 1200，在“插入”对话框中 X、Y 比例分别为 3.7、1.2，窗底边与二楼地面辅助线平齐。

(3) 阵列出其他的窗　单击“修改”工具栏中的阵列按钮，弹出“阵列”对话框，设置行为 4，列为 1，行偏距为 3000，列偏移为 0，完成阵列后剖面图如图 12-23 所示。

12.5 绘制阳台、平屋顶、装饰栅栏

12.5.1 绘制阳台

本节所绘制的阳台剖面图，阳台未被剖切，阳台的楼板可直接作为室外墙面上的装饰线。阳台的外轮廓线和弧形窗的边界线可直接用直线命令和复制命令绘制。阳台的窗台线只需画出一条，其他的用阵列即可完成。下面介绍具体绘图步骤。

① 关闭“辅助线”层，将“阳台”层设为当前层，设置对象捕捉方式为“端点”方式。

② 选择所有表示阳台楼板的双线，利用“图层”工具栏中的图层列表框将其设为“阳台”层。

③ 单击“绘图”工具栏中的直线命令按钮，捕捉底层阳台左下角点 *T*（图 12-23）和阳台屋面右上角点 *U*，绘制完阳台的外轮廓线。

④ 打开正交方式，单击“修改”工具栏中的复制命令按钮，选择阳台的外轮廓线 *TU*，单击右键结束选择，复制并向右偏移 300，回车结束复制命令，绘制弧形窗的外界。

⑤ 单击“修改”工具栏中的修剪命令按钮，修剪掉弧形窗边与楼板相交的部分。

⑥ 空格键重复复制命令，选择底层阳台楼板上的 *VW*（图 12-23），单击右键结束选择，单击任一点为基点，复制并向上偏移 600，回车结束复制命令，绘制完的底层阳台窗台线 *XY* 如图 12-24。利用阵列命令，选择底层窗台线 *XY* 阵列 4 行 1 列，行偏移 3000，列偏移 0，完成阳台的窗台线绘制。

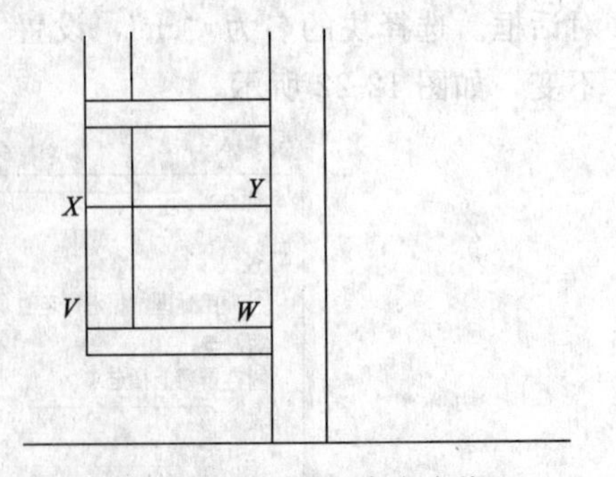

图 12-24 底层阳台窗台线

12.5.2 绘制平屋顶和装饰栅栏

绘制平屋顶和装饰栅栏步骤如下。

① 关闭“辅助线”层，将“其他”层设置为当前层。设置对象捕捉方式为“端点”、“中点”捕捉方式。

② 单击“绘图”工具栏中的矩形命令按钮，画三个尺寸分别为 240×200、340×100、440×50 的小矩形。然后分别单击“修改”工具栏中的移动命令，将三个矩形移到剖面图屋顶的左上角位置，上下叠放在一起，如图 12-25 所示。

③ 单击“修改”工具栏中的修剪命令按钮，修剪三个矩形，只留下外轮廓线。绘制完成女儿墙。

④ 将“阳台”层设置为当前层，单击“绘图”工具栏中的直线命令按钮，利用“端点”和“交点”捕捉，绘制出阳台的坡屋面。

⑤ 将“其他”层设置为当前层，单击“绘图”工具栏中的直线命令按钮，绘制出平屋顶上的坡屋面线。

⑥ 利用前面所学绘制装饰栏杆和装饰立柱。绘制完成的平屋顶和装饰栅栏如图 12-26 所示。

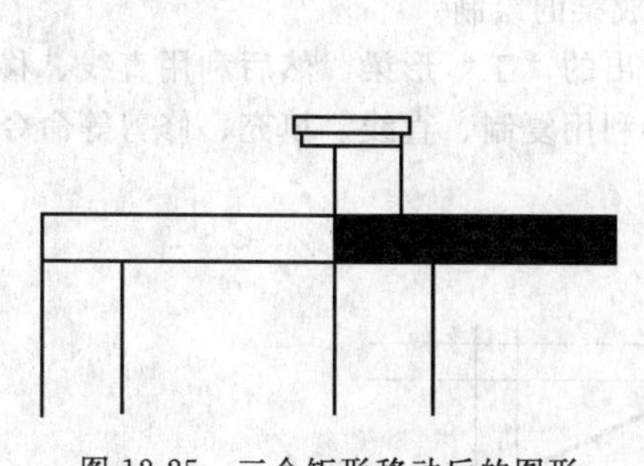

图 12-25　三个矩形移动后的图形

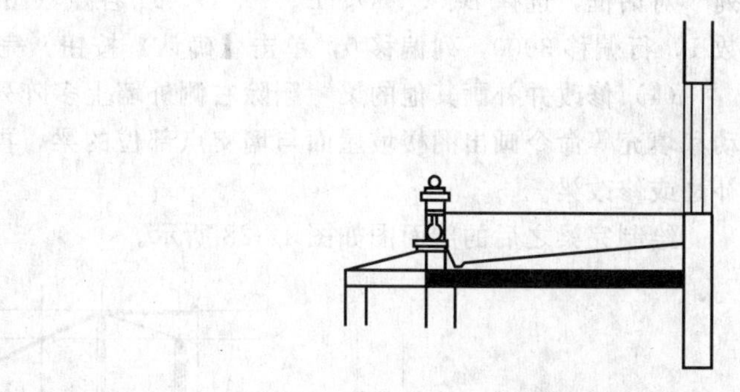

图 12-26　平屋顶和装饰栅栏

12.6　绘制梁和圈梁

梁设置在楼板的下面，或者设置在门窗的顶部、楼梯的下面。本章所绘制的建筑剖面图中，共有图 12-27 中四种形状的梁。其中外墙的“C”形梁、“工”形梁和“L”形梁尺寸是固定的，而矩形梁的尺寸有多种。因此最好是利用块操作和复制、阵列命令完成梁的绘制。

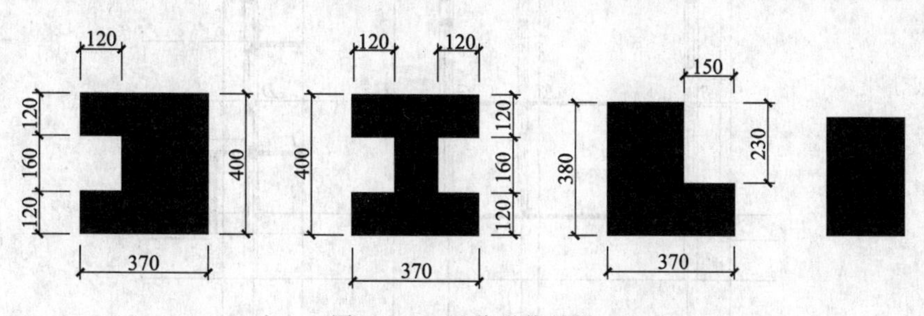

图 12-27　四种形状的梁

(1) 创建梁的图块。 设 0 层为当前层。利用矩形命令、修剪命令和填充命令画出如图 12-27 所示的四种梁。其中矩形梁的尺寸为 100×100。利用创建块的命令，将 4 个图形分别创建成块，名称分别为“LC”（C 形梁）、“LG（工形梁）”、“LL”（L 形梁）、“LJ”（矩形梁），前三种梁的插入点均设置为图形的左上角，矩形梁插入点设置为左下角点。

(2) 插入梁块　打开“辅助线”层，设置“梁”层为当前层。单击“块”工具栏中的插入块命令，选择块名为“LC”，单击【确定】按钮，捕捉到二层楼板与左外墙交接处的左上角 *B* 点（图 12-28），画出一个“C”形梁。空格键重复插入命令，选择块名为“LJ”，设置 X 方向比例为 2.4，Y 方向为 1.5，单击【确定】按钮，捕捉到底层 240 墙上窗的左上角 *C*（图 12-28），画出一个矩形梁。多次重复上面操作，绘制二层楼板下和底层门上所有的矩形梁，以及楼梯梁、右侧外墙和阁楼侧墙上的所有矩形梁。

对矩形梁，有如下几个尺寸：门上矩形梁高度均为 150，宽为墙宽；楼板与墙体相交部位，梁高均为 400，宽为墙宽；楼梯间外门上的过梁尺寸为 370×300；楼梯梁尺寸均为 200×330；四层楼梯休息平台与外墙的交点处及其上下的两个窗附近梁尺寸均为 370×200。在绘制梁时，插入对话中 X、Y 的比例必须按实际情况输入相应的比例。

空格键重复插入命令，选择块名为“LG”，捕捉到二层楼面的辅助线与右侧外墙交接处的左上角点 D，画出一个“工”形梁。

(3) 阵列其他形状和尺寸相同的梁　单击“修改”工具栏中的阵列按钮，弹出“阵列”对话框，选择 B、C、D、E、F、G、H 各点（图 12-28）处的梁，输入阵列行数 4，列数 1，行偏移 3000，列偏移 0，单击【确认】按钮，完成梁的绘制。

(4) 修改并补画其他的梁　删除右侧外墙上多阵列出的“工”形梁，然后利用直线、移动和填充等命令画出阁楼坡屋面与墙交点部位的梁，再利用复制、直线、填充、修剪等命令补画或修改梁。

绘制完梁之后的剖面图如图 12-28 所示。

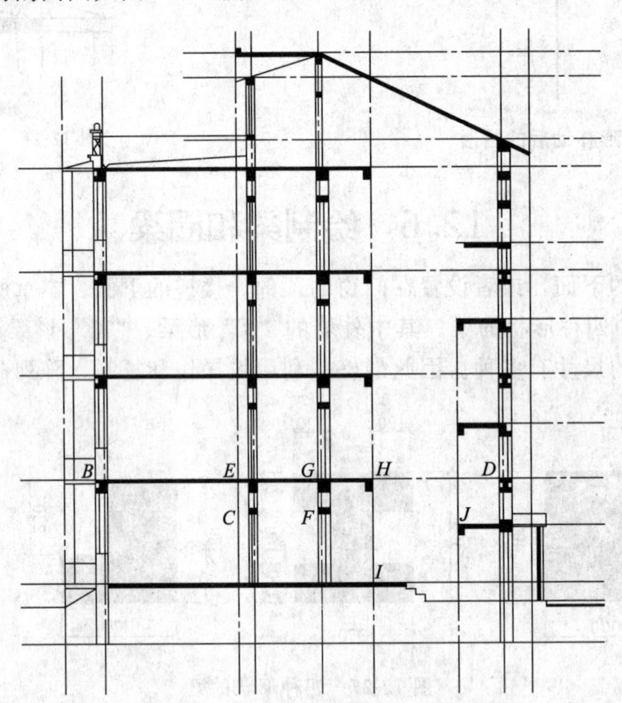

图 12-28　绘制完梁之后的剖面图

12.7 绘制楼梯

剖面图中，楼梯剖面是最常见的，也是绘制时最复杂的。在本章绘制的剖面图中，楼梯共有三种样式：底层楼梯；二、三层楼梯；四层楼梯。对二三层的楼梯，可只画出二层的，然后利用复制命令将绘制好的二层楼梯复制到第三层。一般情况下，如果很多相邻层楼梯的样式完全相同，则只需画其中一层的，然后用阵列命令复制出其他层的楼梯。

根据建筑模数，标准的楼梯踏步尺寸为 300×150，但本例中，不同样式楼梯的踏步尺寸均不相同。在画图时必须注意尺寸。

12.7.1　绘制底层楼梯

绘制底层楼梯步骤如下。

(1) 打开“辅助线”层将“楼梯”层设置为当前层，设置对象捕捉方式为“端点”和“中点”捕捉方式，打开正交方式。

(2) 绘制楼梯踏步。

单击“绘图”工具栏中的直线命令按钮，捕捉到辅助线的交点 I（图 12-28），再依次画第一梯段的所有踏步。命令行提示如下：

➢命令：LINE
➢指定第一个点：　　//捕捉到 I 点
➢指定下一点或 [放弃(U)]：165　　//向上画 165
➢指定下一点或 [放弃(U)]：280　　//向右画 165
➢指定下一点或 [闭合(C)/放弃(U)]：165
➢指定下一点或 [闭合(C)/放弃(U)]：280
……

注意： 如果感觉这种画法麻烦，可以用复制命令，画一个踏步，然后复制这样比较快。

空格键重复直线命令，捕捉到底层休息平台左上角位置 J 点（图 12-28）作为起点，依次画第二段楼梯的所有踏步。命令行提示如下：

➢命令：LINE
➢指定第一个点：　　//捕捉到 J 点
➢指定下一点或 [放弃(U)]：168.75　//向上画 168.75
➢指定下一点或 [放弃(U)]：315　　//向左画 315
➢指定下一点或 [闭合(C)/放弃(U)]：168.75
➢指定下一点或 [闭合(C)/放弃(U)]：315
……

绘制完踏步后，绘制楼梯的梯段板，分别捕捉第一梯段的左下角 I 点和右上角点 K（图 12-29）画一条直线，单击“修改”工具栏中的偏移命令，将所绘直线 IK 向下偏移 120。再将直线 IK 删除。完成后如图12-29所示。

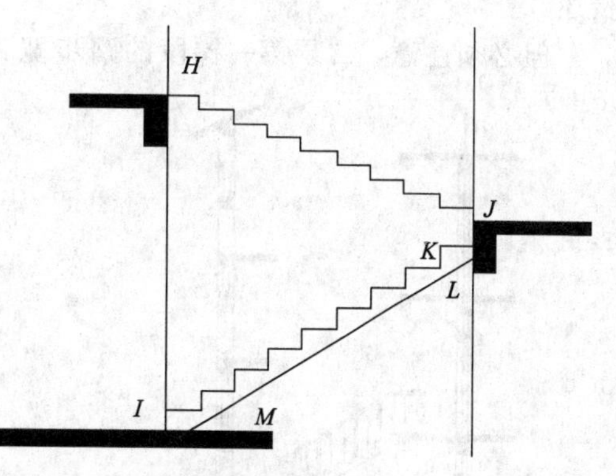

图 12-29　绘制完第一段楼梯板 LM 后的效果图

重复上面操作绘制第二段梯段板。然后单击“绘图”工具栏中的填充命令，选择图案“SOLOID”，单击“添加：拾取点”按钮，退出“图案填充和渐变色”对话框，返回到绘图界面，在第一梯段 IKLM 内单击，然后又弹出“图案填充和渐变色”对话框，单击【确定】按钮，完成第一梯段剖切截面的绘制。此时楼梯如图 12-30 所示。

(3) 绘制护栏。护栏的栏杆可使用多线命令绘制，绘制线宽为 15 的多线，在每个楼梯中间位置画多线，栏杆高 900。

➢命令：MLINE

➢当前设置：对正 = 上，比例 = 1.00，样式 = STANDARD
➢指定起点或 [对正(J)/比例(S)/样式(ST)]： ST
➢输入多线样式名或 [?]： 15
➢当前设置：对正 = 上，比例 = 1.00，样式 = 15
➢指定起点或 [对正(J)/比例(S)/样式(ST)]： //捕捉楼梯踏步的中点，向上画 900
➢指定下一点： 900
➢指定下一点或 [放弃(U)]：
……

最右端的楼梯栏杆由踏步上的楼梯栏杆向右移 280，在二层地面上画出。

(4) 绘制护栏扶手。护栏扶手用 30 的多线绘制，捕捉到踏步最左端和最右端的点连接起来，再向二层楼面方向画 150 单位。最终绘制完成如图 12-31 所示。

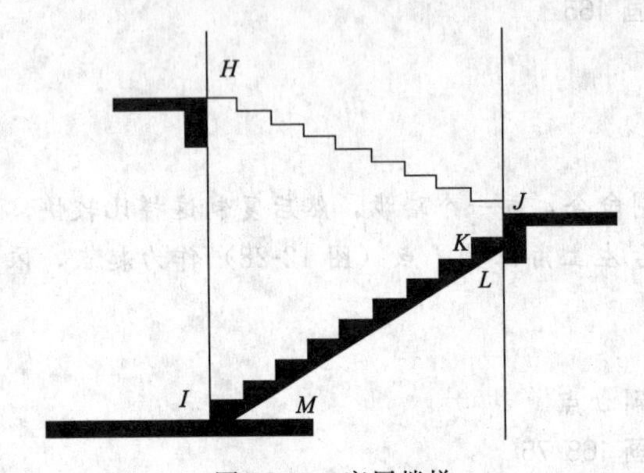

图 12-30 底层楼梯

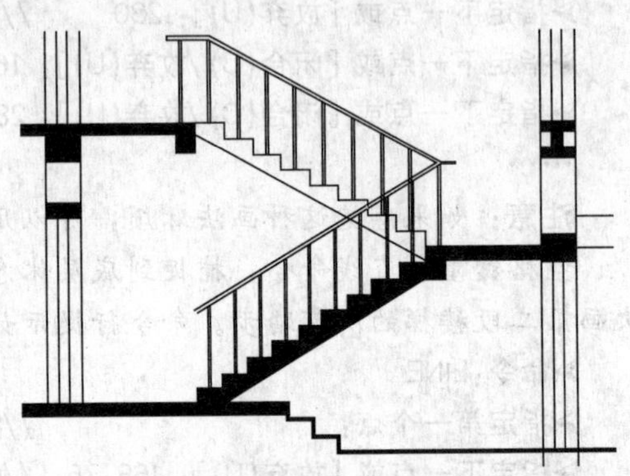
图 12-31 绘制完成的底层楼梯

12.7.2 绘制二、三层楼梯

(1) 绘制二层楼梯 二层楼梯的绘制方法与底层楼梯的绘制方法完全相同，在此不再赘述。

但必须注意，二层第一梯段的踏步宽为 280、高为 158；第二梯段的踏步宽为 280、高

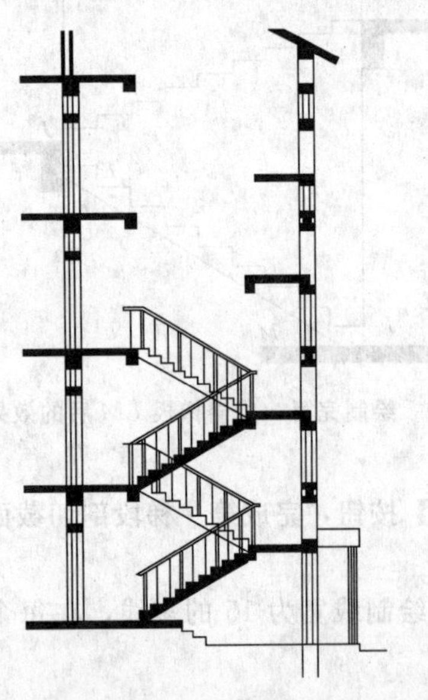
图 12-32 绘制完成二层楼梯后的楼梯剖面图

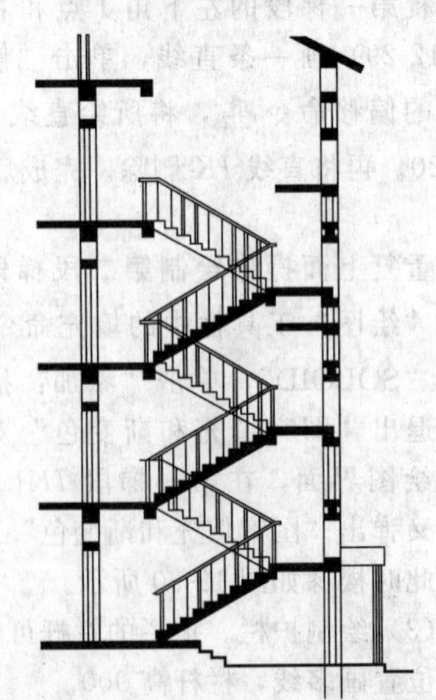
图 12-33 绘制完成三层楼梯后的楼梯剖面图

为 157.78，第二梯段最后一个踏步高为 157.76。绘制完成二层楼梯后的楼梯剖面图如图 12-32 所示。

（2）绘制三层楼梯　前面讲过，如果相邻几层的楼梯完全相同，可只画出其中的一层，然后利用阵列命令将已画出的楼梯进行阵列，绘制完成其他层与此相同的楼梯。但本例中，只有第三层的楼梯与二层的楼梯完全相同，因此可用复制命令将二层楼梯整体复制到第三层。然后再综合利用修剪、删除和延伸等命令对复制出的楼梯进行修改。绘制完成三层楼梯后的楼梯剖面图如图 12-33 所示。

12.7.3　绘制四层楼梯

四层楼梯的绘制方法与底层楼梯一个梯段的绘制方法相同，而且剖视方向上看不到护栏。只需画出被剖切的梯段板即可。

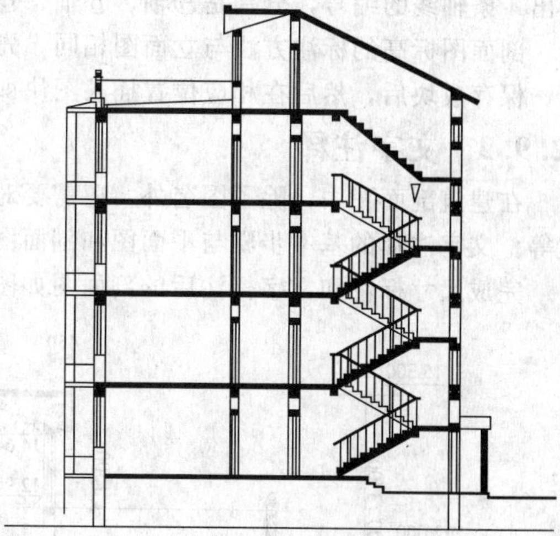

图 12-34　绘制完楼梯后的剖面图

但必须注意，四层楼梯的踏步宽为 278、高为 220。绘制完成四层楼梯，楼梯的绘制任务全部完成。此时的剖面图如图 12-34 所示。

12.8　绘制配电箱

在本章所绘的剖面图中，楼梯休息平台下面设有配电箱。配电箱的画法非常简单，先在四层休息平台下的相应位置画一个矩形，表示配电箱，再利用阵列命令，阵列出其他各层的配电箱。可将配电箱绘制在“其他”图层中。

到此为止，剖面图的图形绘制任务已全部完成，此时的剖面图如图 12-35 所示。

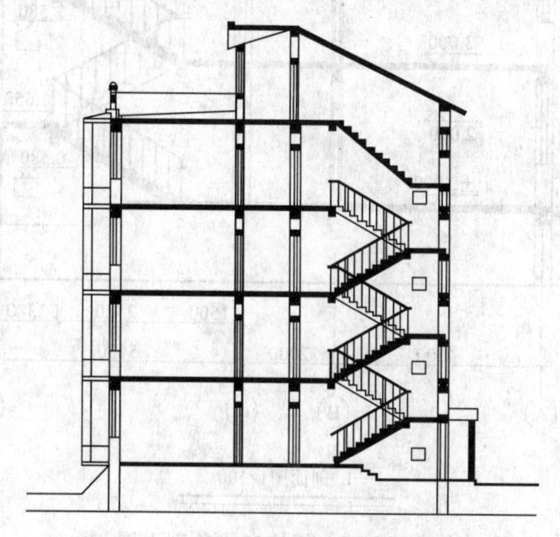

图 12-35　已绘制完成的剖面图图形部分

12.9　剖面图标注

12.9.1　尺寸标注

在剖面图上应该标出被剖切部分的必要尺寸，包括竖直方向剖切部位的尺寸和标高。外墙需要标注门窗洞口的高度尺寸及相应位置的标高。

在建筑剖面图中，还需要标出轴线符号，以表明剖面图所在的范围，本章的剖面图需要标出 4 条轴线的编号，分别是Ⓐ轴、Ⓑ轴、Ⓒ轴、Ⓔ轴。

剖面图标高的标注方法与立面图相同，先绘出标高符号，再以三角形的顶点作为插入基点，保存成块后，然后在相应位置插入图块即可。

12.9.2 文字注释

在建筑剖面图中，除了图名外，还需要对一些特殊的结构进行说明，比如详图索引、坡度等。文字注释的基本步骤与平面图和剖面图的文字标注基本相同，在此不再详述。

完成尺寸标注和文字标注后的剖面图如图 12-36 所示。

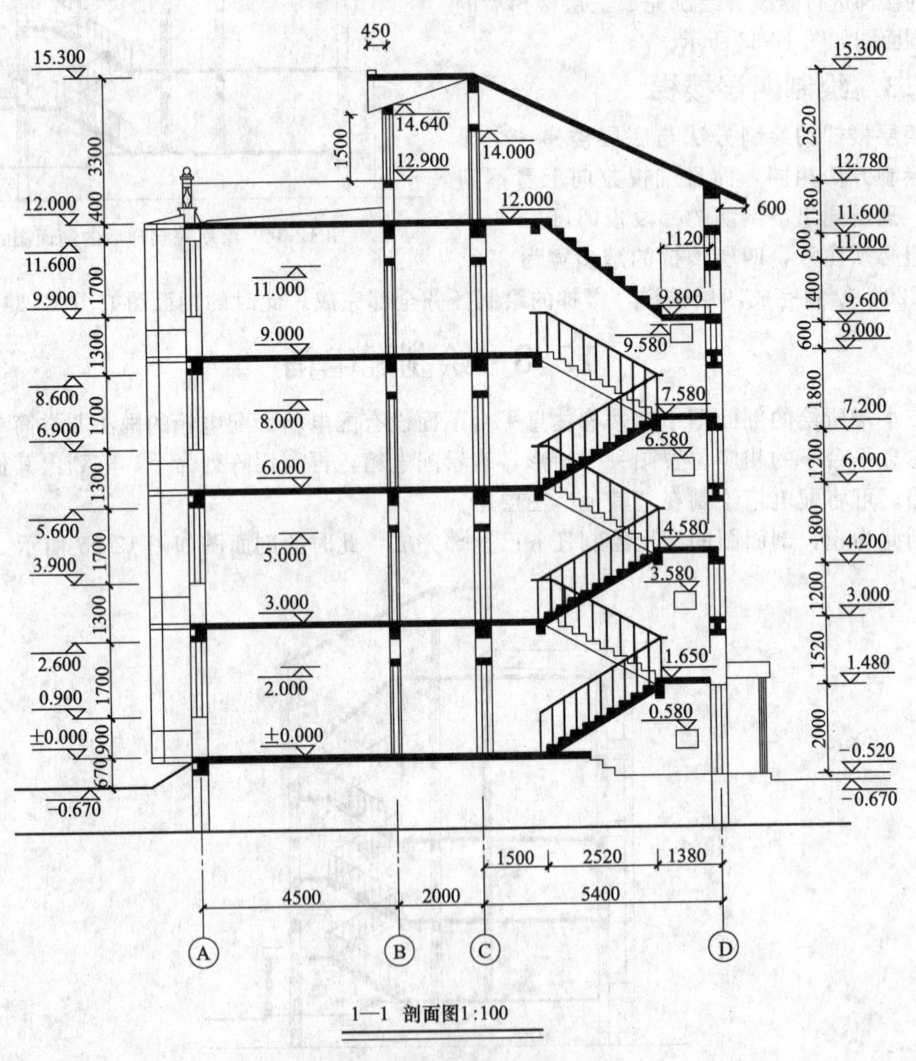

图 12-36 标注完成的剖面图

12.10 打印输出

打印输出步骤如下：

① 打开前面绘制完的“某住宅楼剖面图 .dwg”文件为当前图形文件；

② 单击快速访问工具栏的打印命令按钮，弹出“打印-模型”对话框；

③ 在“打印-模型”对话框中的“打印机/绘图仪”选项区域中的“名称”下拉列表中选择使用的“DWF6 ePlot-(A3-H). pc3”型号的绘图仪作为当前绘图仪；

④ 在“图纸尺寸”选项区域中的“图纸尺寸”下拉列表框中选择“ISO A3 (420.00×297.00 毫米)”图纸尺寸；

⑤ 在“打印比例”选项区域中勾选“布满图纸”复选框；

⑥ 在“打印区域”选项区域的“打印范围”下拉列表中选择“图形界限”；

⑦ 在设置完的“打印-模型”对话框中单击【预览】按钮，进行预览，如图 12-37 所示；

⑧ 如果对预览满意，就可以单击预览状态下的工具栏中的打印按钮进行打印输出。

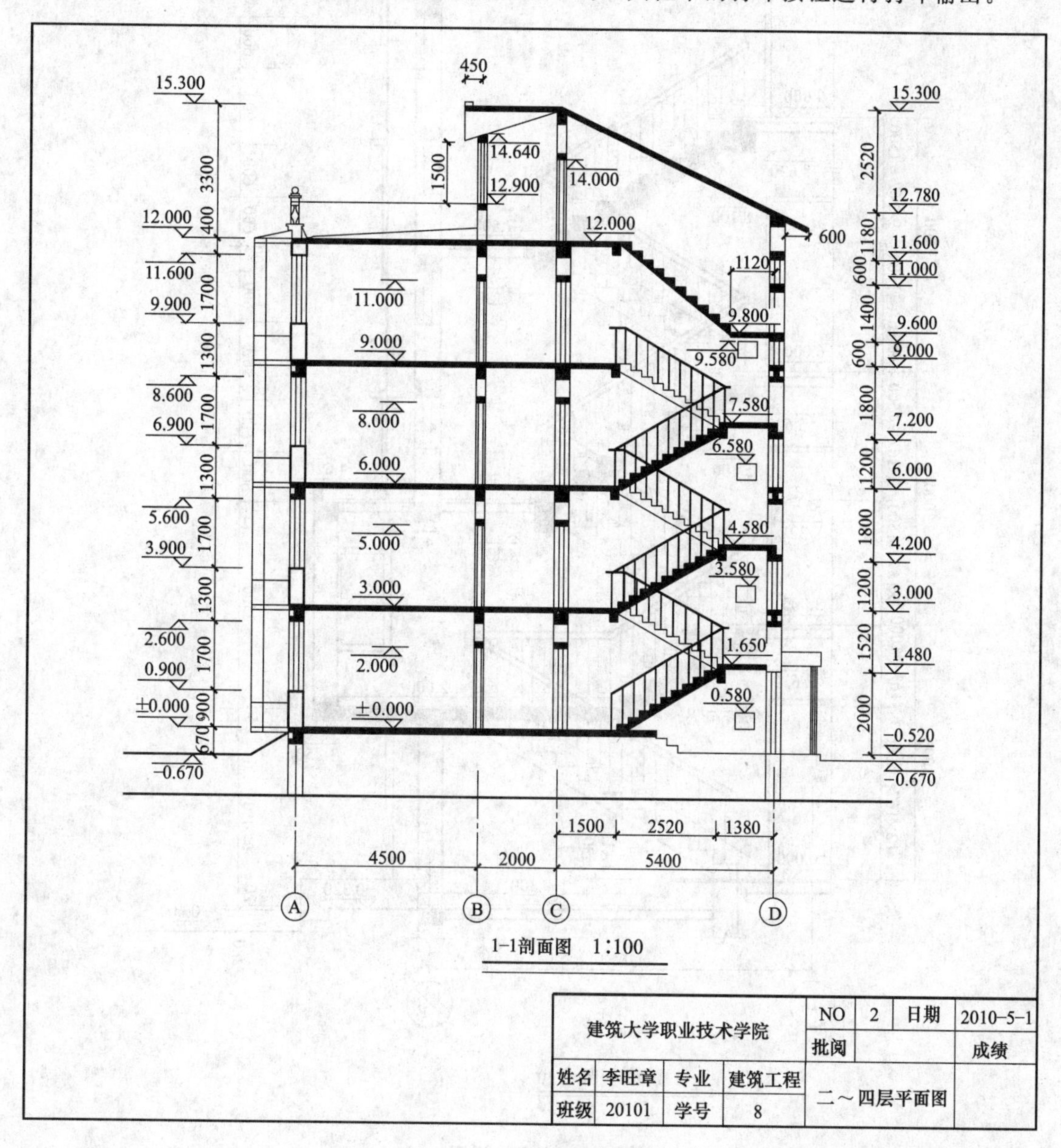

图 12-37 打印预览效果图

小　结

本章着重介绍了建筑剖面图的基本知识和绘制方法，并利用 AutoCAD 2013 绘制了一副完整的建筑剖面图。绘制建筑剖面图首先要设置绘图环境，再绘制出辅助线，然后分别绘制各种图形元素，一般情况下，墙线和楼板用多线命令绘制，门窗和梁综合利用块操作、复制命令和阵列命令绘制，绘制楼梯时用阵列命令能大大加快绘图效率。剖面图的标注方法与立面图的标注方法类似。同时，必须注意建筑剖面图必须和建筑总平面图、建筑平面图、建筑立面图相互对应。

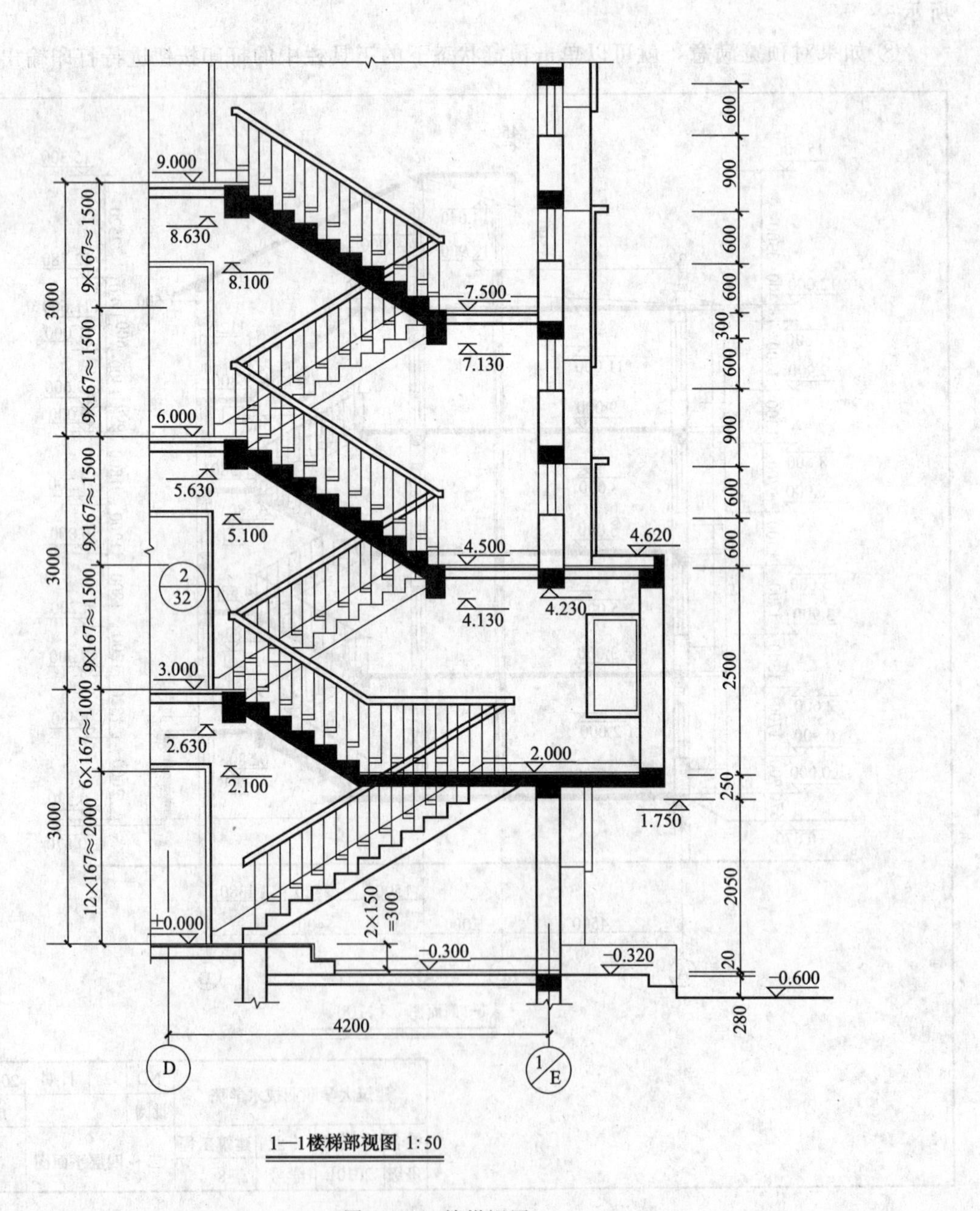

1—1楼梯部视图 1:50

图 12-38　楼梯视图

思考与练习题

1. 思考题

(1) 简述利用 Auto CAD 2013 绘制建筑剖面图的步骤。

(2) 建筑剖面图中的楼梯如何绘制?

(3) 绘制剖面图辅助线的绘制命令和编辑命令有哪些?

(4) 在画剖面图时，线型为虚线和点划线的图形对象，显示为实线线型该如何解决?

(5) 在绘制建筑剖面图时，块操作对加快绘图有何作用?

2. 绘图题

绘制图 12-38 楼梯视图。

参 考 文 献

[1] 杨雨松，刘娜编著．AutoCAD 2006 中文版实用教程．北京：化学工业出版社，2006.

[2] 周建国编著．AutoCAD 2006 基础与典型应用一册通（中文版）．北京：人民邮电出版社，2006.

[3] 中华人民共和国劳动和社会保障部制定．国家职业标准—制图员．北京：中国劳动社会保障出版社，2002.

[4] 全国计算机信息高新技术考试教材编写委员会编写．AutoCAD 2002 职业培训教程（中高级绘图员）．北京：北京希望电子出版社，2004.

[5] 全国计算机信息高新技术考试教材编写委员会编写．AutoCAD 2002 试题汇编（中高级绘图员）．北京：北京希望电子出版社，2004.

[6] 李秀娟主编．AutoCAD 绘图 2008 简明教程．北京：北京艺术与科学电子出版社，2009.

[7] 2008 快乐电脑一点通编委会编著．中文版 AutoCAD 2008 辅助绘图与设计．北京：清华大学出版社，2008.

[8] 陈冠玲等编著．电气 CAD. 北京：高等教育教育出版社，2005.

[9] 解璞等编著．AutoCAD 2007 中文版电气设计教程．北京：化学工业出版社，2007.

[10] 张立明，何欢，王小寒．Auto CAD 2014 道桥制图．北京：人民交通出版社，2004.